日本のタカ学
Raptor Research in Japan
生態と保全
Conservation and Ecology

編
樋口広芳
Hiroyoshi HIGUCHI, Editor

東京大学出版会
University of Tokyo Press

Raptor Research in Japan : Conservation and Ecology
Hiroyoshi HIGUCHI, Editor
University of Tokyo Press, 2013
ISBN 978-4-13-060223-5

目　次

序　章　概論 日本のタカ類　1　　　　　　　　　　　　　　　　樋口広芳

　　　1　タカ類とは　2
　　　2　日本の自然環境とタカ類　5
　　　3　渡りをする種としない種　7
　　　4　日本のタカ類の現状と保全・管理　9

I　分布と環境利用

第1章　イヌワシとクマタカの分布と生息場所利用　15　　　　　山﨑　亨

　　　1.1　日本におけるイヌワシとクマタカの分布　15
　　　1.2　両種の生息環境の違い　22
　　　1.3　営巣場所や食物をめぐる競合はあるか　26
　　　1.4　日本の山岳地帯における植生変化と
　　　　　　両種の生息状況の変化　27
　　　1.5　今後の個体群の動向と研究課題　31

第2章　タカ類の生息環境評価と効率的な保護区の設定　37
　　　　　　　　　　　　　　　　　　　　　　　　鈴木　透・金子正美

　　　2.1　北海道におけるタカ類の生息環境評価　37
　　　2.2　北海道におけるタカ類の保護優先度の
　　　　　　評価とギャップ分析　44
　　　2.3　タカ類の広域における生息環境の保全に向けて　50

第3章　オオタカの分布と環境利用の変遷　53　　　　堀江玲子・遠藤孝一

　　　3.1　オオタカの分布は広がっているのか　53
　　　3.2　関東地方で見た分布の変化　55
　　　3.3　分布拡大の要因を探る　59
　　　3.4　今後も分布は拡大するのか　63

第 4 章　ツミの分布と環境利用の変遷　70............................植田睦之

 4.1　幻のタカから普通のタカへ　70
 4.2　分布の拡大の原因と都市での行動の変化　72
 4.3　ツミの繁殖成績の低下　76
 4.4　ハシブトガラスによる影響　77
 4.5　ツミの繁殖つがい数の変化に影響した要因　78

II　行動圏と資源利用

第 5 章　里山で繁殖するサシバの採食場所と資源利用　85
 ....酒井すみれ・樋口広芳

 5.1　里山とサシバ　85
 5.2　採食場所と営巣場所　88
 5.3　サシバの採食行動　88
 5.4　採食地点の季節変化と捕獲内容　92
 5.5　サシバの資源利用を支える里山の
   多様な環境と多様な生物　97

第 6 章　オオタカの行動圏と採食行動　105............................内田　博

 6.1　調査個体群の特徴　106
 6.2　雌雄の行動圏の違い　107
 6.3　行動圏の日ごと，経年，年齢変化　112
 6.4　採食行動　116
 6.5　採食行動の季節，雌雄，個体差　117
 6.6　餌動物と生息地の拡大　120

第 7 章　ハチクマの蜂食行動と行動圏　124............久野公啓・堀田昌伸

 7.1　雛への給餌内容　125
 7.2　ハチクマはいかにしてスズメバチの巣を
   手に入れるのか　130
 7.3　繁殖ステージにより変化する行動圏　138
 7.4　巣の移動とつがい関係の変遷の例　141

第8章　クマタカの移動・分散，行動圏と環境利用　145……井上剛彦
 8.1　クマタカ研究の現状　146
 8.2　行動特性　148
 8.3　行動圏の特徴　155
 8.4　ハンティングと環境利用　159
 8.5　環境利用をめぐる諸問題と適正な生息数　161

第9章　イヌワシの繁殖と資源利用　165……………………小澤俊樹
 9.1　繁殖習性と繁殖状況　165
 9.2　個体数の減少　170
 9.3　行動圏の分布　172
 9.4　採食習性の特徴　173
 9.5　食性から見た資源利用　176

III　渡り

第10章　日本のタカの渡り　183………………………………久野公啓
 10.1　渡り鳥から見た日本の地理的特性　184
 10.2　日本を渡るおもなタカ類　187
 10.3　カウント調査の結果　189
 10.4　2008年1月のケアシノスリの侵入　196

第11章　極東地域におけるオオワシとオジロワシの渡り　204
 ……………………………………………………植田睦之・楠木憲一
 11.1　オオワシの分布と渡り経路　204
 11.2　オジロワシの分布と渡り経路　207
 11.3　年齢や季節によって異なる渡り　209
 11.4　定点調査から見えるオオワシとオジロワシの渡り　211
 11.5　ワシ類の保全に向けて　217

第12章　サシバとハチクマの渡り経路選択　220
 ……………………………………………………山口典之・樋口広芳
 12.1　渡るタカの代表格，サシバとハチクマ　220

12.2　衛星追跡により明らかになった渡り経路　220
12.3　渡り経路の類似点・相違点　227
12.4　気象条件が移動経路におよぼす効果　228
12.5　今後の展開　230

Ⅳ　保全と管理

第13章　里山環境におけるサシバの生息地管理　237…………東　淳樹
13.1　サシバの保全上の問題点　238
13.2　サシバ保全のための取り組み　243
13.3　保全に向けた今後の課題　251

第14章　イヌワシの保全と生息地管理　257………………………須藤明子
14.1　イヌワシの繁殖失敗をもたらす要因　257
14.2　生息地の改変をめぐる諸問題　262
14.3　生息地保全としての森林管理　270

第15章　クマタカの保全と森林管理　281……………………………山﨑　亨
15.1　クマタカの生息と繁殖に悪影響を与えた要因　281
15.2　クマタカの生息と繁殖に必要な森林環境　285
15.3　日本人の森林利用とクマタカの生息　290
15.4　クマタカの保全に有効な森林管理　291

第16章　風力発電用風車への衝突事故とその回避　300………白木彩子
16.1　タカ類の風車衝突事故の現状　300
16.2　鳥類の風車衝突率の推定　304
16.3　タカ類個体群への影響の評価　310
16.4　衝突事故の回避に向けて　311

第17章　タカ類をめぐる環境アセスメントの諸問題　324……遠藤孝一
17.1　タカ類と環境アセスメント　324
17.2　環境アセスメントとは　326
17.3　タカ類の調査と保全対策の立案　328
17.4　タカ類に対する環境アセスメントや保全対策の事例　331

17.5　環境アセスメントの課題と今後　335

終　章　未来に向けて　341……………………………………樋口広芳

あとがき　347………………………………………………………樋口広芳
索引　349
執筆者一覧　356

序章
概論 日本のタカ類

樋口広芳

　タカ類は生態系の頂点にあり，広い行動圏をもつと同時にさまざまな生きものとかかわりをもっている．種ごと，あるいはグループごとに生息環境や採食習性などが顕著に異なり，自然界の中でうまく共存している．大型のタカ類の狩りの方法は豪快で，多くの観察者の関心の的となっている．一部の種は春秋の時期に長距離の渡りを行なう．渡りの様子を観察することが比較的容易であるため，秋の渡りの時期などには，よく知られた渡来地に数千人規模の人が集まることもめずらしくない．渡りの経路は東南アジア各地にまで伸び，広い範囲の自然や生態系と結びつきをもっていることがうかがわれる．

　一方，近年，多くの種が減少傾向にある．生息地の破壊，化学汚染，風力発電施設との衝突などが原因としてあげられている．ただし，個々の種でなにが重要な減少原因なのかは，わかっていないことが多い．もともと個体数の少ない生きものであるため，保全の優先度は高く，減少原因の解明と生息地の保全・管理のあり方が強く求められている．生態系の頂点に位置することから，いくつかの種は指標種あるいはアンブレラ種として，環境アセスメントの際には必ずといってもよいほど評価の重要な対象となる．

　こうした背景のもとに，近年，タカ類の研究は，基礎・応用両面から急速に進んできている．また，研究成果は個体群や生息地の保全や管理に具体的に生かされつつある．本書は，そうした研究の成果を紹介し，保全や管理のあり方について考えることを目的にしている．本書では，まず前半で，タカ類の分布や生息環境，行動圏，採食習性，繁殖習性などの基本的なことがらについて述べる．後半では保全・管理をめぐる諸問題とその解決法について

述べ，今後の研究や保全のあり方を探っていく．それぞれの章は，関連分野の第一線で活躍されている研究者の方に分担執筆していただいている．

対象となるタカ類は，日本のタカ類，なかでも研究が進んでいる種である．主要な種の多くは含まれることになるが，日本のすべてのタカ類を扱っているわけではない．ひとつひとつの種を対象にして記述するというより，分布，生態，行動，渡り，保全などをめぐることがらについてまとめ，その中でとくに対象となる種を中心に記述するという形式をとっている．

以下には，本書の各章でくわしく述べられることがらの前段として，タカ類の全般的な特徴，日本の自然環境とタカ類の種構成や生態，タカ類の渡り，タカ類の現状と保全・管理について概略をまとめておきたい．

1　タカ類とは

猛禽類という言葉がある．大型肉食性鳥類といったところだろうか．通常よく用いられている言葉を使っていえば，ワシタカ類とフクロウ類を合わせた鳥類が含まれることになる．ワシタカ類は昼の猛禽であり，フクロウ類は夜の猛禽である．

一般にいうワシタカ類には，ノスリやオオタカなどのタカ類とハヤブサやチョウゲンボウなどのハヤブサ類の両方が含められる．分類上も，これまではタカ類とハヤブサ類は同じ目に入れられていた．しかし，分子遺伝学的研究の進展にもとづき，最近では別の目とされることが多い（たとえば日本鳥学会，2012; Gill and Donker, 2013）．ハヤブサ目はタカ目の鳥と外見は似ているが，系統的にはインコ目やスズメ目の鳥に近いとされる（Hackett et al., 2008）．

本書でおもな対象とするタカ類は，タカ目の鳥類である．したがって，ハヤブサ目の鳥が大きく扱われることはない．もっとも，本書でハヤブサ目鳥類を主対象に含めないのは便宜的な理由からであり，また本書の中でも，一部の章の記述ではハヤブサ類も登場する．タカ目は以前，ワシタカ目と呼ばれていたが，日本鳥学会（2000）の『日本鳥類目録改訂第6版』以降，タカ目と呼ばれるようになった．タカ目には，ミサゴ科やタカ科が含まれる．国外の鳥まで入れれば，アメリカ大陸のコンドル科とアフリカのヘビクイワシ

科が含まれる．

　タカ科には，日本の鳥ではハチクマ属，トビ属，オジロワシ属，クロハゲワシ属，カンムリワシ属，チュウヒ属，ハイタカ属，サシバ属，ノスリ属，イヌワシ属，クマタカ属などが入る．タカ科という名称からすると，いわゆる大型ワシ類は入らないような印象をもつが，上記のことからわかるようにオジロワシやオオワシ，あるいはイヌワシやクマタカなども入っている．カモ科にガン類やハクチョウ類が入るのと同様である．

　本書で扱うタカ類は，おもにタカ科の鳥である．ただし，対象種として登場するのは，おもに研究の進んでいる種であり，すべての種を含んでいるわけでも，またそれぞれの属から代表種を選んでいるわけでもない．ミサゴ科のミサゴが含まれていないのも，同様の理由からである．

　さて，タカ目の鳥類，とりわけタカ科の鳥（以下，タカ類と呼ぶ）は，その採食習性に応じて，くちばしや足を含めて全体に頑丈な体のつくりをしている．くちばしは大きくて湾曲しており，先が鋭くとがっている．足にも先の鋭い太めの爪をもつ．目は大きめで，視覚にすぐれている．この基本的な体のつくりを生かして，タカ類は両生・爬虫類，鳥や中小哺乳類などを捕食するわけだが，科の中ではさまざまなすみ場所や採食方法へと適応，分化，つまり適応放散した多様な鳥たちが見られる．

　その様子を代表的なグループや種について概観してみると，オオタカやハイタカなどのハイタカ類は，森林や明るい林にすみ，林内あるいは林間をすばやく巧みに飛びながら，獲物となる鳥などを激しく追って捕らえる．翼は体の割に短め，尾は長めで，すばやく，しかも小まわりを利かせながら飛ぶのに都合のよい形状をしている．オオタカ，ハイタカ，ツミといった大中小の大きさの異なる種がおり，体の大きさに応じて捕らえる獲物の種類や大きさが異なる．ノスリ類は林縁や開けた空間にすみ，止まり場から飛び出していって地表面にいるネズミ類などを捕らえる．翼を大きく広げたまま上空を帆翔しながら，急降下して地上の獲物を捕らえることもある．翼はほどよい長さで幅が広い．尾は短めである．

　サシバ類は森林から林縁にすみ，止まり場から水田などの開けた空間の地上に飛び出していってカエルやトカゲ，ヘビなどの両生・爬虫類などを捕らえる．時期によっては，林冠に飛び出していき，大きめの昆虫の幼虫を捕ら

える．ノスリ類より小さく，翼はハイタカ類やノスリ類に比べて体の割に長めである．チュウヒ類は湿原にすみ，湿原からあまり離れていない低空をゆっくり飛びながら，地上のネズミ類や小鳥などを見つけ出して捕獲する．翼は幅広だが，体の割に長く，顔はフクロウ類の顔盤を思わせるくぼんだ形状をしている．顔盤の形状は，ネズミなどのかすかな動きを集音するのに役立っている．

イヌワシ類は大型で，大陸では岩地や草原，低木林などが広がる開けた環境に，日本では森林にすむ．上空をゆったりと滑るように飛びながら開けた地上のキジ類やウサギ類などを見つけ出し，襲いかかって捕らえる．また，周囲が開けた岩や樹木に止まり，飛び立って獲物に襲いかかる．飛翔中のツル類などを追い続けて捕食することもある．頑強な体のつくりをしており，くちばしや足も頑丈である．翼は幅広で長い．クマタカ類はイヌワシ類よりも少し小さく，森林にすむ．林内や林縁の止まり場から飛び出し，あるいは空中から降下して，地表付近にいる中型の鳥類や哺乳類，あるいはヘビ類など，いろいろな動物を捕食する．翼はイヌワシと違って体の割に短めで，林内を移動するのに都合がよい．

トビ類は海岸や湿原などの開けた環境にすみ，上空を帆翔しながら鳥や哺乳類，あるいは魚の死骸を見つけ出して食べる．幅広で長めの翼をもち，くちばしは体の割に小さめである．腐肉食の習性により特殊化したのが，ハゲワシ類である．上空をゆったりと帆翔しながら，地上の大型哺乳類を含めた動物の死骸を探し出して食べる．獲物はその場で食べ，足で運ぶことはしない．体は大きくて頑強，獲物の分厚い皮膚や大きな内臓を食い破るのに都合のよい大きなくちばしをもつ．頭部や首は，皮膚が裸出しているか綿羽が生える程度で，獲物の体の内部を探るのに都合がよい．また，血液や肉片がついたままになるのも防いでいると思われる．足の爪の先はあまり鋭くなく，足指で締めつける力も比較的弱い．体の大きさや形状が種ごとに異なり，それに応じて死体に集まって食べる順序や部位などが異なる（Kruuk, 1967）．

オジロワシ類は海岸，湖沼，河川にすみ，中型から大型の魚，鳥，哺乳類を捕食する．水面付近にいる魚や鳥は急降下して捕らえる．サケ類やシカ類などの死骸を食べることもある．大型，太めで頑強，とくにくちばしは分厚く，足も太くて強い．

ハチクマ類は，ハチ食に特殊化したタカ類である．森林にすみ，スズメバチ類などの巣から幼虫や蛹を取り出して食べる．両生・爬虫類や小鳥を捕ることもある．くちばしは細めで，ハチの巣から幼虫や蛹を取り出すのに都合がよい．体表面を覆う羽毛は硬く，とくに頭部の羽毛はうろこ状，鼻腔は細長く，裂け目状になっている（Sievwright and Higuchi, 2011）．おそらく，ハチの攻撃を防ぐことに役立っている．

タカ類の主要種の生息環境や採食習性については，「第 I 部　分布と環境利用」や「第 II 部　行動圏と資源利用」の各章で詳述される．

2　日本の自然環境とタカ類

日本では，これまで 12 属 25 種のタカ科鳥類が記録されている（日本鳥学会，2012）．このうち，繁殖しているのは 10 属 12 種で（ハチクマ，トビ，オジロワシ，カンムリワシ，チュウヒ，ツミ，ハイタカ，オオタカ，サシバ，ノスリ，イヌワシ，クマタカ），記録種数全体の 5 割弱を占める．ハイタカ属の 3 種，オオタカ，ハイタカ，ツミの例を除くと，1 つの属で繁殖しているのは 1 種だけである．

日本の陸地の 68% は，種類こそ違え，なんらかの森林で占められている．日本は森の国であるといえる．こうした自然環境の特徴に対応して，日本には森林の鳥が多い．タカ類でも同様で，繁殖している 12 種のうち，トビとオジロワシ，チュウヒを除く 9 種は，種類やうっぺい度の違いはあれ，森や林をすみかとしている．トビとオジロワシも，繁殖期には樹木を必要としており，森林で営巣するものもめずらしくない．

日本は森の国であると同時に，山の国でもある（樋口，1996）．土地が起伏に富み，山地が優占している．標高 1000-3000 m 級の山々が本州中部を中心に全国に広がっている．島国である狭い国土にこれだけ多くのタカ類の種が繁殖しているのは，日本に豊かな森林環境，山岳環境が存在していることと関係がある．森林には食物となる多くの動物が生息し，その多様性は山岳環境によってさらに増すことになっている．森林や山岳地域は，繁殖環境としても多様な場を提供している．

また，日本には限られた面積ではあるが，湿原や草原もある．とくに北海

道にはそうした環境が比較的広い面積で存在している．ヨシ原が広がる湿原などの開けた環境は，チュウヒ類などの好適なすみ場所となっており，日本のタカ類の多様性を高めることにかかわっている．

　日本のタカ類がすむ環境としてもう1つ注目されるのが，各地に見られる里山である．先の森林環境と重複するところがあるが，環境省によれば，日本の陸地面積の約4割は里山環境によって占められている．里山は水田や小川，雑木林などがモザイク状に連なる環境であり，多様な生きものの生息場所となっている．この多様な環境は，それぞれの環境をすみかとする種だけでなく，採食や繁殖のために複数の環境を必要とする生きものの存在を容易にしている（Katoh *et al.*, 2009）．里山はサシバやオオタカなどの重要な生息環境となっており，この地でサシバはカエルやヘビ，トカゲ，昆虫などを，オオタカは中小の鳥や哺乳類を捕獲している．

　このように日本には多様なタカ類が生息するのではあるが，それでもやはり島国としての限界はある．たとえば隣国の中国と比べると，生息・繁殖しているタカ類の数は明らかに少ない．中国には日本の3倍以上の種数のタカ類が繁殖しており，1つの属あたりの種数も複数におよぶものが少なくない（Higuchi *et al.*, 1995）．中国には，広大な森林，山岳，草原，湖沼，河川が分布し，タカ類により多様で豊かな生活の場と食物条件を与えている．

　一方，種数や種構成から離れて生態上の特性に注目すると，森林と山岳が優占する島国日本には，山岳森林とのかかわりを深めながら生活を変化させてきた種がいる．イヌワシである．イヌワシは，北半球の岩地や草原，低木林などが広がる開けた環境に生息しているが，日本では山岳地域の森林をすみかとしている．第1章でくわしく述べられることになるが，日本にすみついたイヌワシは，山岳森林が優占する環境の中で，森林での生活に適応していったものと思われる．ただし，森林にすみつくとはいっても，イヌワシは基本的な体のつくり，とくに翼の形状から，クマタカのように森林の内部を移動しながら採食することはできない．そのため，採食場所となる草地や，石灰岩地帯のような低木林のある開けた環境が隣接してある，あるいはそうした環境を含む森林にすみついている．

　日本および朝鮮半島で繁殖する亜種は，イヌワシのいくつかある亜種の中では体の大きさがもっとも小さい．この特徴も，森林をすみかとすることと

関係しているのではないかと思われる．森林のような複雑な環境にすむためには，小まわりの利く体のつくりのほうが有利である．日本はイヌワシとクマタカが共存する，世界でもまれな地域である．この大型2種が狭い島国，日本の森林にすみついているのを，奇跡的な状況と表現する研究者もいる（たとえば関山，2007）．生態学や進化生物学の観点からも，たいへん興味深いことがらといえる．

3　渡りをする種としない種

　タカ類の中には長距離の渡りをするものとしないものがいる．日本の鳥を例にしていえば，渡る代表としてはサシバやハチクマが，定住性の強い種としてはトビやノスリ，クマタカやイヌワシがいる．ただし，定住性の強い種であっても，北方の個体群は典型的な渡り鳥であることはめずらしくない．トビ，ノスリなどがその例である．

　鳥が渡るのは，食物を十分に確保するためである（樋口，2005）．たとえば，渡る鳥の代表であるサシバはカエルやヘビ，昆虫を，ハチクマは蜂類の蛹や幼虫を主食にしている．これらの鳥が主食にする動物は，温帯地域では秋から冬にかけて姿を消してしまう．したがって，生活が成り立たないため，食物となる動物が得られる南方地域まで渡る．一方，年中入手可能な鳥や哺乳類を主食にするクマタカやイヌワシ，あるいは屍肉や残飯を食べるトビなどは渡る必要がないので，あえて渡ることはしない．ただし，定住性の強い種でも，生息地が雪や氷で閉ざされてしまう北方域にすむ個体群は，やはり生活が成り立つ南方まで渡る．

　では，なぜ渡り鳥は，春，越冬地から北に向けて戻っていくのだろうか．冬の間くらせる場所であるならば，それ以外の季節にも生活できるはずである．わざわざ危険な長旅をしてまで，北に旅立つ必要がどこにあるのか．サシバもハチクマも，それぞれ冬の場所で生活は成り立つはずである．

　これらの鳥が北に向けて旅立つのは，春から夏にかけては北方に，食物となる動物がより多く発生するからである．昆虫や両生・爬虫類を思い浮かべてみればわかるだろう．これらの動物は，日本などの温帯地域では，冬の間，姿を消しているか数が極端に少ないが，春から夏にかけては大量に出現する．

また，北方地域からは冬の間，多くの鳥がいなくなっている．春にそこに行けば，越冬地に残っているよりも，個体あたりにより多くの食物を確保することができる．しかも，この春から夏にかけては鳥たちの繁殖時期であり，多くの子どもを育て上げるのに豊富な食物が必要となる．したがって，長距離移動する危険を冒してでも北方まで行けば，自分自身が生活しやすいだけでなく，より確実に子育てを行なうことができるのである．

　どこまで渡るかということも，どこで多くの食物を得ることができるかということと関係している．たとえばサシバは，日本では東北までしか北上せず，北海道ではほとんど繁殖しない．おそらく，主食にしているヘビやカエルが北海道では北すぎて密度が低いため，十分に得られないからだろう．単位時間あたりに採食できる食物量，すなわち採食効率が，ある閾値より低い場所では繁殖できない，あるいは繁殖しないようになっているのではないかと思われる．

　個々の鳥の種はそれぞれに異なる分布域をもち，違った環境で異なる食物を独自の方法で捕ってくらしている．そして，体のつくりや行動もそれに合ったものを発達させている．そうした違いにもとづいて，いつ繁殖し，いつどこまで渡るかなどの，季節をめぐる生活設計が決まっているのである．

　なお，ハチクマやヨーロッパハチクマでは，生後1年目の若鳥の多くは繁殖地が春になっても戻らず，越冬地に留まる（Ferguson-Lees and Christie, 2001; Higuchi et al., 2005）．若鳥は体力や飛翔力が劣るため，また1年目は繁殖にかかわらないため，繁殖地に戻る選択はとらないようになっているのではないかと思われる．

　また，ハチクマをめぐっては，東南アジアからインドにかけては渡らない留鳥の個体群，亜種がいる．同じ種でありながら，この鳥たちがなぜ渡らないのかは興味深い問題である．この問題は，トビやノスリで，北方の個体群は渡るのに南方のものは留鳥として留まる問題と共通している．それぞれの地域での資源の存在量や採食効率，またその季節的変化，同種越冬個体あるいは近縁種との競合，渡りのリスク，そしてそれらを合わせた生き方の戦略，生活史戦略がかかわる問題であるが，ここで取り扱う範囲を越えるので省略する．

　渡りの現状や移動経路をめぐる問題については，「第III部　渡り」の第

10章から第12章まででくわしく紹介される．

4 日本のタカ類の現状と保全・管理

　日本のタカ類の中には，生息環境の破壊や変質，あるいは食物不足などから保全の重要な対象となっているものが多い．イヌワシ，クマタカ，サシバ，ハチクマ，チュウヒなどがその代表である．

　イヌワシとクマタカは，環境省（2006）のレッドリストで絶滅危惧IB類に入っている．絶滅危惧IB類とは，近い将来に野生での絶滅の危険性が高いもの，とされている．この2種は個体数が少ないうえに，近年，繁殖成功率が急激に減少している．人間がかかわるいろいろな問題，とくに生息環境の変質にともなう餌生物としての鳥や哺乳類の減少が関係しているようだ．近い将来，個体群の維持が行き届かない状況が生じる可能性がある．とくに，個体数が限られているイヌワシでは，個体数のさらなる急激な減少が認められており，深刻な問題となっている．イヌワシとクマタカの保全をめぐる問題は，「第IV部　保全と管理」のそれぞれ第14章と第15章で扱われる．

　サシバは，2006年以降，環境省のレッドリストでは絶滅危惧II類に入っており，絶滅の危険が増大している種とされている．秋の主要な渡り経路となる南西諸島の宮古島を通過する個体数は，近年急激に減少している（Kawakami and Higuchi, 2003）．里山環境の象徴種として知られるが，水田の圃場整備の影響などを受けて食物となるカエルやヘビが減少し，繁殖条件が悪化している（第5章，第13章参照）．

　越冬地である南西諸島の石垣島や宮古島では，サシバの生活条件は，植え付けされる作物の種類や成長度合いによって大きく異なることがわかっている（Wu, 2006）．木の枝やスプリンクラーなどの止まり場から飛び降りて昆虫を捕らえるのに，草丈が1mを越えるようなサトウキビ畑や牧草地は不向きなのである．どのような作物を植え，いつ収穫するかといった農業事情が，この地のサシバの生活条件を左右しているといえる．

　チュウヒは，環境省（2002）のレッドリストで絶滅危惧II類に指定されていたが，2006年に更新されたリストでは絶滅危惧IB類とされた．生息環境のヨシ原などが開発によって減少し，生活条件，繁殖条件が急速に悪化し

ている.ハチクマは,オオタカやハイタカと同じく,環境省レッドリストでは準絶滅危惧種に指定され,現時点での絶滅危険度は小さいものの,生息条件の変化によっては「絶滅危惧種」に移行する可能性のある種とされている.生息状況は必ずしも明らかではないが,山梨県などいくつかの地域では,明らかに生息地や生息数が減少している(樋口,2005).

　一方,タカ類の中には生息域を広げたり,個体数を増加させているものもいる.ツミやオオタカなどがその代表である.ツミはかつて山地の森林で繁殖する希少な鳥であったが,1980年代ころから関東地方の都市部を中心に住宅地の緑地や街路樹などで繁殖するものが増えてきた.オオタカは以前,環境省(2002)のレッドリストで絶滅危惧II類に指定されていたが,2006年版では準絶滅危惧種に変更された.生息状況の実態は正確にとらえられているわけではないが,見られる地域や頻度は多くなっている.

　ツミとオオタカの生息地拡大あるいは個体数の増加の原因は必ずしも明らかではないが,両種とも鳥自体が行動を変化させ,それぞれ都市部などでスズメやドバトを獲物として利用するようになったことが関係していると思われる.オオタカとツミの生息状況の変化については,それぞれ第3章と第4章でくわしく論じられる.

　タカ類の保全をめぐって,近年,大きな問題となっているのは,風力発電施設との衝突である.クリーンエネルギーへの依存が高まる中,国内外ともに風力発電施設が急増してきているが,風発施設の立地条件とタカ類の生息条件が重複しがちであるため,鳥衝突が少なからず発生している.とくに,山地の開けた場所で採食するイヌワシなどと,尾根沿いや岬などを通過することの多いサシバやハチクマなどが問題となる.イヌワシは前記のように繁殖に成功していない例が多いことから,衝突による成鳥の死亡あるいは負傷は,少数例であっても個体群維持に重大な影響をおよぼす可能性がある(第14章参照).

　また北海道では,沿岸部で越冬するオオワシやオジロワシが衝突を起こしやすい状況にある.とくに,飛翔高度が比較的低いオジロワシが事故に遭いやすいようだ(植田ほか,2010).風発施設と鳥との衝突の問題は,第16章で詳述されることになる.

　もう1つ,保全とともに管理上の問題として注目されるのが,航空機との

衝突である．鳥も命を落とすことになるが，数多くの人の命が失われることになる重大問題である．日本では，タカ類のトビが重要な種としてあげられる（樋口，2010）．また，地域によってはサシバやノスリが対象となる．

タカ類は翼が大きいため，空中での飛翔時や地上からの飛び立ち時に，機敏に方向転換ができない．そのため，高速で移動してくる航空機をよけられずに衝突しやすい．また，トビは，やはり鳥衝突を起こしやすいカラス類やカモメ類とともに，河口やごみの大規模処分場によく集まる．空港がそうした場所の付近にあると衝突を起こしやすくなる．日本の空港の中には，河口付近にあるものがめずらしくない．

航空機との鳥衝突は，日本だけでなく世界的にも重要な問題であり，十分な調査研究と具体的で効果的な対策が求められている（樋口，2010）．

引用文献

Ferguson-Lees, J. and D. A. Christie. 2001. Raptors of the World. Houghton Mifflin Harcourt, New York.

Gill, F. and D. Donsker eds. 2013. IOC World Bird List (v.3.4). http://www.worldbirdnames.org/

Hackett, S. J., R. T. Kimball, S. Reddy, R. C. K. Bowie, E. L. Braun, M. J. Braun, J. L. Chojnowski, W. A. Cox, K.-l., Han, J. Harshman, C. J. Huddleston, B. D. Marks, K. J. Miglia, W. S. Moore, F. H. Sheldon, D. W. Steadman, C. C. Witt and T. Yuri. 2008. A phylogenomic study of birds reveals their evolutionary history. Science, 320：1763–1768.

樋口広芳．1996．飛べない鳥の謎——鳥の生態と進化をめぐる15章．平凡社，東京．

樋口広芳．2005．鳥たちの旅——渡り鳥の衛星追跡．日本放送出版協会，東京．

樋口広芳．2010．生命にぎわう青い星——生物の多様性と私たちのくらし．化学同人，京都．

Higuchi, H., J. Minton and C. Katsura. 1995. Distribution and ecology of birds of Japan. Pacific Science, 49：69–86.

Higuchi, H., H. Shiu, H. Nakamura, A. Uematsu, K. Kuno, M. Saeki, M. Hotta, K. Tokita, E. Moriya, E. Morishita and M. Tamura. 2005. Migration of Honey-buzzards *Pernis apivorus* based on satellite tracking. Ornithological Science, 4：109–115.

環境省．2002, 2006．改訂・日本の絶滅のおそれのある野生生物——レッドデータブック2　鳥類．環境省．

Katoh, K., S. Sakai and T. Takahashi. 2009. Factors maintaining species diversity in *satoyama*, a traditional agricultural landscape of Japan. Biological Conser-

vation, 142：1930-1936.
Kawakami, K. and H. Higuchi. 2003. Population trend estimation of three threatened bird species in Japanese rural forests：the Japanese Night Heron *Gorsachius goisagi*, Goshawk *Accipiter gentilis* and Grey-faced Buzzard *Butastur indicus*. Journal of the Yamashina Institute for Ornithology, 35：19-29.
Kruuk, H. 1967. Competition for food between vultures in East Africa. Ardea, 55：171-193.
日本鳥学会．2000．日本鳥類目録　改訂第6版．日本鳥学会，東京．
日本鳥学会．2012．日本鳥類目録　改訂第7版．日本鳥学会，東京．
関山房平．2007．イヌワシとクマタカ――人との共存への道．（イヌワシとクマタカ）pp. 60-63．文一総合出版，東京．
Sievwright, H. and H. Higuchi. 2011. Morphometric analysis of the unusual feeding morphology of Oriental Honey-Buzzards. Ornithological Science, 10：131-144.
植田睦之・福田佳弘・高田令子．2010．オジロワシおよびオオワシの飛行行動の違い．Bird Research, 6：A43-A52.
Wu, Y. 2006. Hierarchical habitat selection and distribution of wintering Grey-faced Buzzards (*Butastur indicus*) in the Sakishima Islands. Ph.D. Thesis submitted to the University of Tokyo.

I
分布と環境利用

1
イヌワシとクマタカの分布と生息場所利用

山﨑 亨

1.1 日本におけるイヌワシとクマタカの分布

(1) イヌワシの分布

ニホンイヌワシ（*Aquila chrysaetos japonica*）の分布

イヌワシ（*Aquila chrysaetos*）は，旧北区と新北区の高緯度地域に広く分布し，さまざまな環境に適応しながら生息している．繁殖地は，基本的には北緯70度から20度の間である（Watson, 2010）．イヌワシが分布する地域には，草地や低灌木地などの開けた自然環境が広がり，その中に営巣場所となる崖や大きな樹木のある丘陵地や山地が広がっている（山﨑, 2008）．つまり，森林に覆われた山岳地帯はイヌワシ本来の生息場所ではなく，日本のように山岳森林地帯にイヌワシが生息するということはきわめてめずらしいことである（山﨑, 2006, 2008）．

現在のところ，イヌワシには6亜種が認められている（Cramp and Simmons, 1980）．そのうち，もっとも小型で地理的にきわめて局地的に分布しているのが日本と朝鮮半島に生息する亜種ニホンイヌワシ（*A. c. japonica*）であり，旧北区から南方に分離した小さな個体群である（山﨑, 2008; Watson, 2010）．日本のおもな繁殖地は北緯34–42度の範囲にあり，世界のイヌワシの分布域から見ると，かなり低緯度地域に位置している（山﨑, 2006, 2008）．

朝鮮半島における繁殖記録は文献としては存在せず，韓国国立生物資源研究所環境部脊椎動物研究科の資料によると，過去に繁殖記録はあるが，1981年以後の繁殖記録はないとされている．ただ，済州島で1990年代後半の夏

に3羽が目撃されており，2011年11月には雌による巣材運搬，2012年4月にはその付近の上空で雄の波状飛行が観察されていることから，繁殖している可能性が示唆されている（新谷保徳，私信）．しかし，現在の朝鮮半島におけるイヌワシのほとんどは冬鳥であり，繁殖している可能性は否定できないものの，その個体数はきわめて少ないといえる．また，北東アジアに分布する亜種 *A. c. kamtschatica* と朝鮮半島のイヌワシとの関係が不明確であり，ニホンイヌワシの正確な分布域については，極東の個体群を含めた遺伝的解析が必要である．

つまり，日本におけるイヌワシの分布の特徴は，世界のイヌワシの分布域の南限に近い地域の森林に覆われた山岳地帯に生息しているということである．

国内におけるニホンイヌワシの分布

国内では少なくとも20世紀前半ごろには，北海道から九州までの山岳地帯に留鳥として生息していたが，九州・四国では生息場所は限定的で，個体数も少なかったものと思われる．北海道では，1994年に実施された日本イヌワシ研究会の合同調査により，大雪地域で成鳥2つがいと当歳の幼鳥1羽と成鳥2羽が目撃され，北海道における繁殖つがいの生息が初めて確認された．しかし，いまだに営巣場所は確認されておらず，複数の地域で生息を示唆する目撃情報はあるものの，生息密度は低く，どの程度のつがい数が生息しているのかは不明である（山﨑，2006, 2010b；環境省自然環境局野生生物課，2012）．

現在のおもな生息地は図1.1に示されるように，本州の東北地方，中部地方から北陸地方にかけての日本海側の地域，および中部山岳地帯である（環境省自然環境局野生生物課，2012）．1997-2001年に環境省などによって実施された「希少猛禽類調査」によると，全国に生息するイヌワシは260つがい，個体数は650羽と推定されている（日本鳥類保護連盟，2004a；環境省自然環境局野生生物課，2012）．最新の情報は，日本イヌワシ研究会が2012年にホームページで報告している．これによると，つがい数は150-200つがい，個体数は約500羽であり，1981年から2012年までにつがいが消失した場所は77カ所にもおよぶ（日本イヌワシ研究会ホームページ，2012）．もと

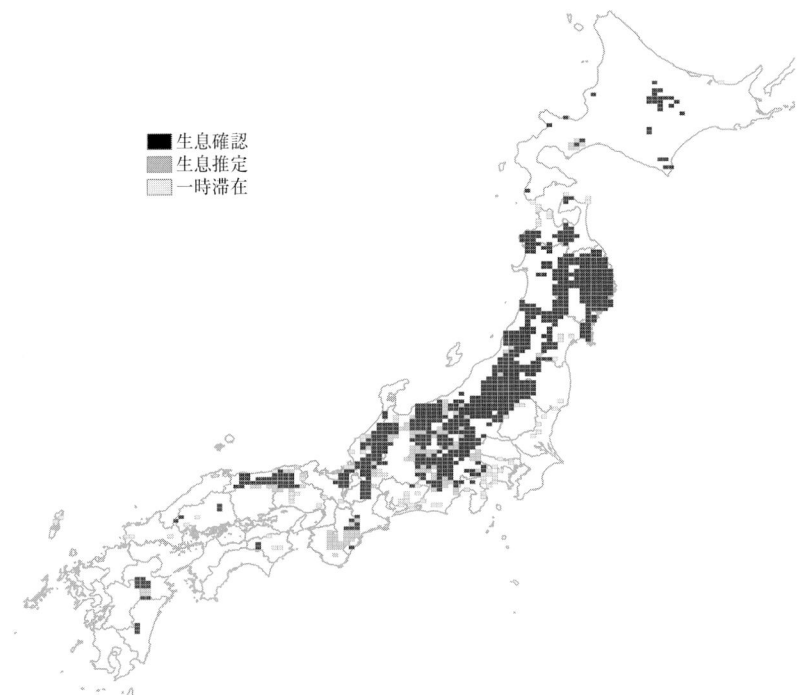

図 1.1 日本におけるイヌワシの分布．推定や一時滞在を含め生息が確認されている地域を示している（環境省自然環境局野生生物課，2012 より）．

もと繁殖つがい数が少なかったと思われる九州・四国は，現在ではほとんど絶滅状態にある．

全国各地域のイヌワシの生息状況の変遷と現状については，日本イヌワシ研究会が機関誌 Aquila chrysaetos No. 23, 24 に特集としてとりまとめており，その概要は表 1.1 のとおりである．

生息状況が不明である北海道を除き，ほぼ全域でつがい数が減少し，繁殖成功率も低下の状態が続いている．とくに西日本での生息状況の悪化が顕著で，紀伊山地では 2003 年以降，つがいの確認はなく，四国では 1990 年に 2 羽が確認されたのを最後に確認されていない．九州の宮崎山地では単独個体が 1999 年から 2010 年に確認はされているものの，定着つがいや繁殖の確認はない．大分県では 1986 年には産卵が確認されたものの，その後も雛のふ

表 1.1 各地のイヌワシの生息状況の変遷と現状（日本イヌワシ研究会，2011 より作成）．

地 域	2010 年前後の確認つがい数	繁殖成功率（延べ繁殖成功つがい数/延べ調査つがい数）	備 考
北海道	不明	—	・1994 年に大雪地域で日本イヌワシ研究会が成鳥 2 つがいと当歳の幼鳥 1 羽，成鳥 2 羽を確認 ・2010 年 10 月の合同調査では確認されず，2010 年 10 月に大雪地域西側で若鳥 1 羽の確認あり
青森県	5 つがい （白神山地）	2 つがいで急激に低下	・1976 年 3 月 16 日大鰐町で初認，2000 年 6 月に白神山地で巣立ちを確認
宮城県	5 つがい （北上高地 4，奥羽山系 1）	1981-1990 年：41.7% 1991-2000 年：22.9% 2001-2011 年：23.6%	・すべて樹木営巣 ・北上高地では，造巣はするが産卵しないまたは産卵はするがふ化しない，ふ化後に死亡の例多い ・食物では，ノウサギの比率が低下し，ヘビ類と鳥類（1990 年ごろから多様な鳥類を捕食）の比率が高まる
福島県	11 つがい	—	・1980 年代に吾妻山地でつがいを確認，1990 年代に会津博士山において営巣場所が発見された ・かつては 15 つがいを確認（消失が 1 つがい，最近生息が確認されていないのが 3 つがい）
群馬県	つがいは半減 （19 年前に比べ）	—	・2011 年 2 月につがいが消失した 1 地区で 2 羽が出現し，ディスプレイ，造巣，交尾の繁殖行動を行なった
新潟県	35±5 つがい	1985-1991 年：63.2% 2001-2011 年：39.2%	・1991 年の推定つがい数は 50 つがい
長野県	30 つがい程度 （2010 年現在）	低下の状態が続いており，25 年間のうち，13 年で全国平均値以下	・八ヶ岳中信山地では，つがい数は 3 から 1 に減少，中央アルプス山地では，つがい数は 2 から 1 に減少
山梨県	6 つがい	—	・17 カ所のうち，11 カ所でつがいが消失 ・つがい消失の要因として主要な食物であるノウサギの減少が考えられる
静岡県	3 つがい	67%（2001-2011 年：8/12）	・1998 年に定着個体を確認し，2000 年に繁殖成功を確認
富山県	6 つがい	—	・6 つがいの行動圏面積は 1997-2009 年には平均 168.2 km^2 であり，1987 年の日本イヌワシ研究会報告による全国 43 つがいの平均 60.8 km^2 の約 3 倍の広さである
福井県	6 つがい （1991-2000 年）	1977-1990 年：58.8% 1991-2000 年：27.2%	・明治時代の終わりにすでに営巣場所が確認されていた場所がある

地域	2010年前後の確認つがい数	繁殖成功率(延べ繁殖成功つがい数/延べ調査つがい数)	備考
紀伊山地	0つがい	2001-2012年：23.9%	・1977-1990年の推定つがい数は10 ・1965年に繁殖成功を確認 ・2002年に37年ぶりに繁殖成功を確認したが，それ以降，つがいの確認はない
兵庫県	2つがい	—	・1960年代には県内に32羽が生息していたが，2011年には8羽にまで減少 ・減少の最大の理由は，伐採地の急減によるハンティング場所の激減と推定
岡山県	2つがい？		・1980年代までは3つがいの生息が確認されていたが，2009年までに3つがいのうち隣接2つがいの領域は1つがいによる広域利用となり，残る1つがいの主要な行動圏は鳥取県側にあると思われる
四国	0つがい		・1950年ごろに徳島県勝浦郡上勝町で2羽の巣内雛と成鳥1羽，1975年に同町で若い個体1羽，1979年に西祖谷山村（現三好市）で1羽の観察記録があるが，いずれも同定可能な写真はない ・1988年に祖谷地方で日本イヌワシ研究会が成鳥1羽を確認したが，1990年に2羽の確認を最後に，現在まで当地域での生息の確認はない ・2005年8月に剣山の南東の山域で2羽観察の情報があり，2009年に日本イヌワシ研究会が調査を実施したが，発見できず
宮崎山地	0つがい	—	・1999年に宮崎日日新聞に県内で確認の記事が掲載され，九州中央山地での生息が明らかになった ・1999年7月に1羽の生息を確認し，その後2006年までの7年間に同地域で38回確認 ・2005年12月以降では，2010年3月に生息地から北に55 km離れた地域で1羽を観察

化は確認されず，1995年の造巣活動の確認以後は単独個体がときどき目撃されるだけとなっていることから，九州はほぼ絶滅状態にある．このように日本のイヌワシは1986年以降，西日本から急激に生息状況が悪化し始め，現在では全国的に繁殖成功率が低下しており，まさに絶滅の危機に瀕しているといえる（日本イヌワシ研究会，2001, 2007, 2011. 第9章や第14章も参

照).

(2) クマタカの分布

クマタカ (Nisaetus nipalensis) の分布

クマタカ類はクマタカ属 (Nisaetus) に含まれる大型の森林性タカ類である.アジアのクマタカ類が Spizaetus 属に分類されていたときには, Spizaetus 属は,中南米のアカエリクマタカ (S. ornatus) とクロクマタカ (S. tyrannus) の2種,アフリカのアフリカクマタカ (S. africanus) の1種を含む10種であったが (Ferguson-Lees et al., 2001), 遺伝的解析の結果, 中南米の2種は Spizaetus 属,アフリカの1種は Aquila 属に含められ,アジアに分布する7種は Nisaetus 属として独立された (Gjershaug, 2006; Haring et al., 2007; Clements, 2007).

このうち,クマタカ (N. nipalensis) がインド南西部,スリランカ,インドシナ半島からヒマラヤ山麓,中国南東部–北東部,ロシア極東部の一部の広い範囲に分布しており,日本と極東ロシアがその分布域の北限にあたる.

このように,クマタカ属の分布域は,南アジア,東南アジア,東アジアの低緯度地域であり,おもな生息環境は熱帯・亜熱帯・温帯の森林地帯である.つまり,クマタカは低緯度地域の森林に生息する大型のタカなのである.

亜種 N. n. orientalis の分布

日本に生息するクマタカは日本に固有の亜種である.かつては中国北東部,朝鮮半島,ロシア極東部に分布するクマタカも本亜種とされていたが,これらは遺伝的解析の結果から亜種 N. n. nipalensis に近いことが明らかとなり,亜種 N. n. orientalis は日本に分布するクマタカのみとされている (Gjershaug, 2006).

国内におけるクマタカの分布

国内では九州から北海道まで,針葉樹林や広葉樹林にかかわらず,獲物となる動物が豊富な森林が連続して存在する山岳地帯に広く生息している.これは,クマタカがイヌワシに匹敵するほど大型のタカであるものの,翼の幅が広く,小まわりの利く飛行が可能なことから,森林内で行動できることに

図 1.2　日本におけるクマタカの分布．推定や一時滞在を含め生息が確認されている地域を示している（環境省自然環境局野生生物課，2012 より）．

関係している（山﨑，1997, 2001, 2008）．

　現在の分布域は図 1.2 のとおりであり，佐渡や五島などでも記録があり，千葉県と沖縄県を除き，確認記録はほぼ全国にある（日本鳥類保護連盟，2004b；環境省自然環境局野生生物課，2012）．

　「希少猛禽類調査」により，広島県，兵庫県，徳島県，宮崎県の 4 県において分布密度が調査されている（日本鳥類保護連盟，2004b）．この結果，もっとも高密度に繁殖つがいが分布していた宮崎県では平均 20.0 km^2 に 1 つがいが分布しており，兵庫県と徳島県では 40.0 km^2 に 1 つがいが分布していた．

　つまり，クマタカは，生息地が特定の地方に限定されていることはなく，全国の山岳森林地帯に概ね 20–40 km^2 に 1 つがいほどの密度で生息している（Yamazaki, 2000；山﨑，2010a；日本鳥類保護連盟，2004b）．また，つが

いが連続して生息している地域では,隣接つがいの営巣場所の距離は約3-4 km が多く,つがいが均一に分布している(山﨑,2010a).ただ,北海道においては,いまだ正確な分布密度は不明であるが,2001-2002 年にかけて実施された分布調査結果によると,ほかの地域に比べて分布密度は低いものと推察されている(日本鳥類保護連盟,2002).

個体数は,1984 年に日本野鳥の会が実施したアンケート調査では全国の生息数は 900-1000 羽と推定されているが,「希少猛禽類調査」によると,全国に生息するクマタカは 900 つがい,生息数は少なくとも 1800 羽程度と推定されている(日本鳥類保護連盟,2004b).しかし,これは個体数が増加したわけではなく,調査が進むことにより,新たな生息場所が確認されたことによると考えられている(環境省自然環境局野生生物課,2012).ただし,この数値はあくまでも確実に繁殖つがいが存在するメッシュからの推定値であること,および繁殖は確認されなかったものの生息が確認されたメッシュが 2420 報告されていること,ならびにクマタカは成熟した森林が広がる山塊には一定密度で分布していること(Yamazaki, 2000;日本鳥類保護連盟,2004b)から,実際の繁殖つがい数は 900 つがいよりも多いことはまちがいない.さらに,個体群にはつがいを形成していない成鳥,若鳥,幼鳥が含まれることから,全国に生息する総個体数は 1800 羽よりも多いことは容易に推測される.

1.2 両種の生息環境の違い

(1) 同一地域におけるイヌワシとクマタカの分布と植生

クマタカ生態研究グループが鈴鹿山脈において 1986-1988 年に実施したイヌワシとクマタカの繁殖つがいの分布調査結果は表 1.2 に示すとおりである.

全域ではイヌワシは 6 つがい,クマタカは 37 つがいが確認され,分布密度(面積を繁殖つがい数で除した値)は,イヌワシが 129.2 km^2,クマタカが 20.9 km^2 であった.分布密度を植生構成の異なる北部・中部・南部の地区別で比較すると,イヌワシが北部で 60.7 km^2,南部で 305.0 km^2 と大きな差があるのに対し,クマタカは 3 地区ともに 20 km^2 前後のほぼ同じ密度

表 1.2 鈴鹿山脈におけるイヌワシとクマタカの分布と生息地の植生環境.

		植生構成比率（%）					イヌワシ		クマタカ	
	面積 (km^2)	夏緑広葉樹林	人工林	アカマツ	伐採地	その他	繁殖つがい数	分布密度 (km^2/つがい)	繁殖つがい数	分布密度 (km^2/つがい)
北部	182	56	26	4	8	6	3	60.7	11	16.5
中部	288	34	40	18	5	2	2	144.0	14	20.6
南部	305	18	33	28	7	14	1	305.0	12	25.4
全域	775	33	34	19	6	8	6	129.2	37	20.9

で分布していた.

北部は夏緑広葉樹林の占める割合が高く，かつ尾根付近には草地と低灌木が広がるカルスト地形が存在している．一方，南部ではスギ・ヒノキ人工林やアカマツの占める割合が高く，夏緑広葉樹林が少なく，カルスト地形も存在しない．

つまり，南部では1年中，地上の獲物が見えない常緑針葉樹の占有率が高く，自然開放地を形成するカルスト地形も存在しないため，イヌワシはハンティング場所を確保するのに広い行動圏を必要とし，分布密度が低いものと推測される．

（2） イヌワシの生息環境

留鳥のタカ類の生息環境を決定する主要な要素は，ハンティング環境と営巣環境である．

日本におけるイヌワシの食性は，ニホンノウサギ，ヤマドリ，アオダイショウが主体であり，これら3種で90%を占めている（日本イヌワシ研究会，1984；第9章も参照）．世界的にはノウサギ類，ライチョウ類，キジ類の中型の哺乳類や鳥類が主たる獲物であるが（Watson, 2010），日本ではヘビ類が多いことが特徴である．

滋賀県の鈴鹿山脈で年間を通じてどのような環境でハンティングを行なっているのかについて，1978-1984年に4つがい，2008-2012年に1つがいを調査した結果，ハンティング場所は展葉期と落葉期によって大きく異なることが明らかになった（図1.4参照）．なお，植生の変化によるハンティング環境やハンティング方法の変化については1.4節でくわしく述べる.

6–10月の展葉期にはカルスト地形の草地・低灌木，伐採地，スギ幼齢林がおもに利用され，11–5月の落葉期には夏緑広葉樹林が主たるハンティング場所であった．夏緑広葉樹林は，展葉期には林の外からは林内にいる獲物が見えないだけでなく，林内に入ることも困難となるため，ハンティング場所としては適さない．しかし，落葉期になると，林内の獲物を発見することが可能となり，わずかな空間から獲物を襲ったり，イヌワシ特有のつがいによる協同ハンティングを行なったりすることにより，獲物を捕獲することができるのである（山﨑, 2008；第9章も参照）．

つまり，日本のイヌワシは，中小動物が多く，落葉期にハンティングが可能な夏緑広葉樹林の広がる山岳地帯が主たる分布域であり，それに加えて展葉期にハンティングが可能な開放地が存在する地域に生息してきたのである．その開放地は，自然開放地と人為的開放地に大別できる．

自然開放地は，東北地方では自然裸地，多雪地帯や風衝地の草地・低木群落などであり，北日本の日本海側などの豪雪に見舞われる地域では雪崩跡の裸地・草地であり，中部山岳地域では急峻な地形によって形成される岩場・崩壊地，裸地・草地・低灌木が広がる高山帯などである．また石灰岩地帯のカルスト地形も，開放的な草地・低木群落であることから，イヌワシにとっては重要なハンティング場所となっている（山﨑, 2006, 2008）．

人為的開放地は，薪炭の生産や木材の搬出などによる伐採地，茅葺き屋根のための茅刈り場，焼畑地，採草地などであり，これらの開放地が全国各地の山間部に散在していたからこそ，日本のような森林国にもイヌワシが広範囲に生息することができたのである（山﨑, 2008）．

イヌワシの営巣場所は基本的には上昇気流の発生しやすい急峻な崖の岩棚であるが，そのような崖や岩場がないところでは，大きな樹木に営巣することもある（山﨑, 1996b, 1997, 2006）．

（3） クマタカの生息環境

クマタカは北海道から九州まで，連続的に広がる山岳森林地帯にはどこにでも生息している．北海道は夏緑広葉樹や針葉樹の森林であり，東北地方から中部地方も夏緑広葉樹林が多い．しかし，近畿地方は夏緑広葉樹，常緑広葉樹，スギ・ヒノキの常緑針葉樹が混在している．さらに九州の山岳地帯の

多くは，常緑針葉樹と常緑広葉樹に覆われ，1年を通して葉が繁茂している．

つまり，クマタカは，植生にかかわらず，中小動物が豊富で林内空間を有する森林であれば生息が可能であり，日本にはクマタカ属の本来の生息環境である熱帯雨林は存在しないものの，日本各地に広く分布することができたものと考えられる（山﨑，2008）．

クマタカ生態研究グループが鈴鹿山脈において1981年から実施している食性調査では，ニホンノウサギ，ヤマドリ，ヘビ類のほか，ニホントカゲ，カケスなどの小型鳥類，ヒミズ，ニホンリス，ムササビ，テン，タヌキなど，森林に生息するさまざまな小型-中型の爬虫類，鳥類，哺乳類などが確認されている．「希少猛禽類調査」でも同様の結果であり，既存資料調査では50種以上が記録されている（日本鳥類保護連盟，2004b）．つまり，調査をすればするほど種数は増加することとなり，クマタカの食性はこの動物種であると特定することは不可能である．また，地域によって食性が異なることもクマタカの特徴である（クマタカ生態研究グループ，2000；山﨑，2008）．

クマタカのハンティング方法は，森林内や林縁部の枝に止まり，獲物が出現するのを長時間待っていたり，森林内を少しずつ移動しながら獲物を探したりすることが多い（クマタカ生態研究グループ，2000；山﨑，1996a，2008）．このため，林内空間の存在する森林がハンティング環境の重要な要素となる．なお，ハンティングは単独で行ない，イヌワシのように協同でハンティングすることはない．

クマタカの営巣場所はイヌワシとは異なり，すべて樹木である．営巣木は，モミ，スギ，アカマツなどの常緑針葉樹，イチイガシやツブラジイのような常緑広葉樹，夏緑広葉樹のブナとさまざまであるが，樹高は20 m以上が多く，ほとんどが胸高直径60 cm以上の大径木であり，巣の架けやすい横枝のある大木であった（日本鳥類保護連盟，2004b）．また営巣場所の標高は，行動圏内における最低標高と最高標高の2分の1またはやや低い位置であることが多く，このような場所に急斜面が存在し，そこに胸高直径が60 cm以上の大木が生育していることがクマタカの繁殖にとって不可欠な要素となる（クマタカ生態研究グループ，2000）．

1.3　営巣場所や食物をめぐる競合はあるか

　鈴鹿山脈におけるイヌワシとクマタカの繁殖つがいの分布調査の結果によると，イヌワシの分布密度は植生により大きく異なっていたが，クマタカは $20\,\mathrm{km}^2$ 前後のほぼ同じ密度で連続的に分布していた（表1.2参照）．しかし，イヌワシの繁殖つがいの営巣場所が存在する地域では，クマタカの繁殖つがいはそれを避けるように不規則に分布していた（図1.3）．前述したとおり，基本的にクマタカの隣接つがいは営巣場所が約3-4 kmの等間隔で均等に分布しているが，イヌワシが営巣し，繁殖テリトリーをかまえている場所では，クマタカの繁殖つがいは分布していない．このことは，クマタカがイヌワシの攻撃を回避している可能性を示唆している．

　営巣場所については，イヌワシは基本的に切り立った岩崖に営巣するのに対し，クマタカは樹木に営巣するため，競合することはない．食物については，両種ともに中小動物を捕食するが，イヌワシはおもにノウサギ，ヤマドリ，大型のヘビ類を捕食し，クマタカはノウサギ，ヤマドリも捕食するもの

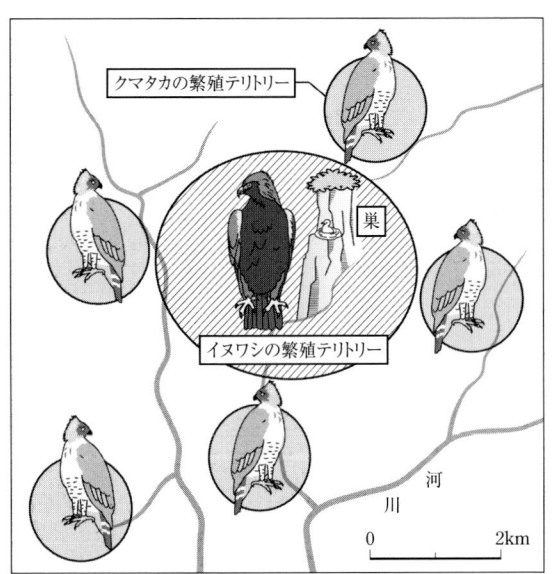

図1.3　鈴鹿山脈におけるイヌワシとクマタカの繁殖つがいの分布．

の，森林に生息するさまざまな中小動物を捕食する．さらに，主たるハンティング場所とハンティング方法が異なるため，直接的に食物をめぐって競合することはほとんどない．

ところが，クマタカはイヌワシを避けているのである．それは，イヌワシとクマタカの行動と攻撃性の違いに起因する．イヌワシは飛翔しながら地表にいる獲物を探索することが多く，ときには空中で獲物を襲うこともある．実際，鈴鹿山脈では飛翔中のトビが上空からイヌワシに襲われることがあり（山﨑，2008），秋田県においてイヌワシによるクマタカ成鳥の摂食が1例確認されており（関山，2007），富山県と福井県においてイヌワシがクマタカの成鳥と幼鳥をハンティングの対象として襲撃したことが目撃されている（小澤・今森，2008）．一方，クマタカはハンティングのために飛行することは少なく，空中で獲物を襲うことはほとんどない．したがって，クマタカは襲撃してくる可能性のあるイヌワシをつねに警戒しており，イヌワシが頻繁に出現するイヌワシの営巣場所付近を避けているのである．

つまり，イヌワシとクマタカは競合することなく，山岳森林地帯で営巣場所やハンティング方法，食物資源を違えながら共存しているのである．

1.4　日本の山岳地帯における植生変化と両種の生息状況の変化

（1）イヌワシ

鈴鹿山脈では1980年代には6つがいが生息していたが，2000年までに3つがいが消失し，2012年時点で生息しているのは3つがいだけである．しかも2009年に1つがいが繁殖に成功したのを最後に2010年以降，雛は1羽も巣立っていない．

このことはハンティング環境の悪化が原因ではないかと考えられ，鈴鹿山脈で1978-1984年に4つがいを対象に調査した同地域でかろうじて生息している1つがい（Bつがい）を対象に2008-2012年に同じ方法でハンティング環境の調査を実施した．

調査結果は図1.4に示すとおり，2008-2012年における夏緑広葉樹林と草

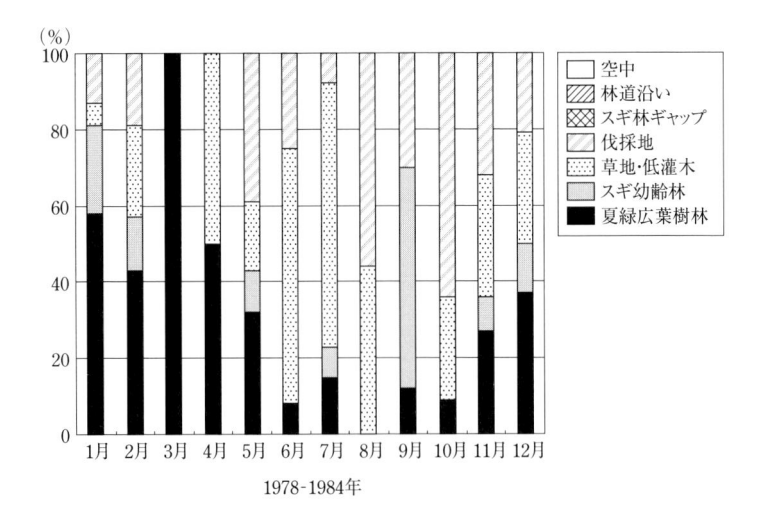

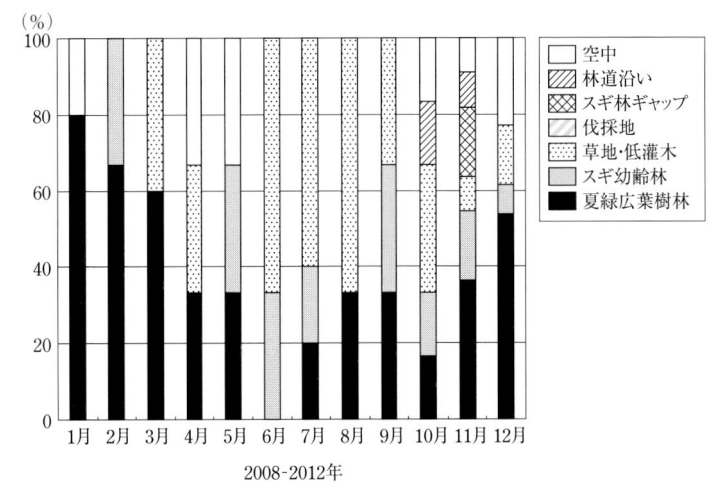

図 1.4 2008-2012 年の鈴鹿山脈におけるイヌワシのハンティング環境．1978-1984 年（上）と 2008-2012 年（下）の比較．実際にハンティング行動が観察された場所の環境を月ごとに合計して，その割合を算出．

地・低灌木（カルスト地形）の利用は 1978-1984 年と同じ傾向であった．大きく変化していたのは 6-10 月のハンティング環境であり，伐採地がなくなり，スギ幼齢林，林道沿い，スギ林ギャップという限定的にしか存在しない開放地を利用していたことであった．さらに驚くべきことに，空中でのハンティングが年間を通じて行なわれていることである．ときには空中で獲物を襲うことがあるイヌワシであっても，その頻度は高くなく，効率のよくない空中でのハンティングを年間を通じて行なわなくてはならないほどハンティング環境が不足しているものと推察される．

このハンティング環境の変化が行動圏内に存在するそれらの面積とどのように関係しているのかを明らかにするため，1985 年と 2010 年の植生図を解析した結果が図 1.5 である．左図は現在つがいが消失している A つがいのかつての行動圏内の結果であり，右図は現在もつがいが生息している B つがいの行動圏内の結果である．貧栄養地・風衝地低木群落，岩稜植物群落，イブキザサ群落の自然開放地はそれほど大きな変化は認められないが，ススキ群団，人為的開放地である伐採跡地群落，スギ・ヒノキ幼齢林が 1985 年当時に比べ 2010 年には激減している．とくに現在はつがいが消失しているA つがいの行動圏内の人為的開放地面積の減少が著しいことがわかる．

つまり，2008-2012 年のハンティング環境に伐採地がなかったのは，イヌワシが伐採地を利用しなくなったのではなく，1950 年代から開始された拡

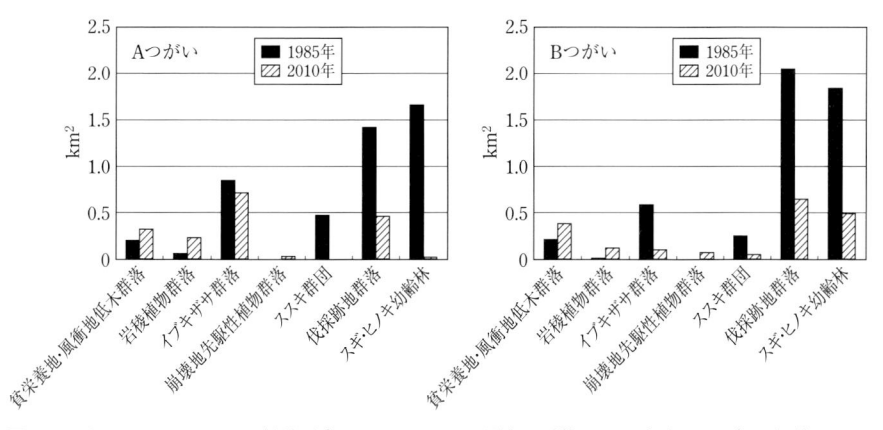

図 **1.5** イヌワシ 2 つがいの行動圏内のハンティング環境の面積．1985 年と 2010 年の比較．

大造林政策によって植栽されたスギ・ヒノキが伐採搬出可能なまで生育したにもかかわらず，低価格な輸入木材や伐採搬出経費の増大によって伐採されなくなり，伐採地が激減したことによる（Yamazaki, 2010）．このため，わずかなスギ幼齢林や林道などの開放地でもハンティングを行なわなければならない状況となり，さらには空中でのハンティングも余儀なくされているのである．また，獲物の種数が広がると繁殖成功率は低下するという関係があることが報告されており（Watson, 2010），主たる獲物以外のさまざまな獲物に依存しなければならない状況は，イヌワシが個体群を維持していくのにきわめて厳しい状況にあることを意味している．

同様の結果は北上高地に生息するイヌワシの調査でも報告されている．ここでは，幼齢人工林と低木草地の減少と11年生以上の人工林，農地の増加がイヌワシの好適な採食環境の減少を引き起こし，近年の繁殖成功率の顕著な低下につながっているのではないかと考えられている（由井・前田，2006）．また，101年生以上の落葉広葉樹老齢林，10年生以下の幼齢人工林，5年生以下の広葉樹林や放牧採草地を含む低木草地の各面積が広いと，繁殖成功率は高くなったとしている（由井ほか，2005）．

スギ・ヒノキ人工林は夏緑広葉樹林に比べて食物となる中小動物の生息密度が低いだけでなく，年間を通じて展葉していることから，ハンティングを行なうこともできない．さらに，山間部での人間の生活活動によって創出される開放地が激減したことにより，イヌワシのハンティング場所は1980年代半ばころから劇的に減少した．

このため，イヌワシのつがいは1981年から2012年までに77カ所で消失するとともに（日本イヌワシ研究会ホームページ，2012），繁殖成功率も1981-1985年の47.1%から大きく低下し，1991年以降は20%前後の低い状態が続いているのである（日本イヌワシ研究会，2007；第9章も参照）．

（2） クマタカ

クマタカは森林性のタカであり，その生息は森林の量と質に密接に関係している．このため，クマタカの個体数と繁殖成功率は山岳地帯における時代ごとの森林の状態によって大きく変動してきたものと思われる．

第2次世界大戦前にどの程度のクマタカが生息していたかは不明であるが，

戦後のパルプ原料生産と拡大造林政策による大規模な夏緑広葉樹林の伐採によって，生息可能な環境が大きく減少したことは明らかであり，クマタカの個体数は激減したものと思われる．また，多くの繁殖地において営巣環境である大径木を有する森林が消失したことにより，年間に生産される幼鳥の個体数が激減したことはまちがいない．

さらに，拡大造林政策によって森林面積の約 40% を占めるまでになったスギ・ヒノキ人工林は，夏緑広葉樹林に比べて食物となる中小動物の生息密度が低いだけでなく，枝打ち，間伐などの手入れが行なわれていない密植状態の人工林では，林内空間が狭く，森林性のクマタカでさえ林内に入ってハンティングを行なうことが困難となる（第 15 章も参照）．

現在は拡大造林政策のときのように大規模な伐採はなくなったものの，小規模な民有林が複雑に分布している地域では，突然，営巣木が伐採されてしまうこともめずらしくない．いったん営巣木が伐採されると，代替となる大径木が存在しない場合には繁殖活動ができないだけでなく，繁殖つがいが消失してしまうこともある．

1.5　今後の個体群の動向と研究課題

（1）　イヌワシ

イヌワシの繁殖成功率は 1981–1985 年の 5 年間では平均 47.1% であったが，近年の全国的な繁殖成功率は 25% 程度と推定され，近年は著しく低下している（日本イヌワシ研究会，2007；環境省自然環境局野生生物課，2012）．個体数が安定あるいは増加傾向にある欧米では繁殖成功率が 60% 以上であること（Watson, 1997）を考慮すると，近年の日本の繁殖成功率はきわめて低いといえる．日本では 2 羽の雛間の兄弟殺しが激しく，2 羽が巣立つことは 1% しかないこと（Yamazaki, 2009）から，近年の繁殖つがいあたりの巣立ち雛数は 0.25 羽程度となる．繁殖つがいあたりの平均巣立ち雛数は，スコットランドで 0.23–0.81 羽，フランスで 0.30–0.76 羽，イタリアで 0.58–0.61 羽，アメリカで 0.50–1.60 羽，スペインで 0.75 羽，スウェーデンで 0.70 羽などであり（Watson, 2010），日本の 0.25 羽程度の状態は個体群

を維持するのにきわめて危機的な状態であるといえる．

　また，1981年から2012年までにつがいが消失した場所が77カ所にもおよんでいることは，全国的にイヌワシの生息環境が急激に悪化してきたことを示すものである．

　イヌワシを絶滅させないためには生息環境の改善が不可欠である．そのためには，日本各地において，どのような生息環境の存在がイヌワシの生息と繁殖を可能にしてきたのかを，過去のイヌワシの分布状況と植生図・土地利用図を詳細に比較・解析することによって明らかにしなければならない．また，現在もつがいが生息している地域では，季節ごとの詳細な生息場所利用を明らかにし，繁殖成績との関係を比較解析することによって，生息環境の質の評価を行なうことが重要である．そのうえで，地域ごとにイヌワシの生息環境の改善に向けた具体的な方策を早急に構築し，関係省庁や関係機関が一体となって，その実践に取り組む必要がある．

　また，四国や九州をはじめとする西日本ではほとんど絶滅状態にあることから，生息環境の回復を早急に進めるとともに，将来の再導入に向けた飼育下における増殖と野外放鳥手法の確立も必要である（山﨑，2006, 2010b）．

　現在，日本のイヌワシの生息状況はまさに変動期にあり，今後の個体群動態を的確に予測しながら，つねに効果的な保全対策を講じなければならない．そのためには，日本イヌワシ研究会によって1981年から実施されている全国の生息数と繁殖成功率のモニタリング調査を，より精度を上げて継続実施することは絶対不可欠なことである．これに加え，個体群動態を解析するのに必須である繁殖に関するパラメータ（繁殖可能となる年齢，幼鳥の死亡率，成鳥の死亡率，繁殖期間，繁殖間隔，寿命など）が日本ではほとんど明らかになっていないことから，これらの基礎的な研究に早急に取り組む必要がある．

　なお，スコットランドでは，イヌワシが食物をアカシカの死体に依存するようになり，アカシカが増加した地域での繁殖成功率が高くなったという例もある（Mike McGrady，私信）．近年，日本でもニホンジカが急増していることから，将来，ニホンジカを捕食することによって繁殖成功率が高くなる地域が出現する可能性は否定できず，生態系におけるさまざまな要素を視野に入れて，個体群の動向は慎重に見守っていく必要がある．

さらに，「ニホンイヌワシ」の正確な分布域と海外のほかの亜種との関係を解明するための遺伝的解析および国内における地域個体群間の関係を明らかにするための幼鳥の分散調査と遺伝的解析も早急に取り組まなければならない重要な研究課題である．

（2） クマタカ

繁殖成功率を長期にわたってモニタリングした信頼できる調査成績は少なく，環境省が「希少猛禽類調査」などで2002年から7年間実施した3地区（山形県，滋賀県，南九州）での繁殖調査による繁殖成功率は平均20.8%であり，近年のクマタカの繁殖成功率は低下傾向にある可能性があるとしている（環境省自然環境局野生生物課，2012）．全国的規模での調査としては，（独）水資源機構が全国6カ所でのダム建設に関して実施しているモニタリング調査があり，1996-2012年の17年間の平均繁殖成功率は29%（繁殖成功つがい数116/延べ調査つがい数402）であった（第15章を参照）．

クマタカ属はアジアにのみ生息するタカ類であり，生態や個体群動態に関する情報はきわめて少なく，アジア猛禽類ネットワークが共同プロジェクトとして研究を開始しているが，個体群を維持するのにどの程度の繁殖成功率が必要なのかについてはいまだ明らかになっていない．ただ，鈴鹿山脈におけるクマタカ生態研究グループの調査では，1997-2000年は47.4%（9つがい/19つがい），2001-2009年は20.4%（22つがい/108つがい）であること（未発表），および広島県西中国山地では2つがいが1980年代初頭ごろまでは毎年繁殖に成功していたが，1980年代の後半ごろにはほぼ2年に一度の繁殖成功となり，1990年代に入ると数年に一度の繁殖成功となったとしていること（飯田ほか，2007）から，繁殖を阻害する要因がなければ繁殖成功率は50%に近づくものと思われる．したがって，繁殖成功率が30%を下まわるような状態が全国的に継続すれば，将来，個体数の減少や地域個体群の縮小・分断が発生することが懸念される（山﨑，2010c）．

一方，大径木に生育したスギに営巣するつがいが増えていることから（第15章を参照），今後，特定の地域で一時的に繁殖成功率が高まる可能性もあり，生態系におけるさまざまな変化を確実にとらえて個体群の動向を解析・予測することが重要である．

イヌワシと同様に，全国のクマタカの個体数と繁殖成功率を継続してモニタリングすることは個体群の動向を科学的に予測するのに絶対不可欠なことである．しかし，イヌワシと異なり，全国のクマタカを網羅的に調査する組織や体制が存在しないこと，およびクマタカの分布域が広いことから，現時点ではこれらを明らかにする目処はたっていない．したがって，環境省の猛禽類保護センターや民間研究団体などが連携をもって，早急に生息・繁殖状況のモニタリングシステムを構築するとともに，繁殖成功率低下原因の科学的な解明にも取り組み，それらの情報を蓄積していく必要がある（山﨑，2010c）．

また，将来の個体群の動向を的確に予測するためには，個体群動態の解析に不可欠な繁殖に関するパラメータ（繁殖可能となる年齢，幼鳥の死亡率，成鳥の死亡率，繁殖期間，繁殖間隔，寿命など）を明らかにすることが不可欠であり，クマタカ生態研究グループは1987年から翼帯マーカーと小型電波発信機を用いた生態研究に取り組んでいる．しかし，これらを明らかにするには数十年単位の長期間にわたる継続的な研究が不可欠であり，関係省庁や関係機関との協力により，これまでの研究をより充実させて継続実施していかねばならない．

クマタカの遺伝的解析については，全国から収集したクマタカの羽毛をミトコンドリアDNAで解析した報告がある（浅井，2007）．これによると，国内で個体群が分断されているという証拠は見つからず，遺伝的多様性は十分に高いとされている．しかし，この遺伝的多様性が，日本にクマタカが南方から分布を広げ，定着してきたときに比べてどのように変化しているのかは不明であり，地域個体群間に父系の遺伝的交流がどの程度存在するのかも不明である．したがって，地域個体群の遺伝的多様性などの評価には，クマタカ生態研究グループが1987年から実施している幼鳥の分散調査の成果とあわせて解析していく必要がある．つまり，全国のクマタカの個体数は多いものの，生息環境の悪化や分断などによって，いくつかの地域個体群が絶滅の危機に陥る危険性もあることから，より精密な遺伝的多様性の解析と幼鳥の分散に関する研究が必要なのである．

また，クマタカの生息は森林の状態と密接な関係があることから，さまざまな森林環境における生息場所利用に関して，より詳細な生態調査を実施す

ることが不可欠であり，その結果をGIS環境解析と組み合わせることによってクマタカの保全に効果的な森林管理手法を構築することも重要である．

引用文献

浅井芝樹．2007．クマタカの遺伝的多様性．(山階鳥類研究所，編：保全鳥類学) pp. 57–85．京都大学学術出版会，京都

Clements, J. F. 2007. The Clements Checklist of Birds of the World. Cornell University Press, New York.

Cramp, S. and K. E. L. Simmons. 1980. The Birds of the Western Palearctic Vol. II. Oxford University Press, Oxford.

Ferguson-Lees, J. and D. A. Christie. 2001. Raptors of the World. Houghton Mifflin Harcourt, New York.

Gjershaug, J. O. 2006. Taxonomy and conservation status of hawk-eagles (genus *Nisaetus*) in South-East Asia. Doctoral thesis. Norwegian University of Science and Technology, Norway

Haring, E., K. Kvaloy, J. O. Gjershaug, N. Rov and A. Gamauf. 2007. Convergent evolution and paraphyly of the hawk-eagles of the genus *Spizaetus* (Aves, Accipitridae): phylogenetic analyses based on mitochondrial markers. Journal of Zoological Systematics and Evolutionary Research, 45(4): 353–365

飯田知彦・飯田　繁・毛利孝之・井上　晋．2007．クマタカ *Spizaetus nipalensis* の繁殖成功率の低下と行動圏内の森林構造の変化との関係．日本鳥学会誌 56(2): 141–156.

環境省自然環境局野生生物課．2012．猛禽類保護の進め方（改訂版）——とくにイヌワシ，クマタカ，オオタカについて．環境省．

クマタカ生態研究グループ．2000．クマタカ——その保護管理の考え方．クマタカ生態研究グループ．

日本鳥類保護連盟．2002．平成13年度希少猛禽類現地調査報告書．日本鳥類保護連盟．

日本鳥類保護連盟．2004a．希少猛禽類調査報告書（イヌワシ編）．日本鳥類保護連盟．

日本鳥類保護連盟．2004b．希少猛禽類調査報告書（クマタカ編）．日本鳥類保護連盟．

日本イヌワシ研究会．1984．日本におけるイヌワシの食性．日本イヌワシ研究会誌 Aquila chrysaetos, (2): 1–6.

日本イヌワシ研究会．2001．全国イヌワシ生息数・繁殖成功率調査報告（1996–2000）．日本イヌワシ研究会誌 Aquila chrysaetos, (17): 1–9.

日本イヌワシ研究会．2007．全国イヌワシ生息数・繁殖成功率調査報告（2001–2005）．日本イヌワシ研究会誌 Aquila chrysaetos, (21): 1–7.

日本イヌワシ研究会．2011．イヌワシの30年——各地からの報告．日本イヌワシ研究会誌 Aquila chrysaetos, (23/24): 3–81.

日本イヌワシ研究会. 2012. 国内の現状. 日本イヌワシ研究会ホームページ.
小澤俊樹・今森達也. 2008. イヌワシ Aquila chrysaetos による狩りを目的とした クマタカ Spizaetus nipalensis への襲撃. 日本イヌワシ研究会誌 Aquila chrysaetos, (22)：32-37.
関山房兵. 2007. イヌワシの四季. 文一総合出版, 東京.
由井正敏・関山房兵・根元 理・小原徳応・田村 剛・青山一郎・荒木田直也. 2005. 北上高地におけるイヌワシ Aquila chrysaetos 個体群の繁殖成功率低下と植生変化の関係. 日本鳥学会誌, 54：67-78.
由井正敏・前田 琢. 2006. イヌワシYペアの行動圏と植生. 希少猛禽類イヌワシとの共存を目指した森林施業法の確立（平成15年度-平成17年度科学研究費補助金 基盤（B）（1））研究報告書：1-10.
Watson, J. 1997. The Golden Eagle. T & AD Poyser, London.
Watson, J. 2010. The Golden Eagle 2nd ed. Yale University Press, London.
山﨑 亨. 1996a. タカ目クマタカ.（樋口広芳・森岡弘之・山岸 哲, 編：日本動物大百科第3巻 鳥類Ⅰ）pp. 158-160. 平凡社, 東京.
山﨑 亨. 1996b. タカ目イヌワシ.（樋口広芳・森岡弘之・山岸 哲, 編：日本動物大百科第3巻 鳥類Ⅰ）pp. 164-165. 平凡社, 東京.
山﨑 亨. 1997. イヌワシ・クマタカの生態と生態系保全. 滋賀県琵琶湖研究所所報, 第15号：66-73.
Yamazaki, T. 2000. Ecological research and its relationship to the conservation programme of the golden eagle and the Japanese mountain hawk-eagle. In (Chancellor, R. D. and B.-U. Meyburg, eds.) Raptors at Risk. pp. 415-422. World Working Group on Birds of Prey and Owls, Berlin.
山﨑 亨. 2001. 猛禽類保護と生物多様性保全. ランドスケープ研究, 64（4）：310-313.
山﨑 亨. 2006. 日本の事例——ニホンイヌワシ.（ワトソン, J., 山岸 哲・浅井茂樹訳：イヌワシの生態と保全）pp. 359-372. 文一総合出版, 東京.
山﨑 亨. 2008. 空と森の王者イヌワシとクマタカ. サンライズ出版, 滋賀.
Yamazaki, T. 2009. Why are almost all second chicks of the Golden Eagle (*Aquila chrysaetos*) in Japan killed by the first chicks? In Raptor Research Foundation 2009 Annual Conference Programme Book. p. 98. Pitlochry, Scotland.
山﨑 亨. 2010a. クマタカ. Bird Research News, 17(12)：40-41.
山﨑 亨. 2010b. イヌワシ.（野生生物保護学会, 編：野生動物保護の事典）pp. 479-482. 朝倉書店, 東京.
山﨑 亨. 2010c. クマタカ.（野生生物保護学会, 編：野生動物保護の事典）pp. 482-484. 朝倉書店, 東京.
Yamazaki, T. 2010. Changes in forest management and life-style caused endangerment of Golden Eagles in Japan. In Proceedings of the 6th International Conference on Asian Raptors. pp. 74-75. Ulaanbaatar, Mongolia.

2
タカ類の生息環境評価と効率的な保護区の設定

鈴木　透・金子正美

　タカ類は一般的に広域で多様性に富んだ生息環境を必要としているため，その保全には個体群や営巣環境の保護とともに，広域の生息環境を保全していく取り組みも重要である．このように種の状況を考慮して広大な土地の中から保護・保全する生息環境を選定するためには，一般的に広域的な生息環境評価が有用である (Scott *et al.*, 1993; Flather and Sauer, 1996)．この手法は，すでにある野生生物の保全計画について，種の分布や個体の移動・分散といった広域的な現象を考慮・補完する効果的なアプローチとなりうる．

　そこで本章では，北海道に生息するクマタカ (*Nisaetus nipalensis*) を対象として，広域における生息環境評価を行ない，その結果をもとにクマタカの生息環境について効果的・効率的な保全方法について検討した事例を紹介する．

2.1　北海道におけるタカ類の生息環境評価

(1)　クマタカの生態と生息情報

　日本のクマタカは，クマタカの一亜種であり，北海道から九州にかけて広く分布している．クマタカは山地の森林に生息し，おもに針葉樹の高木に営巣する（石川県白山自然保護センター，1990；森本・飯田，1994；クマタカ生態研究グループ，2000）．北海道では営巣木として広葉樹（カツラ，ハリギリ，シナノキ，ミズナラなど）の利用も確認されている．食性は多様で，ヘビ類，ウサギ，リスなどの中小型の哺乳類，キジやヒヨドリなどの中型以

上の鳥類を主として捕食している（森本・飯田，1992；石川県白山自然保護センター，1993；クマタカ生態研究グループ，2000；布野ほか，2000．第8章を参照）．このようにクマタカの生息には，営巣できるような高木や食物となる動物が豊富であるなど，多様性に富んだ森林生態系が必要である．また，クマタカの行動圏は13-25 km^2（環境省自然環境局野生生物課，2002）と広く，移動性が高い．クマタカの個体数を維持するためには，広域における生息環境の保全も個体群の保護と並行して行なう必要がある．

北海道におけるクマタカの生息情報は，各事業者・研究者・調査者を対象に聞き取り調査を行ない，位置情報と確認状況を記録し，5 km×5 kmメッシュ（以下，5 kmメッシュ，北海道全体で約3500メッシュ）のGISデータとしてとりまとめられている．確認されているクマタカの生息情報は5 kmメッシュで131メッシュであり，北海道全体の5 kmメッシュの約4%弱である．クマタカは環境省レッドリストでは絶滅危惧IB類（EN），北海道レッドリスト（北海道，2001）では絶滅危惧種（EN）に指定されている．そのため，種の生息数はそもそも少なく，生息情報も収集することが困難であるが，広域における生息情報はほかの種と同様に限られていることがわかる．

（2）「在」情報を用いた分布予測モデルMaxent

ある種の生息環境は，対象とした種のいる・いないという「在」「不在」の生息情報から，種の生息と生息環境の関係を分析した分布予測モデル（ecological niche modeling）によって評価されることが多い．このような分布予測モデルはこれまで数多く開発されており（Guisan and Zimmermann, 2000），使用する生息情報の量や質，生息情報と環境との関係性，得られる結果の種類などに応じて手法を選択する必要がある．

手法の選択において，今回対象とした北海道のクマタカのように「在」情報が限られている場合，「不在」情報がほんとうに生息していないのかということが不確かであるという特徴がある．つまり，「在」情報がある場所（今回の場合は5 kmメッシュ）では，種がいるということは確かであるが，「在」情報がない場所では種が生息していないということでなく，確認されていないという情報である可能性もあり，「不在」情報として扱うことに問

題が生じる．そのため「在」と「不在」の情報を両方用いて比較する分布予測モデルの手法を選択することは適切ではなく，「在」のみの情報から種と生息環境との関係を分析し，分布を予測する手法を選択する必要がある．

「在」のみの情報を用いる手法のうち，最大エントロピー原理（maximum-entropy approach）を利用した Maxent という手法がある（Phillips *et al.*, 2006）．Maxent は「在」のみの情報を利用した分布予測モデルでは精度がよい手法とされ，最近ではもっともよく使用されている手法の1つである（Elith *et al.*, 2011）．そこで，「在」情報のみであると判断された北海道のクマタカの生息情報に対して，Maxent を適用して北海道全域におけるクマタカの生息と環境との関連を分析し，得られた結果からクマタカの生息適地を推定した．

クマタカの生息情報は，先述したとおり各事業者，研究者，調査者を対象に聞き取り調査を行ない，位置情報と確認状況を記録し，5 km メッシュとしてとりまとめた「在」情報である（n = 131）．5 km メッシュ（約 25 km^2）は，クマタカの行動圏（13–25 km^2；環境省自然環境局野生生物課，2002）を含む，もしくは一致する面積であり，広域におけるクマタカの生息できる環境を評価するために適したユニット面積であると考えられる．生息環境に関する情報は，対象とした生物種の特性をもとに選択する必要がある（Haines-Young and Chopping, 1996）．クマタカは，営巣地となりうる高木が存在する急傾斜地の存在や，多様な食物資源が存在する森林が必要であることが報告されている（クマタカ生態研究グループ，2000 など）．

そこで今回は，クマタカの生物学的，地理的特性を考慮し，営巣環境を示す地形と食物資源を示す森林に関する7個の要因を選択した（表 2.1）．選択した7個の要因のうち4つは地形に関する要因であり，5 km メッシュ内の平均標高（ELE），地形の複雑さの指標とした標高の標準偏差（ESD），平均傾斜（SLO），急傾斜地（30 度以上の斜面と定義）の面積割合（S30）を集計した．地形に関するデータは，国土地理院刊行の数値地図 50 m メッシュ（標高）を用いた．また残り3つの要因は森林に関する要因であり，5 km メッシュ内の自然林の面積割合（NF），自然林・二次林の合計面積割合（NSF），自然林・二次林・人工林の合計面積割合（NSMF）を集計した．森林のデータは，環境省自然環境情報 GIS の第 2–5 回植生調査を重ね合わせ

表 2.1 クマタカの生息環境評価に用いた要因.

要因	略号	説明	基データ
平均標高 (m)	ELE	5 km メッシュ内の標高の平均値	数値地図 50 m メッシュ（標高）
標高の標準偏差 (m)	ESD	5 km メッシュ内の標高の標準偏差	数値地図 50 m メッシュ（標高）
平均傾斜 (度)	SLO	5 km メッシュ内の傾斜の平均値	数値地図 50 m メッシュ（標高）
急傾斜地 (30 度以上) の面積割合	S30	5 km メッシュ内の 30 度以上の傾斜地の面積割合	数値地図 50 m メッシュ（標高）
自然林の面積割合	NF	5 km メッシュ内の自然林の面積割合	自然環境情報 GIS
自然林＋二次林の面積割合	NSF	5 km メッシュ内の自然林＋二次林の面積割合	自然環境情報 GIS
自然林＋二次林＋人工林の面積割合	NSMF	5 km メッシュ内の自然林＋二次林＋人工林の面積割合	自然環境情報 GIS

植生における群落区分を再分類し，自然林，二次林，人工林とした情報を用いた．データの再分類や集計には ArcGIS10.1（ESRI 社）を用いた．

生息情報と生息環境の関係は，Maxent（Phillips *et al.*, 2006）を用いて評価した．生息情報は，5 km メッシュとしてとりまとめたクマタカの「在」情報（$n=131$）を用いた．生息環境に関する情報は，選択した森林に関する 3 つの要因（NF，NSF，NSMF）はたがいに相関があるため，地形に関する 4 つの要因（ELE，ESD，SLO，S30）に森林に関する 3 つの要因（NF，NSF，NSMF）をそれぞれ組み合わせた 3 とおりの要因の組み合せ（以下，モデル）を検討した．

3 つのモデルから最適なモデルを決めるために，各モデルについて 100 回の繰り返し計算を行ない，AUC の平均値を算出し，AUC がもっとも高い値を示したモデルを最適モデルとして選択した．AUC とは，ROC 曲線（receiver operating characteristic curve；受信機操作特性曲線）を用いたモデル全体のあてはまりを評価できる指標である．ROC 曲線は偽陽性率（1-特異度）を横軸に，真陽性率（感度）を縦軸にとり，プロットした曲線である．AUC はこの ROC 曲線下の面積の値であり，0.5-1 の値をとる．一般的に 0.5-0.7 ではモデルの精度が低く，0.7-0.9 では妥当な精度で，0.9 以上は高い精度であることを示している．AUC の計算には，R ver. 2.15.2（R Core

Team, 2012) を用いた.

(3) 広域におけるクマタカの生息環境評価

クマタカの生息環境を評価するために検討した3つのモデルについて，AUCの平均値と各要因の寄与率を表2.2に示した．地形と森林に関する要因を組み合わせて検討した3つのモデルのAUCの値は，0.818から0.823の値を示しており，すべてのモデルについて妥当な精度があると考えられる．これより，伊藤ほか（2004），杉山ほか（2009）でも報告されているように，北海道においてもクマタカの広域における生息適地は地形と森林に関する要因で推定可能であることが示唆される．また，もっともAUCが高い値を示し最適であると判断されたモデルは地形に関する4つの要因（ELE，ESD，SLO，S30）と，自然林・二次林・人工林の合計面積割合（NSMF）を用いたモデルであったが，森林に関するほかの2つの要因（NF，NSF）を用いたモデルと大きな差は認められない．

クマタカの生息環境としては，食物となる動物種の生息場所である広葉樹林が重要であると報告されている（飯田ほか，2007）．また杉山ほか（2009）は，広葉樹林に加え，針葉樹林も補助的な役割を果たしていると推察している．今回の結果においても，自然林，二次林，人工林といった森林の種類によりモデルの精度に大きな違いは見られない．そのため，北海道におけるクマタカの広域の生息地選択には，特定の森林の種類が影響しているのではなく，森林全体の量が重要な要因であると考えられる．

各要因の寄与率については，値は3つのモデルにより多少変動するが，モデル間で傾向の大きな違いは認められない．全体の傾向として，地形に関する

表2.2 各モデルのAUCと要因の寄与率．AUCとは，ROC曲線（receiver operating characteristic curve，受信機操作特性曲線）を用いたモデル全体のあてはまりを評価できる指標．

モデル式	AUC	要因の寄与率				
		ELE	ESD	SLO	S30	NF/NSF/NSMF
ELE+ESD+SLO+S30+NF	0.819	27.3	26.5	20.6	19.1	6.4
ELE+ESD+SLO+S30+NSF	0.818	32.5	23.5	21.9	13.0	9.1
ELE+ESD+SLO+S30+NSMF	0.823	24.0	23.4	22.9	22.5	7.2

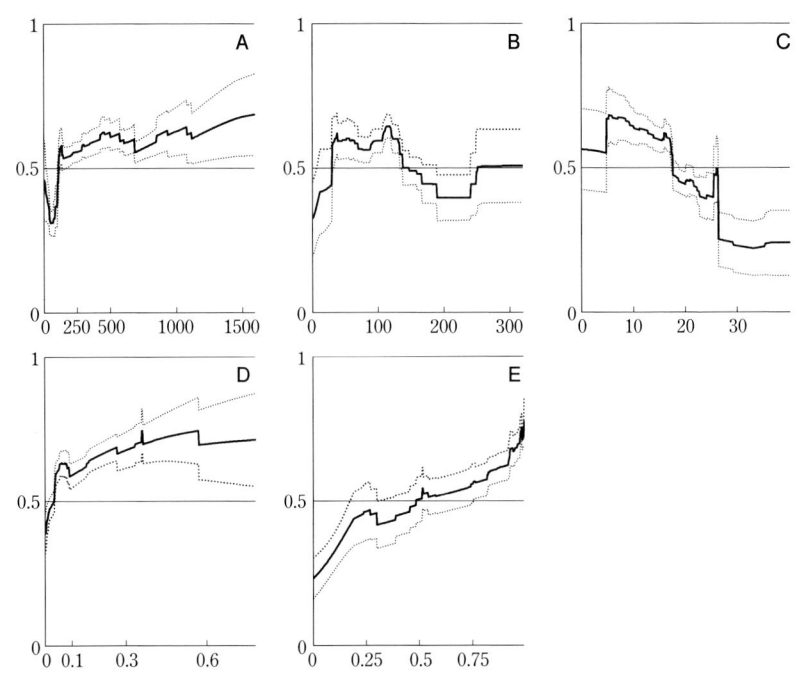

図 2.1 生息環境に影響する要因（X軸）と生息地確率（Y軸）との関係．A：標高，B：標高標準偏差，C：平均傾斜，D：急傾斜地面積割合，E：自然林・二次林・人工林面積割合．実線は平均値，点線は95%信頼区間を示している．

4つの要因（ELE, ESD, SLO, S30）が，森林に関する3つの要因（NF, NSF, NSMF）よりモデルへの寄与率が高い傾向を示している（表2.2）．

もっともAUCの値が高かった地形に関する4つの要因（ELE, ESD, SLO, S30）と，自然林・二次林・人工林の合計面積割合（NSMF）のモデルについて，各要因と生息地確率の関係を図2.1に示した．生息地としての確率が0.5以上の環境を生息適地と仮定すると，生息適地は標高では約200 m以上（図2.1A），急傾斜地の割合が5%以上（図2.1D），森林面積が50%以上（図2.1E）となる．

これまで，おもに営巣地を中心とした局所的な生息条件に関する研究で，クマタカは山地の森林に生息し，針葉樹林もしくは広葉樹林の急峻な地形で多くの繁殖が確認されている（クマタカ生態研究グループ，2000）．また，

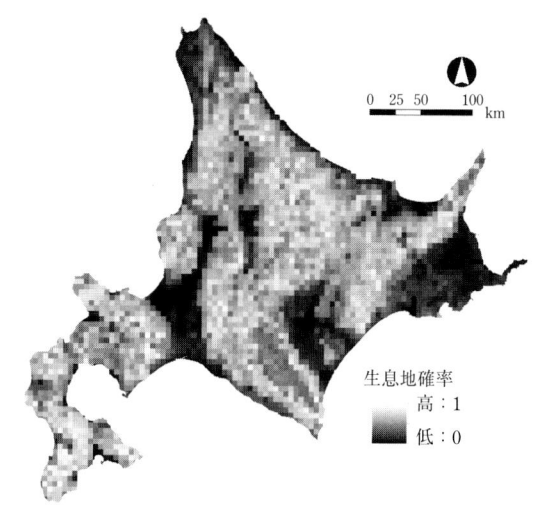

図 2.2 ELE+ESD+SLO+S30+NSMF モデルを用いて予測したクマタカの生息地確率.

　広域でクマタカの生息環境を評価した事例では，谷地形の分布と森林面積に着目することが重要であると報告している（杉山ほか，2009）．今回の結果でも，これまでの研究と同様に，急峻な地形に存在する森林がクマタカにとって生息しやすい環境（生息適地）であることが明らかになった．

　さらに，北海道におけるクマタカの生息適地を推定するために，もっともAUCの値が高かった地形に関する4つの要因（ELE，ESD，SLO，S30）と，自然林・二次林・人工林の合計面積割合（NSMF）を組み合わせたモデルの生息地確率を推定した（図2.2）．図から，クマタカの生息適地であると考えられる場所は低地を除く広い範囲に分布していることがわかる．生息地確率が0.5以上のメッシュを生息適地であると仮定すると，生息適地の5 kmメッシュ数は647個であり，北海道全体の約18.2%に相当する．生息適地は実際に生息している場所ではなく，現在の生息情報から生息が可能であると推定される場所のため注意が必要であるが，北海道にはクマタカの生息できる自然環境が比較的多く存在していることが示唆される．

2.2 北海道におけるタカ類の保護優先度の評価とギャップ分析

(1) 効率的な保護区の設定方法

　生物種の広域における生息環境の保護・保全を行なうために，保護区の設定は有用な手法の1つである．日本には自然公園，鳥獣保護区，自然環境保全地域，生息地等保護区，天然保護区域，野鳥保護区などの保護区の制度があり，加えて国際的な枠組みとしてラムサール条約，世界自然遺産などが存在する．保護区には，保護区として設定された地域内の生物種や生息環境を，破壊や攪乱から保護する効果がある．一方，現在の保護区は高標高の地域に偏っている（金子，1997）など，保護区の設定上の問題点も指摘されている．そのため，限られた労力やコスト，土地利用の制限のもとで効果的・効率的に保護区を設定し保全対策を行なう優先順位を決めるために，意思決定や合意形成を図るための科学的な手続きが求められる．

　効果的・効率的に保護区を設定し保全対策を行なう優先順位を決めるためのアプローチとして相補性解析やギャップ分析がある．相補性解析とは，効率的な戦略を明示的に地図化できる手法である．設定したシナリオの目標に対して，コストを最小化しつつ，目標を達成するために効率的な場所（ユニット）を選定することが可能であり，生物多様性の保全戦略の意思決定支援ツールとして世界各地で利用されている（Margules and Sarkar, 2007）．

　ギャップ分析は，生物多様性が高い地域（ホットスポット）を確実に保護することを目的とし（Jennings, 2000），ホットスポットが保護区として指定され十分な保全活動の恩恵を受けているか否かを，生物多様性と保護区の設定の両方の状況を地図化して判断するアプローチのことである．Burley（1988）によるギャップ分析の手順は，生物多様性の空間的な変異と保護区の位置を地図化して重ね合わせることにより，ホットスポットと保全活動の間の空間的な隔たり（conservation gap）を探すという，非常にシンプルなものである．

　そこで今回は，クマタカの生息環境の保護に関して複数のシナリオを設定し，相補性解析を用いて保護区の候補地（優先地）を選定し，選定した候補

地と現在の自然公園とのギャップ分析を行なうことにより，クマタカの生息環境と保護区との conservation gap を評価し，保護すべき地域の検討を行なった．

（2） 保護区の候補地の選定——相補性解析

Maxent により推定したクマタカの生息適地から保護区の候補地を選定するために，複数のシナリオを設定して相補性解析を行なった．相補性解析には MARXAN（Ball *et al.*, 2009）を用いた．MARXAN は相補性解析を実行できるフリーのソフトウェアであり，世界中でもっとも利用されており，生息環境間の連続性や対象とした生息地の重み付けなどさまざまなパラメータの設定が可能である．今回，単位（ユニット）は 5 km メッシュを用い，Maxent から推定したクマタカの生息地確率を生息環境の指標（Manly *et al.*, 2002）とした．1 種のみであるため，生息環境の連続性は考慮しなかった（Zielinski *et al.*, 2006）．

クマタカの保護区選定のシナリオは，クマタカの生息地（生息地確率）を全体の 1% 保護，5–60% 保護（5% きざみ）することを目標とした計 13 個のシナリオを設定した．ユニットの選定は，シナリオごとに 10^6 回繰り返し計算することで，コストを最小化するユニットの組み合せを求めた．多くの場合，シナリオの目標を達成するユニットの組み合せは複数のパターンが存在するため，100 回繰り返して計算することで，設定したシナリオの目標に最適なユニットの組み合せを選定した．

各シナリオについて相補性解析により選定されたクマタカの保護区の候補地の例を，図 2.3 に示した．たとえば，クマタカの生息地を北海道全体で 5% 保護するというシナリオでは，図 2.3A に示したように 110 個の 5 km メッシュ（全体の約 3.1%，総面積 27.5 万 ha）が保護区の候補地として選定される．つまり，クマタカの生息地の 5% を保護という目標を達成するためには，選定された 110 個の 5 km メッシュの組み合せを保護区とすることが，クマタカにとってもっとも効率的な保護区の設定であることになる．ほかの例では，15% 保護のシナリオで全体の 9.5%（336 メッシュ，総面積 84 万 ha，図 2.3B），30% 保護のシナリオで全体の 19.5%（691 メッシュ，総面積 172.8 万 ha，図 2.3C），50% 保護のシナリオで全体の 34.2%（1218 メッシ

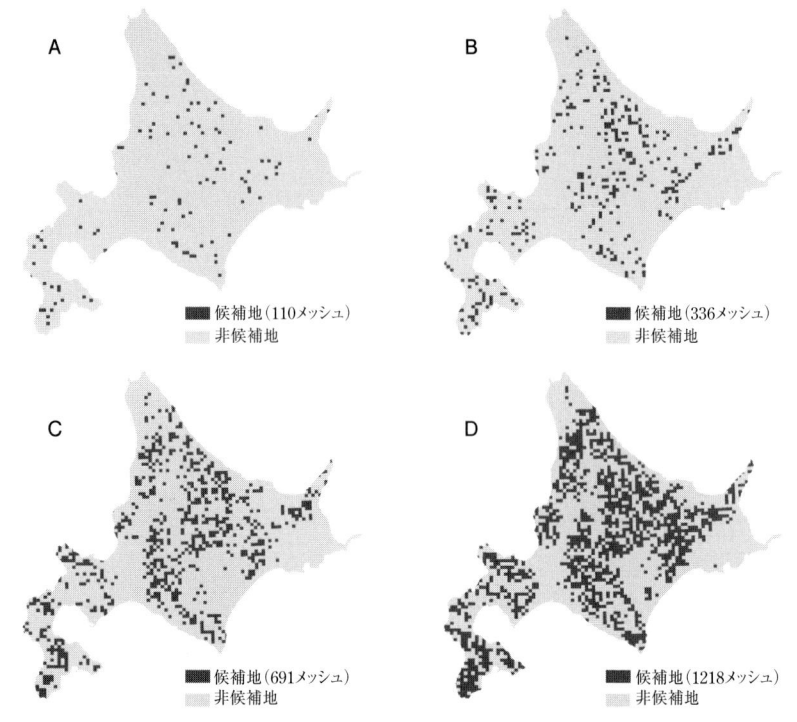

図 2.3 相補性解析により選択された保護区の候補地. A：生息地の5%保護, B：生息地の15%保護, C：生息地の30%保護, D：生息地の50%保護.

ュ, 総面積304.5万ha, 図2.3D) の5kmメッシュが保護区の候補地として選定される.

各シナリオで保護区の候補地として選定された5kmメッシュの分布の傾向を見てみると, ある特定の地域に偏って選定されることはなく, 低地帯を除く北海道全域に分散して選定される傾向を示している（図2.3）. これはMaxentを用いて推定したクマタカの生息地確率が高い場所（生息適地）が低地帯を除いて北海道に広い範囲に分布していたため, 保護区もある場所に集中せずに, 全体的に分散して選定されたと考えられる. 今回検討したすべてのシナリオについて, 選定された保護区の面積に違いはあるが, 全体として北海道全域に分散して選定される傾向が見られ（図2.3）, クマタカの生息環境を保護するためには, 広い範囲にまんべんなく保護区の網をかける必

要あることが示唆される．

(3) 保護区の設定場所の検討——ギャップ分析

　保護区は生息環境を保護・保全するために有用な手法の1つではあるが，コストや現在の土地利用・所有の状況から無限に設定することはできない．そこで，北海道においてクマタカの生息地を保護するためには生息地の何%を保護区として設定すれば十分であるのか．つまり，相補性解析で検討したどのシナリオが妥当なのかを知ることは困難である．相補性解析は設定したシナリオの目標に対してもっとも効率的な解を示すツールであるが，保全対策の答えを示すツールではない（Margules and Sarkar, 2007）．

　そこで現実的な保護区の設定場所を検討するために，相補性解析で設定した各シナリオについて保護区の候補地として選定された5 km メッシュの総面積を図 2.4 に示した．シナリオの目標として設定した生息地の保護割合が大きくなるほど，選定された5 km メッシュ（保護区の候補地）の総面積は当然大きくなる．現在，北海道の自然公園の総面積（約86万 ha）と比べると，クマタカの生息地を 15% 保護するシナリオで選定された5 km メッシュの総面積（約 84 万 ha）と近い値を示しており，クマタカの生息地を 15%

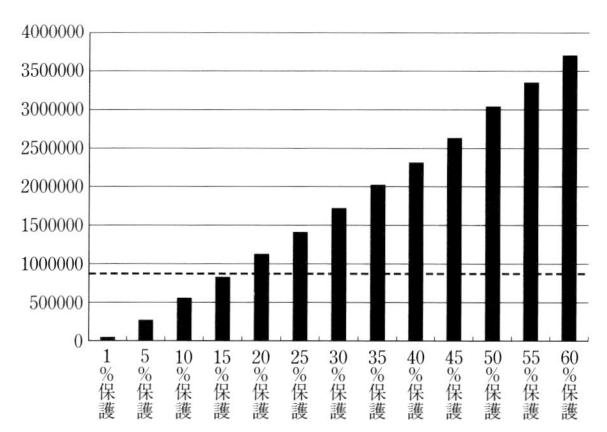

図 2.4　相補性解析で設定した保護割合ごとの必要な候補地面積の合計．X 軸：設定した保護割合，Y 軸：保護に必要な面積（ha）．点線は北海道における自然公園の合計，約 86 万 ha を示している．

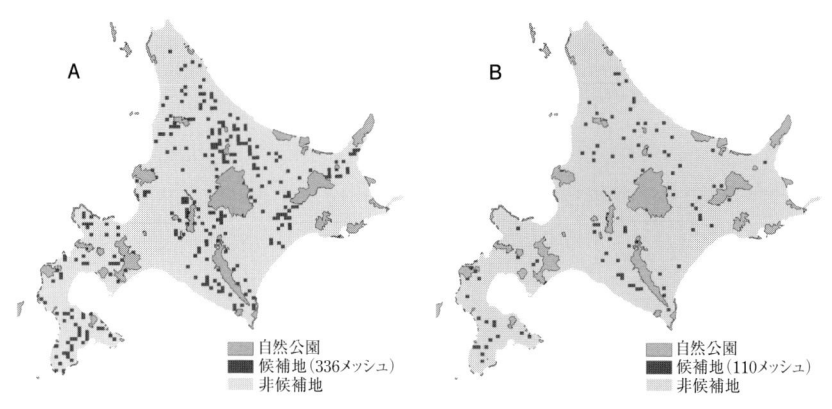

図 2.5 相補性解析により選択された保護区の候補地と自然公園（国立・国定・道立公園）とのギャップ分析．A：生息地の 15% 保護，B：生息地の 5% 保護．

保護するというシナリオが現実的に保護区として設定できる面積の上限であると考えられる．

ただし，保護区のすべてをクマタカの生息環境として設定することは現実的ではない．そこで今回はクマタカの生息適地を 15% 保護するシナリオ（選定された保護区の候補地面積 84 万 ha）と 5% 保護するシナリオ（選定された保護区の候補地面積 27.5 万 ha）について現状の自然公園（総面積約 86 万 ha）とギャップ分析を行なうことにより，クマタカの生息環境と自然公園との conservation gap を評価し，保護区の設置場所の検討を行なった．

2 つのシナリオ（15% 保護，5% 保護）で選定した保護区の候補地と現在の自然公園とのギャップ分析の結果を図 2.5 に示した．クマタカの生息地を 15% 保護するシナリオで選定された保護区の候補地は，336 個のメッシュのうち，75.0% に相当する 252 個のメッシュが自然公園外である（図 2.5A）．5% 保護するシナリオで選定された保護区の候補地においても，110 個のメッシュのうち，78.2% に相当する 86 個のメッシュが自然公園外である（図 2.5B）．

このように，どちらのシナリオを用いても，クマタカの生息地としての保護区の候補地の約 4 分の 3 は現状の自然公園外にあり，クマタカの生息適地と自然公園との間に conservation gap があることがわかる．これはとくに，自然公園の少ない北海道北部や南部の地域において顕著に見られ，このよう

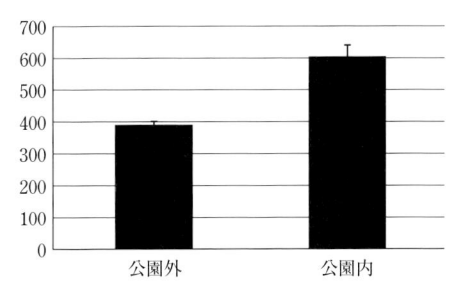

図 2.6 相補性解析により選択された保護区の候補地（15% 保護と設定した）のうち，自然公園内外での標高の違い．縦軸が標高（m），平均±標準誤差を示している．

な地域ではクマタカの生息できる環境が保護されていない状況にあることがわかる．

また，クマタカの生息適地を 15% 保護するシナリオで得られた保護区の候補地のうち，自然公園の内外での標高を比較した結果を図 2.6 に示した．自然公園内にある保護区の候補地に比べ，自然公園外の保護区の候補地は標高が低い傾向があり，クマタカの生息適地と自然公園の conservation gap は標高の低い場所で多く見られることがわかる．クマタカの生息適地は，Maxent を用いた広域の生息地評価の結果で示されたように急傾斜地のある森林であり，北海道において低地を除く広い範囲に分散して分布している．一方，自然公園は，高標高の地域（金子，1997），湿原や海岸線などの特定の生態系に偏って設置されていることが多い．そのため，限られた生態系や地理的特性に設置された自然公園の現状では，クマタカのように広い範囲に分散して生息環境が分布する生物種の生息地を全体的にカバーすることは困難であると考えられる．このような conservation gap を解消するためには，図 2.5 で示したような地域的なギャップや現在保護されていない環境特性をもつ自然を補完するように，自然公園を新たに設置していくことが求められる．

2.3 タカ類の広域における生息環境の保全に向けて

　本章では，北海道に生息するクマタカを対象として，限られた生息情報から生息適地を推定し，その結果をもとに広域におけるクマタカの生息環境について効果的・効率的な保全方法について検討した事例を紹介した．

　タカ類は希少な種が多く，個別に保護・保全対策が行なわれている場合が多々ある．しかし，タカ類は一般的に広大で多様性に富んだ生息環境を必要としており，個々の種の保護・保全対策を補完するためにも，今後タカ類の生息環境を保全するためのグランドデザインが策定されることが望まれる．

　広域における生息環境は，今回紹介した Maxent のように限られた情報から生息適地を評価する手法も開発されている．このような手法を利用することで，クマタカ以外のタカ類についても，これまで得られている生息情報を収集・整理すれば広域における生息環境を評価することが可能である．さらに，多くの種について広域における生息環境に関する知見や情報を積み上げていくことで，今回のようにクマタカ1種だけでなく，複数種の生息環境を効率的に保全していくための優先順位をつけることが相補性解析により可能となる．このような手法は，生物多様性の保全戦略を策定する際に世界各地で行なわれており，タカ類の広域における保全戦略のグランドデザインにも応用されることが期待される．

引用文献

Ball, I. R., H. P. Possingham and M. Watts. 2009. Marxan and relatives：software for spatial conservation prioritisation. Chapter 14. *In*（Moilanen, A., K. A. Wilson and H. P. Possingham, eds.）Spatial Conservation Prioritisation：Quantitative Methods and Computational Tools. pp. 185–195. Oxford University Press, Oxford.

Burley, F. 1988. Monitoring biological diversity for setting priorities in conservation. *In*（Wilson, E. ed.）Biodiversity. pp. 227–230. National Academy Press, Washington, D. C.

Elith, J., S. J. Phillips, T. Hastie, M. Dudik, Y. E. Chee and C. J. Yates. 2011. A statistical explanation of MaxEnt for ecologists. Diversity and Distributions, 17：43–57.

Flather, C. H. and J. R. Sauer. 1996. Using landscape ecology to test hypotheses about large-scale abundance patterns in migratory birds. Ecology, 77：28–

35.
Guisan, A. and N. E. Zimmermann. 2000. Predictive habitat distribution models in ecology. Ecological Modelling, 135：147-186.
Haines-Young, R. and M. Chopping. 1996. Quantifying landscape structure：a review of landscape indices and their application forested landscapes. Progress in Physical Geography, 20(4)：418-445.
北海道．2001．北海道の希少野生生物——北海道レッドデータブック 2001．北海道．
飯田知彦・飯田　繁・毛利孝之・井上　晋．2007．クマタカ Spizaetus nipalensis の繁殖成功率の低下と行動圏内の森林構造の変化との関係．日本鳥学会誌, 56：141-156.
石川県白山自然保護センター．1990．人間活動との共存を目指した野生鳥獣の保護管理に関する研究——平成元年度ワシタカ班報告書．石川県白山自然保護センター．
石川県白山自然保護センター．1993．白山の自然誌 13（クマタカとイヌワシ）．石川県白山自然保護センター．
伊藤健彦・三浦直子・恒川篤史．2004．GIS を活用した岩手県におけるクマタカの分布域推定．GIS——理論と応用，12：67-72．
Jennings, M. D. 2000. Gap analysis：concepts, methods, and recent results. Landscape Ecology, 15：5-20.
環境省自然環境局野生生物課．2002．改訂・日本の絶滅のおそれのある野生生物 2［鳥類］．環境省．
金子正美．1997．GIS による北海道の自然公園の解析．ワイルドライフフォーラム，2(4)：119-125．
クマタカ生態研究グループ．2000．クマタカ——その保護管理の考え方．クマタカ生態研究グループ．
Manly, B. F. J., L. L. McDonald, D. L. Thomas, T. L. MacDonald and W. P. Erickson. 2002. Resource Selection by Animals：Statistical Design and Analysis for Field Studies. Kluwer AcademicPublishers, Dordrecht.
Margules, C. and S. Sarkar. 2007. Systematic Conservation Planning. Cambridge University Press, Cambridge.
森本　栄・飯田知彦．1992．クマタカ Spizaetus nipalensis の生態と保護について．Strix, 11：59-90.
森本　栄・飯田知彦．1994．広島県西部におけるクマタカ Spizaetus nipalensis の営巣環境．Strix, 13：179-190.
布野隆之・藤塚慎一郎・本村　健・大石麻美・高橋一秋・関谷義男・堀藤正義・和久井紫・神主英子・弘中陽介・関島恒夫・阿部　學．2000．CCD カメラ観察システムを用いた繁殖期におけるクマタカの餌利用解析．新潟大学農学部研究報告，53(1)：71-79.
Phillips, S. J., R. P. Anderson and R. E. Schapire. 2006. Maximum entropy modeling of species geographic distributions. Ecological Modelling, 190：231-259.
R Core Team. 2012. R：A language and environment for statistical computing.

R Foundation for Statistical Computing, Vienna, Austria. ISBN 3-900051-07-0, URL http://www.R-project.org/

Scott, J. M., F. Davis, B. Csuti, R. Noss, B. Butterfield, C. Groves, H. Anderson, F. Caicco, F. D'Erchia, T. C. Edwards, Jr., J. Ulliman and R. G. Wright. 1993. Gap analysis: a geographic approach to protection of biodiversity. Wildlife Monograph, 123: 1-41.

杉山智治・須崎純一・田村正行. 2009. 山形県におけるクマタカの生息適地推定モデルの構築. 景観生態学, 13(1-2): 71-85.

Zielinski, W. J., C. Carroll and J. R. Dun. 2006. Using landscape suitability models to reconcile conservation planning for two key forest predators. Biological Conservation, 133: 409-430.

3

オオタカの分布と環境利用の変遷

堀江玲子・遠藤孝一

3.1 オオタカの分布は広がっているのか

　1980年代以降，オオタカ（*Accipiter gentilis*）は密猟や開発による生息環境の悪化からその保全の必要性が叫ばれるようになり，1991年にレッドデータブックが発行された際には絶滅の危機が増大している「危急種（後の絶滅危惧II類）」に指定された（遠藤，1989, 2008）．その15年後，レッドリストの改訂でオオタカは絶滅危惧II類よりも絶滅の危険性が低い「準絶滅危惧」に選定変更された．選定変更の理由は都市周辺や西日本で個体数が増加傾向であること，成熟個体数が少なくとも1824羽から2240羽と推定されたことであった（環境省自然環境局，2005）．では実際に，オオタカの分布はどのように拡大したのだろう．またなぜ拡大したのだろうか．本章では国内での近年の分布の変化とその要因について注目する．

　まずはオオタカの分布が全国的にどのように変化してきたかを見てみたい．オオタカの個体数や分布は，1982–1983年（日本野鳥の会研究部，1984），1993–1995年（小板ほか，1996），1996–2000年（環境省自然環境局，2005）について調べられている．これらの調査は，日本野鳥の会会員やNGO，日本各地でタカ類に関心をもって調査を行なっている研究者へのアンケートを主としたものである．図3.1には，各調査時期にオオタカの繁殖が確認された，または繁殖の可能性がある県を丸印で示した（丸印のついた県を便宜的に繁殖が確認された県と呼ぶ）．

　それによると，1982–1983年に西日本でオオタカの繁殖が確認されたのは滋賀，奈良，鳥取の3県のみであったが，1993–1995年には島根県を除く中国地方や四国の一部で繁殖が確認され，さらに1996–2000年には九州地方の

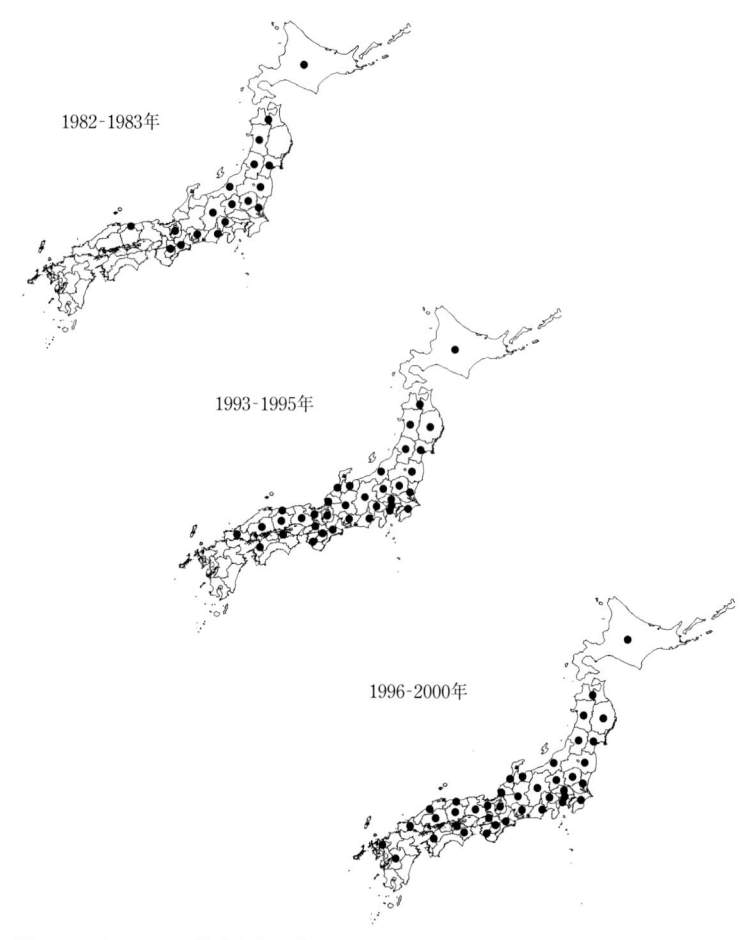

図 3.1 オオタカの繁殖分布の変遷. 黒丸はオオタカの繁殖が確認された, または繁殖の可能性がある県を示す (1982-1983 年は日本野鳥の会研究部, 1984 より, 1993-1995 年は小板ほか, 1996 より, 1996-2000 年は環境省自然環境局, 2005 より作成).

一部でも繁殖が確認された. また関東地方においても 1982-1983 年に繁殖が確認されたのは群馬, 栃木, 茨城など北関東が中心だったが, 1990 年代以降は関東地方全県で繁殖が確認された.

以上の結果から, 1982-1983 年に比べて 1990 年代以降にオオタカの繁殖分布が大きく広がったように見える. 繁殖分布が広がった要因の 1 つとして,

初期の調査に比べて調査の精度や努力量が増えたことがあげられるが，それだけが原因でこれほど分布が拡大するとは考えにくい．また，オオタカの個体数増加や分布拡大についての指摘もある．たとえば，Kawakami and Higuchi（2003）が全国の動物園に保護収容されたオオタカの個体数から1960年代以降のオオタカの個体数の推移を推定した結果によると，オオタカは全国的に増加傾向が見られた．遠藤（1989）は，1980年代以降の埼玉県，栃木県における繁殖分布の拡大や，群馬県での探鳥会観察記録や愛知県伊良湖岬での渡り個体の観察数の増加を報告している．

これらの指摘から，調査の精度や努力量の増加だけでなく，実際にオオタカの分布は広がったと考えられる．

3.2　関東地方で見た分布の変化

前節では日本全体のオオタカの分布の変化を概説した．本節では関東地方で長期間の記録がある栃木県，埼玉県，神奈川県を例にオオタカの分布の変化を見てみたい．3県の位置関係は図3.2に示したように栃木県がもっとも北に位置し，その南に埼玉県があり，神奈川県はもっとも南となる．では，各県内ではどのような変化があったのか，北から順番に見ていこう．

（1）栃木県での変化

関東地方の北部に位置する栃木県は，東部および西部には山地が連なり，中央部には平地が広がる．平地には農耕地や市街地が分布する．1980年代に行なわれた調査では，県北西部において繁殖期にオオタカの生息が確認された地域が多く，とくに北部の那須野ヶ原と呼ばれる地域では繁殖が確認された（遠藤，1986）．現在，オオタカは県内ほぼ全域に分布しており（栃木県自然環境調査研究会鳥類部会，2001），繁殖密度は森林率の高い山地で低く，森林と農耕地がモザイク状に分布する農耕地域で高い（遠藤，未発表）．ここでは日本野鳥の会栃木（旧称：日本野鳥の会栃木県支部）が行なっている探鳥会の記録から，オオタカの分布の変遷をたどる．

探鳥会とは同じルートで定期的に行なわれる野鳥観察会で，鳥類調査を目的にしたものではないが，そこでオオタカが観察される割合（観察割合）は

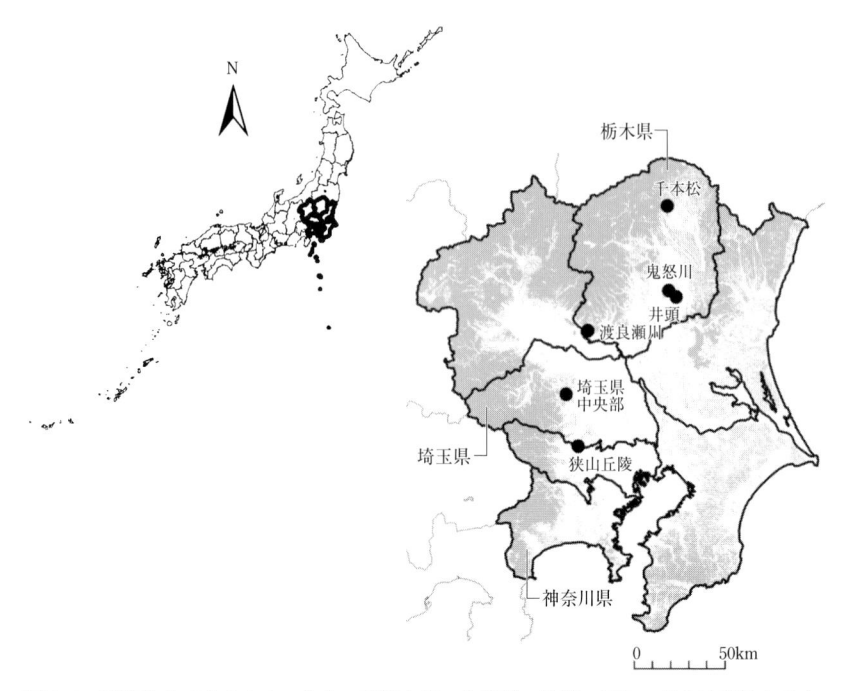

図 3.2 関東地方でオオタカの分布の変遷を調べた場所の位置．灰色の部分は森林を示す（森林の分布は国土交通省国土数値情報森林地域データより作成）．

周辺の生息状況を反映すると考えられる．そこで，1970年代後半または1980年代からの記録が残る4つの探鳥地（千本松，鬼怒川，井頭，渡良瀬川）に注目することとした（図3.2）．探鳥地周辺の環境を簡単に説明すると，「千本松」の周辺は牧場や畑地と防風林がモザイク状に存在する地域である．周辺でのオオタカの繁殖は，1970年代にはすでに確認されており（栃木県産鳥類目録編集委員会，1981；遠藤，1989），現在では5 km×5 kmのメッシュあたり2巣から4巣が確認されている．「鬼怒川」は，宇都宮市の市街地の東部を流れる鬼怒川の河川敷が観察コースになっており，周辺には水田と屋敷林が点在する．周辺でのオオタカの繁殖は，1980年代には確認されていなかったが，2000年代には数カ所で確認されている（遠藤，未発表）．「井頭」は，林に囲まれた貯水池をめぐるコースで，周辺には農地と

表 3.1 日本野鳥の会栃木(旧称:日本野鳥の会栃木県支部)におけるオオタカの観察割合.観察割合の差の信頼区間がゼロをまたがない場合は,有意な差と見なされる.

探鳥地	年　代[a]	探鳥会数[b]	オオタカ観察割合	観察割合の差[c]	差の信頼区間(95%)
千本松	80年代	30	0.400	0.173	−0.027–0.372
	90年代以降	103	0.573		
鬼怒川	80年以前	39	0.000	0.190	0.089–0.291
	90年代以降	58	0.190		
井頭	80年代	22	0.045	0.275	0.140–0.410
	90年代以降	78	0.321		
渡良瀬川	80年代	18	0.000	0.279	0.196–0.363
	90年代以降	111	0.279		

[a]:80年代は1990年以前,90年代以降は1991-2011年を示す.
[b]:探鳥会数は観察記録が残っていた探鳥会の数.
[c]:割合の差は,90年代以降の観察割合から80年代の観察割合を引いたもの.

屋敷林などの林が点在する.「渡良瀬川」は,周囲を足利市の市街地に囲まれた河川敷であるが,市街地の北側には低山が,南には農耕地が広がる.これら4地点において繁殖期である2月から7月の記録を抜き出し,80年代(1990年以前)と90年代以降(1991-2011年)でオオタカの観察割合に違いがあるかどうかを調べた.

その結果,探鳥地周辺で継続的にオオタカが繁殖している千本松では,どちらの年代でも観察割合が他地域より高く,年代による有意な違いが見られなかった.一方,ほかの地域では90年代以降の観察割合が80年代に比べて有意に高かった(表3.1).この結果から,栃木県では80年代までは特定の地域で繁殖していたオオタカが,90年代以降に各地で繁殖するようになったことが推測される.

(2) 埼玉県の丘陵地での変化

栃木県の南,東京都の北に位置する埼玉県は,西部には山地や丘陵地,東部には農耕地や市街地が分布する.オオタカの繁殖記録は1970年代後半からあり(埼玉県環境防災部みどり自然課,2008),現在のおもな生息地は山地から低地に移行する台地・丘陵帯で,森林が優占する山地部では繁殖密度が低い(埼玉県環境生活部自然保護課,1999).ここでは東京都との県境に

ある狭山丘陵の記録と，第6章で執筆している内田　博氏が長期間調査を行なっている埼玉県中央部の丘陵地帯という2つの丘陵地帯でのオオタカの分布の変化を見る．

狭山丘陵は埼玉県と東京都にまたがる丘陵地で（図3.2），丘陵を東西に走る2本の谷には貯水池が含まれている（荻野，1980）．ここでの1965年から1979年までの記録によると，オオタカは1974年ごろまではほとんど観察されない珍鳥であったが，その後は割と頻繁に見られるようになり，1979年には営巣が確認された（荻野，1980）．近年では，狭山丘陵近辺で5 km×5 kmのメッシュあたり5つ以上の巣が確認されている場所もある（尾崎ほか，2008）．

埼玉県中央部の丘陵地帯は，森林と農耕地など多様な自然環境が存在する地域である（図3.2）．1970年代にはオオタカの生息は確認されていなかったが（内田ほか，2007），狭山丘陵と同時期ごろにオオタカの巣が発見された（内田，未発表）．その後，丘陵部の人家周辺の里山に多くの個体が生息し繁殖していることが明らかになり，本格的な調査が始まった1994年から2003年の10年間では，400 km^2 の調査地内に50カ所以上のなわばりが確認された（内田ほか，2007）．

どちらの丘陵地でも，1970年代まではほとんど確認すらされなかったオオタカが，1980年代以降繁殖が確認されるようになり，現在では高い密度で営巣するようになっている．

（3）　神奈川県での変化

東京都の南に位置する神奈川県は，西部には箱根や丹沢などの山地が位置する．中央部には農耕地や市街地が分布し，東部には大規模な都市も有する．神奈川県でオオタカの繁殖が初めて記録されたのは，埼玉県よりも後の1990年で（日本野鳥の会神奈川支部，1998），その後，繁殖記録が多くなり，現在では三浦半島を除く県内の大半の地域で繁殖が知られるようになった（高桑ほか，2006）．神奈川県では丘陵地や大規模な公園などの樹林で営巣しているが，近年では市街地の中の孤立した緑地で営巣するような例も現れている（高桑ほか，2006）．

また，浜口（2000）は，日本野鳥の会神奈川支部が野鳥目録作成のために

会員から集めている観察記録カードから，1982年から1996年の15年間にオオタカが観察された頻度とトビが観察された頻度を繁殖期と非繁殖期に分けて比較した．その結果，トビでは変化がなかったのに対し，繁殖期のオオタカでは有意に増加していた．この結果から考えても，神奈川県における繁殖記録の増加は，1990年以前にも繁殖していたが気づかれなかっただけというより，実際1990年前後を境に繁殖数が増加したものと考えらえる．

本節で紹介した3県の変化から，関東地方のオオタカの繁殖は，1970年代には限られた地域でのみ確認されていたか，ほとんど確認されなかったが，1980年代に入って徐々に広がり，1990年代には各地に広がったようである．おそらく関東地方以外の各地でも，時期に違いはあるにせよ同様の変化が起きていたものと推測される．

3.3 分布拡大の要因を探る

ではなぜ，オオタカは分布を広げることができたのだろうか．ヨーロッパでの事例を参考に，国内での分布拡大の要因を探ってみたい．ヨーロッパのオオタカは，狩猟鳥やレースバト，家禽を捕食するため人から激しく迫害され，20世紀前半には密度や分布がかなり縮小した（Rutz *et al.*, 2006）．その後，ヨーロッパ各地でオオタカが法的に保護されたこと，19世紀半ばから20世紀初頭に植林された森林が成熟して新たに広域な生息地となったことから，1950年代半ばまでにオオタカの個体数は増加した（Rutz *et al.*, 2006）．DDTなどの汚染物質が農薬として広く使用された1956年から1971年には個体数が再び減少したが，それらの使用が制限された後には再び個体数の回復と分布の拡大が始まった（Kenward, 2006; Rutz *et al.*, 2006）．そして20世紀後期には，個体数，分布ともに過去にないレベルにまで達している（Rutz *et al.*, 2006）．このように，ヨーロッパでの分布の変化には「人による迫害の減少」「生息適地の拡大」「汚染物質の使用制限」という3つの要因が大きく影響していた．国内のオオタカの分布変化についても，まずこの3つの要因を中心に考えてみたい．

（1） 生息適地の拡大

　現在，国内におけるオオタカの繁殖密度は，森林率よりも林縁の長さや林縁付近の開放地面積との相関が高い（松江ほか，2006；尾崎ほか，2008）．つまり，森林の割合が高い山間部よりも，農地と森林が入り混じる里山と呼ばれるような農耕地帯が主要な生息地となっている．このような地域は，餌動物が多いだけでなく，林縁に隠れて周辺の開放地にいる餌動物を急襲するオオタカにとっては採食しやすい環境であると考えられる（Kenward, 1982）．さらに営巣に適した大径木を有し，林内に飛行空間のある森林（鈴木，1999；堀江ほか，2006）があれば，オオタカにとって最適な生息環境となる．

　しかし，里山と呼ばれる地域がオオタカの生息地となったのは最近のことで，1900年代前半までこれらの地域の多くは「禿げ山」か，禿げ山同様の痩せた森林であったことがわかっている（太田，2012）．また，『全国植樹祭60周年記念写真集』（全国林業改良普及協会，2009）にはかつての国土の姿を示す写真が多数掲載されており，そこには山間部でも稜線付近まで大きな木がほとんど生えていない様子を見ることができる．このことから当時のオオタカの分布は，まとまった森林が残る地域に制限されていた可能性がある．

　戦後は拡大造林でスギやヒノキの人工林面積が大幅に増えた（太田，2012）．また農耕地域では，1960年代のエネルギー革命や肥料革命によって農地周辺で燃料や肥料を採集する必要がなくなった．それにより里山の植生は人間の利用圧を受けることもなく生態遷移によって変化し始め，草地には樹木が侵入し，森林の樹木はかつてない勢いで成長し始めた（太田，2012）．

　こうして農地と森林が入り混じったオオタカの生息や繁殖に適した環境が増えたことにより，それまで一部地域に制限されるように生息していたオオタカが分布を拡大したと推測される．また，永見山（1992）は第2次世界大戦以前の林野の荒廃と粗放的利用についてまとめており，それによると，西日本では禿げ山や柴草山が集中的に分布していたことがわかる．西日本でオオタカが繁殖するようになったのが東日本より遅かったのは，このような過去の土地利用が影響していた可能性がある．

（2） 人による迫害の減少

　1900 年代前半までのヨーロッパのように，報奨金を出してオオタカを殺していたというような（Kenward, 2006）大規模な迫害ではないものの，国内でも 1980 年代にオオタカの保全が注目されるようになる前は，オオタカの雛の密猟が多発していた（遠藤，1989, 2008）．1983 年にオオタカは「特殊鳥類の譲渡等の規制に関する法律」の特殊鳥類に指定され，飼育や譲渡，輸出入が制限されるようになったが，密猟はなくならなかった（遠藤，2008）．1990 年代に入るとオオタカの保全に関する法律などが整備されるようになり，1991 年に環境庁から発行された『日本の絶滅のおそれのある野生生物（レッドデータブック）』ではオオタカが「危急種」に選定され，1992 年に制定された「絶滅のおそれのある野生動植物の種の保存に関する法律」（以下，種の保存法）では「国内希少野生動植物種」に指定された（遠藤，2008）．また，各都道府県の取り組みや保護団体による普及活動もあり，その後，密猟は 1970–1980 年代に比べて沈静化した（遠藤，2008）．

　雛の密猟が国内のオオタカの個体群に与えた影響を調査した研究はない．また，殺害や捕獲の対象が繁殖中の成鳥でなければ，かなりの数が殺害されてもオオタカは個体群を維持できるという報告があり（Rutz *et al.*, 2006），日本国内における密猟の直接的な影響は小さかったかもしれない．しかしヨーロッパでは，人による殺害がほとんど行なわれていない地域では，オオタカは小規模な植林地や市街地でも繁殖しているが，殺害が続いている地域では，成熟した大規模な森林が営巣地として選好されている．このことから，食物供給が十分な場合，オオタカの営巣地の選好性には人による殺害の程度が影響するという指摘がある（Rutz *et al.*, 2006）．日本国内で行なわれているような雛の密猟は直接営巣木に登るため，成鳥の警戒心をあおり，人間活動から離れた特定の環境にオオタカの営巣を制限していた可能性もある．

　また，1990 年代には種の保存法が制定されただけでなく，1996 年には開発計画との摩擦が大きいタカ類 3 種について，開発行為に際しての保全の指針となる「猛禽類保護の進め方（特にイヌワシ，クマタカ，オオタカについて）」がまとめられ，1997 年には環境影響評価法が制定された．これにより開発に際しても一定の配慮が見られるようになった（遠藤，2008）．密猟の

減少に加え，開発に際してオオタカに一定の配慮がされるようになったことは，1990年代以降のオオタカの分布拡大や，民家の近くや都市周辺でオオタカが繁殖するようになったことに影響しているのかもしれない．

（3） 汚染物質の使用制限

1950年代から60年代にヨーロッパで農薬として広く使われ，猛禽類への影響が知られている汚染物質には有機塩素系のDDT，ディルドリン，アルドリンや，有機水銀系薬剤がある．DDTは殺虫剤として使用されていた．餌動物を通じて猛禽類に蓄積され，卵殻を薄くし卵を割れやすくすること，また割れなかった卵についても胚の死亡率を高めることで猛禽類の繁殖に影響を与える（Newton, 1979）．殻の薄化が17%を越えると，猛禽類の個体数減少につながるとされる（Kenward, 2006）．オオタカについては，各地で通常より卵殻が薄化していたことが報告されているが，個体数が回復する以前に広範囲におよぶサンプリングがなされていないため，DDTがオオタカに深刻な影響を与えたという報告はない（Kenward, 2006）．しかし，1990年代に東ドイツのオオタカから高いレベルのDDT代謝物が検出されており（Kenntner et al., 2003），DDTが高いレベルで使用されていた時期にはオオタカにかなりの影響があったことが示唆される（Kenward, 2006）．ディルドリンやアルドリンは，ヨーロッパでは種子に吹きつけるタイプの農薬として使用されていた．オオタカにはハトを介して蓄積すると考えられている．DDTよりも毒性が高く，肝臓に10 ppm以上蓄積すると死に至り，それより低いレベルでもふ化率を下げると考えられている（Kenward, 2006）．有機水銀系薬剤は種子の消毒剤として使用され，スカンジナビアにおいてオオタカへの汚染が問題となった．オオタカを使った実験では，神経症状を引き起こしたり，死に至らしめることがわかっている（Kenward, 2006）．

これらの薬剤は，1950年代から60年代におけるオオタカの死亡や繁殖失敗の主要因ではなく付加的な要因と考えられているが（Kenward, 2006），薬剤の使用規制後に同調して個体数の回復が始まったことが示されている（Rutz et al., 2006）．

国内でも，これらの薬剤は戦後に農薬として登録され，1960年代には生産量や輸入量がピークとなる．これらの薬剤の登録が失効されたのは，

DDT は 1971 年，有機水銀系の消毒剤は 1973 年，アルドリンとディルドリンは 1975 年である（植村ほか，2002）．1960 年から経年的に保存された日本全国の水田土壌資料を分析した研究によると，水田土壌中の DDT とディルドリンの濃度は 1960 年がピークで，その後は指数関数的に減少している（清家，2004）．

　国内では 1960 年代から 70 年代にオオタカの分布や繁殖状況について広域で記録した研究がないため，これらの汚染物質によってオオタカにどのような影響があったのかは不明である．しかし，これらの物質が広く使われていた時期はオオタカの繁殖が各地で確認される前であることから，日本でもオオタカの分布を制限していた要因の 1 つである可能性はある．

（4）　その他の要因

　食物供給は猛禽類の個体数を制限する重要な要因の 1 つである（Newton, 1979）．オオタカにとっては餌動物の量と餌の捕獲しやすさの両方が必要とされる（Reynolds *et al.*, 2006）．農耕地帯の森林の成熟によって餌を捕獲しやすい環境は増加したと考えられるが，餌動物の量はどうであろうか．国内のオオタカのおもな餌動物はスズメやムクドリなどの小型鳥類やハト類，カラス類，キジなどの中型の鳥類である（堀江・尾崎，2008）．これらの種の個体数が全国的にどう変化しているかは不明であるが，環境省の生物多様性調査の結果から 1978 年と，1997 年から 2002 年の鳥類の分布を比較した研究では，オオタカの餌動物の多くが含まれる成熟林を好み長距離移動しない種は，分布が拡大していた（Yamaura *et al.*, 2009）．このことから，オオタカの分布が拡大した時期には，餌動物の量も増加していた可能性がある．

3.4　今後も分布は拡大するのか

　1990 年以降分布を拡大してきたオオタカであるが，今後はどのように変化するのだろうか．ドイツやオランダでは近年，都市でオオタカが繁殖するようになった（Rutz *et al.*, 2006）．そこで繁殖しているオオタカは，都市の環境にかなり順応しており，成熟した森林に営巣し林縁を使って狩りをするという従来のオオタカの行動とは異なる面ももつ．

たとえばドイツのハンブルグでは，住宅地の中の単木や人通りの多い歩道の近くにも営巣する（Rutz *et al.*, 2006）．繁殖期の雄 3 個体に発信機を取り付けた研究では，オオタカは昼間の時間の 88% を都市公園などのパッチ状の緑地で過ごし，そこから緑地周辺の市街地に向けて狩りのための短距離飛行を定期的に行なった（Rutz, 2006）．また，3 個体中の 2 個体はしばしば住宅地内を採食場所として利用し，餌動物から身を隠すために建物や駐車中の車，フェンスに沿って飛行することもあった（Rutz, 2006）．このような事例は，オオタカはこれまで考えられていたよりもかなり柔軟に営巣環境や採食環境を選んでいることを示している．食物を容易に利用でき，営巣のための木が数本あり，環境汚染が有毒なレベルではなく，人による故意の殺害がなければ，成熟した大面積の森林は必ずしも必要ないという考えもある（Rutz *et al.*, 2006）．

　では日本でも，オオタカはより柔軟に営巣環境や採食環境を選び，都市部への進出が進むのだろうか．北海道や関東地方で行なわれたオオタカの営巣地選択に関する研究では，大径木があり林内に十分な飛行空間がある場所が選択されており（鈴木，1999；堀江ほか，2006），このような森林構造を満たすような成熟した森林は，現在のところ国内のオオタカの繁殖にとって重要であると考えられる．一方，森林の規模に関しては，屋敷林のような小規模な林を利用する個体も多く（遠藤，未発表），必ずしも大きな森林である必要はないようである．また人間活動に慣れた個体も現れてきている．たとえば，筆者らが観察する栃木県の営巣地の中には，住宅のすぐ近くや，高速道路や幹線道路の近く，公園や墓地内の歩道近くに巣を架けた例がある．東京都 23 区内のある営巣地では，道路から 30 m の場所で営巣し，最盛期には数十人のカメラマンが張りつくような状況でも雛が巣立ったという報告もある（川内，2012）．長期間のモニタリングを行なっている地域では，オオタカの営巣地に近づいても以前ほどオオタカが警戒せずじっと人を観察するようになったという意見もあり（遠藤孝一，私信；第 6 章参照），オオタカ自体の行動も変化しているようである．

　探餌や採食に関しては，栃木県の農耕地域で営巣した雄成鳥 14 個体について行動圏内の環境選択性を調べた研究によると，雄成鳥は市街地を忌避する傾向があったが，市街地に近い森林や農耕地を忌避する傾向は見られなか

った（堀江ほか，2008）．また，森林や農耕地に比べて割合は低いものの市街地を利用する個体も確認されるなど（堀江ほか，2008），市街地をまったく利用しないわけではなかった．

　今後，オオタカに直接ストレスを与える行為が増えるようなことがなければ，人間活動が活発な場所により適応したオオタカが現れる可能性もあるだろう．東京都では23区内でもオオタカが生息し，複数の場所で繁殖も確認されている（川内，2012）．このような地域で今後，都市に生息するオオタカの行動の研究が進むことが期待される．

　しかし，都市の中心部ではオオタカの繁殖が確認されないという例もある．宇都宮市とその周辺で2004年と2005年に営巣地を調べた結果では，市街地周辺の農耕地域では2–3 kmに1カ所程度の間隔で営巣地が確認されたが，市街地内での営巣は確認されなかった（遠藤，未発表）．市街地内にも公園や大学，寺社，屋敷林など小規模ではあるが大径木を有した緑地があるが，営巣地とはなっていなかった．その後2011年に，市街地内の住宅地に囲まれた比較的規模の大きな樹林地で初めて繁殖が確認されたが（平野，未発表），現時点における繁殖地はこの1カ所のみである．

　宇都宮市では，2004年に市街地のすぐ外側で繁殖したつがいに発信機を取り付けて行動追跡を行なっている．図3.3には巣内育雛期後期から巣立ち後1カ月半ごろまでの雄成鳥と雌成鳥の止まり位置を示した（遠藤，未発表）．雌は比較的市街地内を利用していたが，雄は雌ほど市街地を利用しなかったことがわかる．オオタカの雄は雌より体が小さく，捕獲する餌動物も小型のものが多いことから（第6章参照），宇都宮市の市街地内には雄に適した餌動物が少ないか，餌動物がいたとしても捕獲しづらい環境である可能性が考えられる．オオタカの雄は繁殖期の餌運びの大半を担うことから（Reynolds et al., 1992; Kennedy et al., 1994），宇都宮市では雄の採食環境が繁殖を制限する要因の1つになっているかもしれない．ただし，追跡個体数が限られているため，雌雄の環境利用については，今後例数を増やし，詳細に調べていく必要がある．

　ひとくちに都市部といっても地域によって緑地の有無や餌動物の量が異なるため，都市部へオオタカが今後進出するかどうかは地域によって異なると考えられる．また，カラスはオオタカの繁殖を妨害することもあるため（小

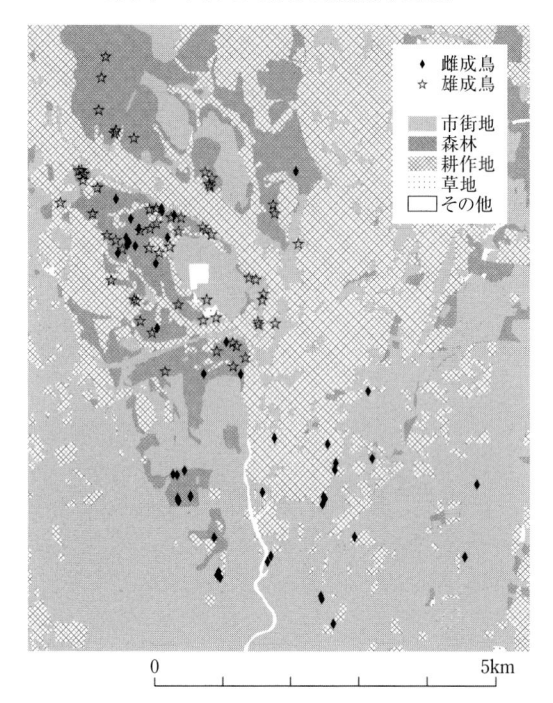

図3.3 2004年に宇都宮市内で繁殖したオオタカつがいの止まり位置．2004年の巣内育雛期後期から巣立ち後1カ月半ごろまでを示す（止まり位置は遠藤，未発表データより，土地利用図は環境省第2-5回自然環境保全基礎調査植生調査の成果より作成）．

板ほか，1996；内田ほか，2007），カラスの多い地域ではカラスの数や分布も影響する可能性がある．今後，さまざまな地域の都市周辺でオオタカの生態を研究することによって，都市部での繁殖を制限する要因や，オオタカの行動の変化などが明らかになるだろう．

国内のオオタカは，戦後の森林の回復とオオタカを取り巻く法律の整備により分布を拡大してきたと考えられる．まだ繁殖していない地域であっても営巣環境や採食環境がそろっていれば，オオタカは新たに繁殖するだろう．またオオタカの適応力によって，これまでには考えられなかったような場所にも分布を拡大していく可能性もある．

逆に，景観が大きく変化したり，人からの圧力が増えれば，再び分布が縮小することもあるだろう．現在オオタカの主要な生息地である農地と森林が混在する地域は，農業や林業などによって人がつくってきた環境であるため，農業や林業を取り巻く状況や経済状況によって今後大きく変化する可能性がある．都市に近い地域では開発による営巣地や採食環境の減少が懸念される．また，耕作放棄地が増加した場合には，採食行動にどう影響するかわからない．このような地域では，環境の変化とそれにともなうオオタカの繁殖密度や繁殖状況の変化を注意深く観察していくことが必要となるだろう．

引用文献

遠藤孝一．1986．栃木県におけるワシタカ類の繁殖分布．（栃木県ワシタカ類保護対策調査報告書）pp. 1–22．栃木県林務観光部林政課，宇都宮．

遠藤孝一．1989．オオタカ保護の現状と問題点．Strix，8：233–247．

遠藤孝一．2008．オオタカ保全の国内状況．（尾崎研一・遠藤孝一，編：オオタカの生態と保全――その個体群保全に向けて）pp. 80–85．日本森林技術協会，東京．

浜口哲一．2000．神奈川県におけるオオタカの生息状況と保護問題の変遷．（神奈川野生生物研究会，編：神奈川猛禽類レポート）pp. 39–43．夢工房，秦野．

堀江玲子・遠藤孝一・野中　純・船津丸弘樹・小金澤正昭．2006．栃木県那須野ヶ原におけるオオタカの営巣環境選択．日本鳥学会誌，55：41–47．

堀江玲子・遠藤孝一・山浦悠一・尾崎研一．2008．栃木県におけるオオタカ雄成鳥の行動圏内の環境選択．日本鳥学会誌，57：108–121．

堀江玲子・尾崎研一．2008．オオタカの餌動物と採食環境．（尾崎研一・遠藤孝一，編：オオタカの生態と保全――その個体群保全に向けて）pp. 26–32．日本森林技術協会，東京．

環境省自然環境局．2005．オオタカ保護指針策定調査報告書．環境省．

Kawakami, K. and H. Higuchi. 2003. Population trend estimation of three threatened bird species in Japanese rural forests: the Japanese Night Heron *Gorsachius goisagi*, Goshawk *Accipiter gentilis* and Grey-faced Buzzard *Butastur indicus*. Journal of the Yamashina Institute for Ornithology, 35: 19–29.

川内　博．2012．東京都心部におけるオオタカの近況．（東京オオタカクラブ：オオタカ No. 42）pp. 6–7．東京オオタカクラブ，東京．

Kennedy, P. L., J. M. Ward, G. A. Rinker and J. A. Gessaman. 1994. Post-fledging areas in Northern Goshawk home ranges. Studies in Avian Biology, 16: 75–82.

Kenntner, N., O. Krone, R. Altenkamp and F. Tataruch. 2003. Environmental contaminants in liver and kidney of free-ranging Northern Goshawks (*Accipiter gentilis*) from three regions of Germany. Archives of Environmental Contamination and Toxicology, 45：128-135.

Kenward, R. E. 1982. Goshawk hunting behaviour, and range size as a function of food and habitat availability. Journal of Animal Ecology, 51：69-80.

Kenward, R. E. 2006. The Goshawk. T & AD Poyser, London.

小板正俊・新井　真・遠藤孝一・西野一男・植田睦之・金井　裕．1996．アンケート法によるオオタカの分布と生態．（日本野鳥の会，編：平成7年度希少野生動植物種生息状況調査報告書）pp. 53-74．環境庁，東京．

松江正彦・百瀬　浩・植田睦之・藤原宣夫．2006．オオタカ（*Accipiter gentilis*）の営巣密度に影響する環境要因．ランドスケープ研究，69：513-518.

Newton, I. 1979. Population Ecology of Raptor. T & AD Poyser, London.

永見山幸雄（編）．1992．日本の近代化と土地利用変化．文部省重点領域研究「近代化と環境変化」総括班．

日本野鳥の会神奈川支部．1998．神奈川の鳥 1991-96 神奈川県鳥類目録 III．日本野鳥の会神奈川支部，横浜．

日本野鳥の会研究部．1984．クマタカ・オオタカ・ハヤブサの生息状況に関するアンケート調査．（日本野鳥の会，編：昭和58年度環境庁委託調査特殊鳥類調査）pp. 21-27．環境庁，東京．

荻野　豊．1980．狭山丘陵の鳥．さきたま出版会，浦和．

太田猛彦．2012．森林飽和 国土の変貌を考える．日本放送出版協会，東京．

尾崎研一・堀江玲子・山浦悠一・遠藤孝一・野中　純・中嶋友彦．2008．生息環境モデルによるオオタカの営巣数の広域的予測——関東地方とその周辺．保全生態学研究，13：37-45.

Reynolds, R. T., R. T. Graham, M. H. Reiser, R. L. Bassett, P. L. Kennedy, D. A. Boyce, Jr., G. Goodwin, R. Smith and E. L. Fisher. 1992. Management recommendations for the Northern Goshawk in the southwestern United States. USDA Forest Service General Technical Report, RM-217. Rocky Mountain Forest and Range Experiment Station, Fort Collins.

Reynolds, R. T., R. T. Graham and D. A. Boyce, Jr. 2006. An ecosystem-based conservation strategy for the Northern Goshawk. Studies in Avian Biology, 31：299-311.

Rutz, C. 2006. Home range size, habitat use, activity patterns and hunting behaviour of urban-breeding Northern Goshawks *Accipiter gentilis*. Ardea, 94：185-202.

Rutz, C., R. G. Bijlsma, M. Marquiss and R. E. Kenward. 2006. Population limitation in the Northern Goshawk in Europe：a review with case studies. Studies in Avian Biology, 31：158-197.

埼玉県環境防災部みどり自然課（編）．2008．埼玉県レッドデータブック．埼玉県環境防災部みどり自然課，さいたま．

埼玉県環境生活部自然保護課（編）．1999．オオタカとの共生をめざして——埼玉県オオタカ等保護指針．埼玉県環境生活部自然保護課，浦和．

清家伸康．2004．農耕地における残留性有機汚染物質（POPs）の消長．The Chemical Times，192：2–5．

鈴木貴志．1999．北海道十勝平野におけるオオタカ *Accipiter gentilis* の営巣環境．日本鳥学会誌，48：135–144．

高桑正敏・勝山輝男・木場英久（編）．2006．神奈川県レッドデータ生物調査報告書．神奈川県立生命の星・地球博物館，小田原．

栃木県産鳥類目録編集委員会（編）．1981．栃木県産鳥類目録．日本野鳥の会栃木県支部，宇都宮．

栃木県自然環境調査研究会鳥類部会（編）．2001．栃木県自然環境基礎調査とちぎの鳥類．栃木県林務部自然環境課，宇都宮．

内田　博・高柳　茂・鈴木　伸・渡辺孝雄・石松康幸・田中　功・青山　信・中村博文・納見正明・中嶋英明・桜井正純．2007．埼玉県中央部の丘陵地帯でのオオタカ *Accipiter gentilis* の生息状況と営巣特性．日本鳥学会誌，56：131–140．

植村振作・河村　宏・辻万千子・冨田重行・前田静夫．2002．農薬毒性の事典．三省堂，東京．

Yamaura, Y., T. Amano, T. Koizumi, Y. Mitsuda, H. Taki and K. Okabe. 2009. Does land-use change affect biodiversity dynamics at a macroecological scale? A case study of birds over the past 20 years in Japan. Animal Conservation, 12：110–119.

全国林業改良普及協会（編）．2009．全国植樹祭60周年記念写真集——かつて，日本の山にはこんな姿もあった．国土緑化推進機構，東京．

4
ツミの分布と環境利用の変遷

植田睦之

4.1 幻のタカから普通のタカへ

　ツミ（*Accipiter gularis*）はおもに小鳥を食物とする小型のタカ類である（平野・君島, 1992; 植田, 1992a）. 雄はおよそヒヨドリ程度, 雌はキジバトよりやや小ぶりの大きさである. 1970年代までは日本で数例の繁殖記録しかない幻のタカだった（高田, 1956）. しかし1980年代に入り, ツミが都市近郊で繁殖しているという記録が報告されるようになった. 住宅地にある

図4.1 ケヤキの孤立木にあるツミの巣. ○でくくった部分に巣がある.

緑地で繁殖している記録が多いが，大通りの街路樹や庭木での繁殖まで記録されるようになった（図4.1）．1980年代前半に関東の各地で都市緑地での繁殖が記録された後，静岡県や愛知県など都市で繁殖する地域は広がっていった（遠藤ほか，1991）．

この章では，東京都多摩地域におけるツミの分布の変化と，それにともなう生態の変化について見ていく．

調査を行なったのは，東京都中西部の住宅地に点在する緑地である．5 km×5 kmの調査区画を設け，1987年から現在（2013年）に至るまで4月と5月の早朝，日の出から8時ごろまで調査を行なっている．ツミの営巣の可能性の高い緑地には，数日に一度の頻度で訪れ，ツミの生息の有無を確認した．また，営巣の可能性は低いが，皆無ではない緑の多い住宅地については，年に2回ほど踏査して確認に努めた．生息が確認できた場合は，繁殖に失敗するか巣立つまで，3-7日に一度程度の頻度で観察を行ない，繁殖に失敗した原因などの繁殖状況を把握し，記録した．

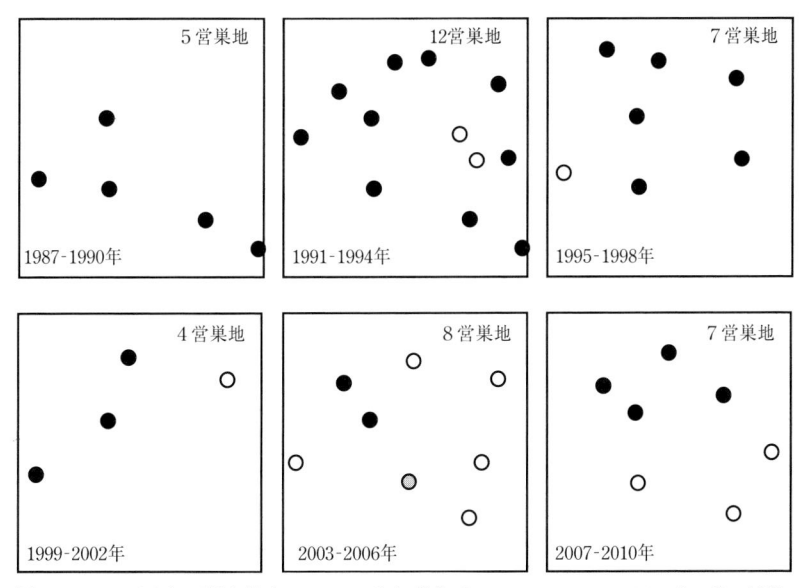

図4.2 5km四方の調査地内のツミの分布変化（Ueta and Hirano, 2006にその後の情報を加えて作成）．●：繁殖に少なくとも1回成功した営巣地，◉：繁殖に成功したが巣立ち直後に雛が捕食された営巣地，○：繁殖に成功しなかった営巣地．

1987年から2010年までに調査地内で繁殖していたツミの分布状況を4年間隔で見ると，営巣数は1987-1990年の5カ所から1991-1994年は12カ所へと増加した（図4.2）．しかし1995-1998年は7カ所とやや減少し，1999-2002年は4カ所とさらに減少した．2003-2006年は8カ所，2007-2010年は7カ所とやや回復した．しかし，繁殖に成功した営巣地数で見ると，1991-1994年の10カ所から1995-1998年の6カ所，1999-2002年の3カ所，2003-2006年の3カ所，2007-2010年の4カ所と回復してはいない．

4.2 分布の拡大の原因と都市での行動の変化

なぜ1980年代に分布が拡大したのかは明らかでないが，都市近郊の緑地にツミが定着できた理由は，従来の生息場所であった山地と比べて都市近郊のほうが食物が豊富だったためと考えられる．ツミは枝に止まって，待ち伏せ型の狩りをすることが多い．そこで木の下に座り，近くにくるツミの獲物となる小鳥の数を山地と都市それぞれで数えてみると，山地ではエナガ，キビタキ，ホオジロ，ウグイスなどたくさんの種の小鳥類が見られるのだが，それらの総個体数は30分あたり延べ40羽以下の場合がほとんどで，多くない．一方，住宅地にある緑地では，見られる種はスズメやシジュウカラばかりだが，20羽から80羽のことが多く，山地の2倍以上になる（図4.3）．

住宅地にある緑地は，鳥たちにとって限られた営巣地であり，採食地である．そのため，シジュウカラは高密度で繁殖し，住宅地で繁殖するスズメも採食のために集まってくる．ツミにとっては，種数よりも個体数が多いことが重要と考えられ，住宅地の緑地のほうがよい採食地と考えられる．同様の結果は，宇都宮のツミの生息地で行なった調査でも示されている（平野・君島，1992）．

都市近郊の緑地で繁殖しているツミは，山地で繁殖していたときと同様，小鳥類を捕食して繁殖しているが，本来の習性を変えて都市で繁殖できるようになった部分もある．その1つは営巣場所である．タカ類はアカマツを営巣木として好む種が多い．アカマツの独特の樹形を利用し，安定して造巣できるためと考えられるが，ツミもアカマツを営巣木として選好する．営巣密度が低く好適な営巣林を選択できた1980年代のツミは，すべてアカマツに

4.2 分布の拡大の原因と都市での行動の変化　　　73

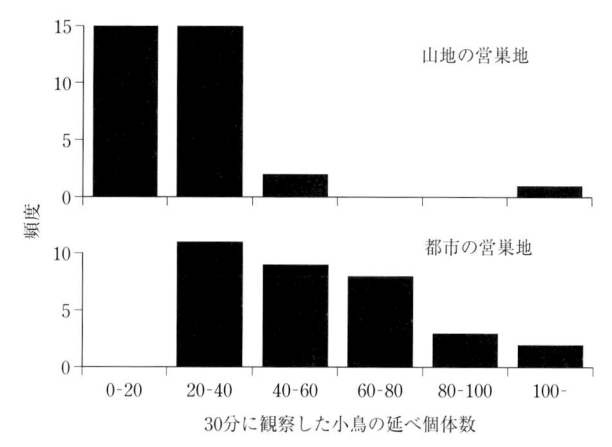

図 4.3 山地と都市のツミの繁殖地で 30 分あたりに記録されたスズメ大の小鳥の個体数（植田, 1992b より改変).

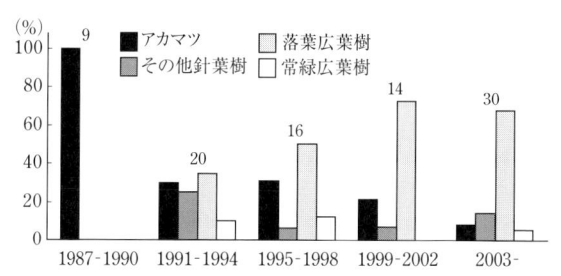

図 4.4 ツミの営巣樹種の変化. グラフの上の数字は調査巣数を示す（Ueta and Hirano, 2006 にその後の情報を加えて作成). アカマツでの営巣が減少し, 落葉広葉樹での営巣が増加した.

営巣していた. しかし分布の拡大や, ハシブトガラスやハシボソガラスとの営巣場所をめぐる争いでアカマツ林に営巣できない場合が生じた（平野, 2002. 詳細は後述）ことなどにより, 1990 年代には, アカマツのない林で営巣することが多くなり, アカマツ以外の針葉樹や落葉広葉樹での営巣が増加した（図 4.4）.

アカマツ以外の樹種を営巣木として利用するようになったばかりの時期は, 巣の転落による繁殖失敗が増加した（Ueta, 1997）. アカマツで営巣していた 1990 年までは, ツミの巣の転落は見られなかったが, 1991–1994 年は 19

巣中6巣が巣の転落により失敗し，1995-1998年は9巣中2巣が転落した．これら転落した巣は1例を除き，アカマツ以外の樹種だった．アカマツに営巣した場合，枝が巣を包み込むような形（タイプ1）をしていることが多いのに対して，それ以外の樹種の場合は枝の上に巣が載るだけのような形（タイプ2）であることが多かった．アカマツに営巣した場合は91%がタイプ1の巣だったのに対し，アカマツ以外で営巣した場合は80%がタイプ2だった．さらに巣が転落した唯一のアカマツの巣はタイプ2のものだった．ただし，巣の形状はタイプ2と変化はないものの，アカマツ以外の樹種に営巣した場合でも徐々に巣の転落例は少なくなり，1999年以降は巣の転落は記録されなくなった．アカマツ以外の樹種での営巣にツミが対応できたものと考えられる．

　もう1つの変化は捕食者に対する行動である．ツミは巣に捕食者を接近させないために，カラスなどが巣に接近すると攻撃し，巣のそばから追い払う行動をとる．1990年代は，カラスの営巣密度は低く，ツミの営巣林にはハシブトガラスかハシボソガラスの巣があったり，なかったりといった状況だった．そしてツミは，50m以内にカラス類が接近すると，必ずカラスを追い払った（図4.5）．しかし，カラス類の個体数の増加（Ueta *et al.*, 2003）にともない，2000年代には，営巣林に複数のカラスの巣がある状況となった．カラス類の抱卵はハシボソガラスでは3月中に始まっており，ハシブトガラスも4月に入ると始まる．それに対してツミは4月下旬からと繁殖開始時期が遅く，すでに繁殖しているカラス類をツミが追い出すことは困難である．そのためツミはカラスへの防衛行動を低めるようになり，複数のカラスの行動圏の隙間でひっそりと繁殖するようになった（平野，2001, 2002）．さすがにカラス類が巣の10m以内に近づくと追い払うが，それより遠い場所ではあまり追い払いや警戒はしない（図4.5）．

　こうした防衛行動の変化は人に対する反応にも見られている．ツミが都市緑地で繁殖し始めた1980年代は，散歩などで人が巣のそばに近づくと，攻撃することが頻繁に見られたが，しばらくして人に対する攻撃は見られなくなった．こうした対捕食者行動を柔軟に変えることで，他種や人も利用している住宅地の緑地という小さな資源を利用することができたものと考えられる．ただしカラスとの関係においては，現在も必ずしもうまくいっているわ

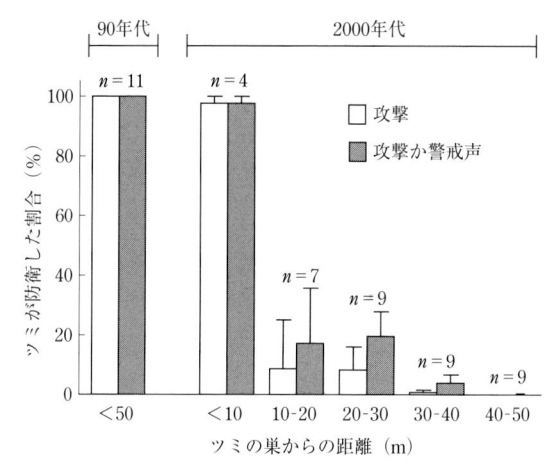

図 4.5 ハシブトガラスの侵入に対してツミが防衛をした割合の 1990 年代と 2000 年代の違い（Ueta, 2007 より改変）．2000 年代は巣からの距離別に示した．グラフの上の数字は調査したつがいの数．グラフは平均値と標準誤差を示した．2000 年代の巣から 20 m のつがい数が少ないのは，ハシブトガラスがそこまで接近したのを観察できなかった巣があったため．

けではない．このことについては後述する．

　こうしたツミのハシブトガラスへの防衛行動の変化の余波を受けて，繁殖成績を低下させた鳥もいる．それはオナガである．オナガはツミの巣の周囲で営巣することで，ツミの巣防衛行動を利用して繁殖成績を上げていた．オナガが単独で繁殖する場所では，87%（$n=23$）の巣の卵や雛がハシブトガラスなどに捕食されたが，ツミの巣の周囲では，捕食されることはほとんどなく，93%（$n=43$）のつがいが雛を巣立たせることに成功した（Ueta, 1994）．しかし，ツミがあまりカラスから巣を防衛しなくなったために，1990 年代はすべてのツミの巣の周囲でみられたオナガの営巣が，2005 年から 2011 年の調査では 19 巣中 7 巣でしか見られなくなった．また，ツミの巣のまわりで営巣した場合の平均的な営巣数も，5.9 巣から 3 巣へと減少した．1990 年代は，ツミの巣のまわりでは，ツミの防衛行動をあてにすることで，通常オナガが繁殖しないような巣が丸見えの場所でもオナガは繁殖していたが（Ueta, 1998），2000 年代はツミの巣の周囲にオナガが通常営巣する巣を

隠すことのできる藪がある場所でのみ繁殖するようになったため，オナガがツミの巣のまわりで繁殖することが減ったのだと考えられる．

　藪など隠れた場所で繁殖することにより，オナガは巣が捕食者に見つかる危険を避けることができる．調査地で行なった実験では，藪で隠された巣がハシブトガラスに捕食された率は，1週間で50%未満だったのに対して，見える場所の巣は95%も捕食された．ツミが巣の周囲の広い範囲からハシブトガラスを追い出していた1990年代は，ハシブトガラスに見つかるかどうかよりも，ツミの防衛行動を受けられる場所で繁殖したほうが，繁殖に成功する確率が高くなった．そのためオナガは開けた場所でも繁殖していた．しかしツミがあまりハシブトガラスを追い出さなくなった2000年代は，ハシブトガラスに見つかりやすい場所で繁殖すると捕食される危険性が高いので，ツミの巣のまわりに藪がある場所でのみオナガは繁殖したのだろう（Ueta, 2007; 植田，2012）．

4.3　ツミの繁殖成績の低下

　ツミの営巣数が増加し，後に減少した中で，ツミの繁殖成績はどのように変化しているのだろうか．少なくとも産卵に至った巣の平均巣立ち雛数は，全巣を対象にした場合でも，繁殖に成功した巣のみを対象にした場合でも，年々減少していた（図4.6）．全巣を対象にした平均巣立ち雛数は，1987-

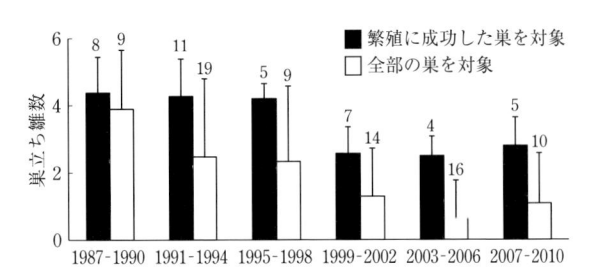

図4.6　ツミの繁殖成績の変化．各年代の巣立ち雛数の平均値と標準偏差を，繁殖に成功した巣のみの場合と繁殖に失敗した巣も含めた場合について示した（Ueta and Hirano, 2006にその後の情報を加えて作成）．グラフの上の数字は調査巣数を示す．

1990 年の 3.9 羽から 1991–1994 年の 2.5 羽, 1995–1998 年の 2.3 羽へと減少した. この減少は, ツミの巣の転落の増加とハシブトガラスの攻撃による繁殖の放棄が影響していると考えられる. 営巣木の変化の部分ですでに述べたが, 1990 年まではツミの巣の転落は見られなかった一方, 1990 年代になって巣の転落により失敗する事例が多くなった. 1999 年以降は巣の転落による失敗はなくなったが, ハシブトガラスの攻撃に起因する繁殖の失敗が増加した. カラスによる繁殖の失敗は 1995 年に初めて記録され, 1999 年以降観察したツミの巣のうち, 43 巣中少なくとも 16 巣はカラス類がツミを激しく攻撃した後にツミが巣を放棄した. この影響の詳細については次節で紹介する.

巣立ちに成功した巣における平均巣立ち雛数は, 1987 年から 1998 年までは平均 4 羽程度でほぼ安定していた. しかし 1999 年以降は 2.5 羽前後と低くなった. 成功した巣で巣立ち雛数が少なくなった原因はよくわからない. アオダイショウに雛の一部が捕食されて, 巣立ち雛数が減った例が 2 例あったが, 雛の減少のすべてがアオダイショウによる捕食とは考えにくく, なにかほかの理由があると思われる.

4.4 ハシブトガラスによる影響

ハシブトガラスが原因と思われるツミの繁殖失敗例が多く見られた. そこで, ツミが繁殖し続けている場所と, 定期的に繁殖しなくなってしまった場所の間でハシブトガラスの生息数を比べてみた. その結果, ツミが毎年繁殖している 2 カ所の緑地で記録されたハシブトガラスの個体数は, ツミが定期的に繁殖しなくなった 6 カ所の緑地よりも有意に少なかった. また, 5 カ所の緑地では 1990 年代のハシブトガラスの個体数のデータがあったので, それと比べてみると, 毎年繁殖を行なっている 1 カ所の林では, 1991–1992 年のハシブトガラスの個体数と 2000 年の個体数の間に有意な差は認められなかったが, ツミが定期的に繁殖しなくなってしまった 4 カ所すべてでは, 2000 年のほうが有意にハシブトガラスの生息数が多くなっていた (図 4.7). このように, ハシブトガラスが増加したことで, ツミとハシブトガラスが競合することが増え, その結果, ツミが繁殖に失敗したり, 繁殖できなくなっ

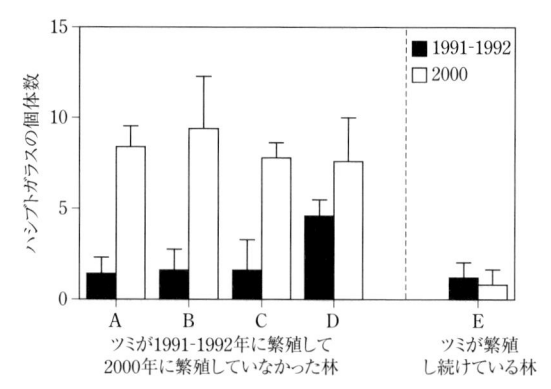

図 4.7 ツミが繁殖しなくなった場所と繁殖している場所でのハシブトガラスの個体数変化の違い（植田，2001より改変）．グラフは平均値と標準偏差を示した．ハシブトガラスの個体数は，1時間の調査で同時に確認できた最大個体数．

た場所が増えたものと考えられる．

　前述したように，ツミはハシブトガラスへの攻撃性を弱めることにより，ハシブトガラスによる影響をある程度緩和することに成功し，2000年代に入ってツミの営巣地点数は回復傾向にある（図4.2参照）．しかし，カラス類の巣立ちが始まり，カラス類が雛を守るために攻撃的になると，ツミが繁殖を継続することが困難になり，その時期に繁殖に失敗することが生じている．2006年以降の20例の繁殖のうち7例でこの時期に繁殖に失敗している．まだツミは，ハシブトガラスと十分に共存できていない状況にある．

4.5　ツミの繁殖つがい数の変化に影響した要因

　ここまで見てきたように，1980年代後半から1990年代前半にかけてツミの営巣地数が都市近郊で増加したのは，ツミの食物である小鳥が山地より都市近郊緑地で多いという（平野・君島，1992；植田，1992b）条件と関係していると考えられる．また，都市緑地の状況に応じて営巣樹種や対捕食者防衛行動を柔軟に変えることができたことも原因していると考えられる．

　しかし1990年代前半を境に，ツミの繁殖つがい数は減少した．この減少

には2つの理由が考えられる．1つは営巣場所の制限である．分布を拡大し，1991年以降に繁殖を開始するようになった営巣地では，アカマツ以外の樹種で営巣するようになった．そして，巣の転落による繁殖の失敗が増え，つがい数の増加が止まったものと思われる．しだいにツミはアカマツ以外の樹種での営巣に対応し，この問題はなくなったが，ハシブトガラスによる影響により営巣できない場所がでたり，繁殖に失敗したりすることが増えた．

もう1つ考えられる減少の原因は，繁殖成績の低下である．巣の転落やハシブトガラスの影響による放棄がなかった巣でも，1999年以降，繁殖成績が低くなっている．なぜ繁殖成績が低くなっているのかはわからない．かつて猛禽類は，DDTによる影響で繁殖成績を低下させた．DDTによる影響は，卵殻が薄くなり抱卵中に割れてしまったり（Ratcliffe, 1970），卵の水分が蒸発してしまったりすることで胚の発生が止まってしまうことにより生じる（Newton, 1998）．この影響についてはハヤブサで有名だが（Ratcliffe, 1980），鳥類食や魚食性の猛禽類で広く見られている（Newton, 1998）．ツミと近縁のハイタカもDDTにより個体数を減らしている（Newton, 1986）．DDTは，現在，農薬としては使われていない．しかし，都市緑地での繁殖は人間活動から出る化学物質を取り込みやすく，なんらかの化学物質による影響が出ていることは否定できない．

繁殖成績の低下がどの段階で起きているのか，つまり卵の段階で一腹卵数が少ないのか，ふ化しない卵があるのか，それとも育雛期に雛が死亡するのか，より詳細な調査を行なっていくことで，ある程度原因を絞り込んでいくことが可能になるだろう．

1980年代後半にツミの調査を始めたときには，年々繁殖つがい数が増えるのを見て，また状況に応じて柔軟に生態や行動を変えていくのを見て，現在のようにツミが再び減少することを予想することはできなかった．2006年12月に改訂された環境省のレッドリストで，オオタカが「絶滅危惧II類」から「準絶滅危惧種」に変更された．オオタカはドバトなど「増えて困っているような鳥」を食物として利用していることや，山地から屋敷林や都市の大規模緑地での繁殖に行動を変化させたことなどから，絶滅の危機を脱し，今後に心配はないようにも見えるが，今回紹介したツミのように再び減

少してしまう可能性も否定できない.

　そうした際に再び保護のために舵を切るためには，各種猛禽類の生息状況を継続的にモニタリングしていくことが重要である．長期間にわたって広域の繁殖つがい数や繁殖成績をモニタリングすることは，労力的に容易なことではない．だが，広域のモニタリングが労力的に不可能な場合でも，調査しやすいつがいを対象とした繁殖成績のモニタリングや，全国の観察者の情報を定期的に収集するネットワークとしてのモニタリングを，長期にわたって継続していくことが重要であろう.

引用文献

遠藤孝一・平野敏明・植田睦之．1991．日本におけるツミ *Accipiter gularis* の繁殖状況．Strix，10：171-179.

平野敏明．2001．住宅地周辺で繁殖するツミとカラス類の緑地の利用状況について．Strix，19：61-69.

平野敏明．2002．宇都宮市の住宅地周辺におけるツミの繁殖状況の変化——おもにハシブトガラスとの営巣資源をめぐる競合から．Strix，20：1-11.

平野敏明・君島昌夫．1992．宇都宮市の住宅地付近におけるツミ *Accipiter gularis* の繁殖状況と食物．Strix，11：119-129.

Newton, I. 1986. The Sparrowhawk. Calton, Poyser.

Newton, I. 1998. Population Limitation in Birds. Academic Press, London.

Ratcliffe, D. A. 1970. Changes attributable to pesticides in egg breakage frequency and eggshell thickness in some British birds. Journal of Applied Ecology, 7：67-107.

Ratcliffe, D. A. 1980. The Peregrine Falcon. Calton, Poyser.

高田武夫．1956．富士山麓におけるツミの繁殖について．鳥，14：25-27.

植田睦之．1992a．ツミ *Accipiter gularis* が繁殖期に捕獲する獲物数の推定．Strix，11：131-136.

植田睦之．1992b．ツミ *Accipiter gularis* にとって都市近郊の緑地はよい環境か？——都市近郊と山地部の採食環境の比較．Strix，11：137-141.

Ueta, M. 1994. Azure-winged magpies, *Cyanopica cyana*, 'parasitize' nest defence provided by Japanese lesser sparrowhawks, *Accipiter gularis*. Animal Behaviour, 48：871-874.

Ueta, M. 1997. Nesting-tree preference and nesting success of Japanese Lesser Sparrowhawks in Japan. Journal of Raptor Research, 31：86-88.

Ueta, M. 1998. Azure-winged Magpies avoid nest predation by nesting near a Japanese Lesser Sparrowhawk's nest. Condor, 100：400-402.

植田睦之．2001．ハシブトガラスの増加がツミの繁殖におよぼす影響．Strix，19：55-60.

Ueta, M. 2007. Effect of Japanese lesser sparrowhawks *Accipiter gularis* on the nest site selection of azure-winged magpies *Cyanopica cyana* through their nest defending behavior. Journal of Avian Biology, 38：427-431.

植田睦之．2012．オナガは好適な営巣場所の有無をもとにツミの巣のまわりに営巣するかどうかを決定する？　Bird Research, 8：A19-A23.

Ueta, M., R. Kurosawa, S. Hamao, H. Kawachi and H. Higuchi. 2003. Population change of Jungle Crows in Tokyo. Global Environmental Research, 7：131-137.

Ueta, M. and T. Hirano. 2006. Population decline of Japanese Lesser Sparrowhawks breeding in Tokyo and Utsunomiya, central Japan. Ornithological Science, 5：165-169.

II
行動圏と資源利用

5

里山で繁殖するサシバの採食場所と資源利用

酒井すみれ・樋口広芳

5.1 里山とサシバ

(1) 日本の里山環境と生物多様性の保全

　日本をはじめとする米を主食とする地域では，農地環境に水田やため池といった水域が含まれることが大きな特徴であり，日本では農地の半分以上が水田で占められている（農林水産省，2010）．水田環境は湿地に生息する生物の代替生息地としても注目されている（Yoon, 2009）．

　日本の伝統的な農地環境である里山は，水田，二次林，水路やため池，住居などがモザイクのように入り組んだ景観である（Washitani, 2001; 武内, 2001）．水域，陸域が入り組み，空間異質性が高い（Katoh et al., 2009）．これらの複雑な景観構造は植物や動物に多様な生息場所を提供する．一般に，農地環境と非耕作地の間や農地環境内に景観のモザイクのあることが，繁殖する鳥類や，クモ，昆虫といった複数の分類群に利益を与える（Benton et al., 2003）．里山でも植物，昆虫といった多くの分類群にわたって多様性が高いことが報告されている（Kato, 2001; Katoh et al., 2009）．

　しかしながら，里山を含めた日本の農地の現状は大きく変化している．1967年から2007年までの40年間で水稲作付面積は約半減し（農林水産省, 2010），放棄水田も増加している．一方で，残っている水田環境は，その3分の2で水田面積が大きくなるように区画整備されている（農林水産省, 2010）．同時に大豆や麦などに転換できるように乾田化が行なわれ，水路はコンクリートで護岸されている（Fujimoto et al., 2008）．こうした変化は，農地の空間異質性を低減し，また生物にとっては異なる環境要素間の行き来

を妨げていることが推測される．圃場整備が進んだ水田では，畦や土手などの植物の多様性も減少していることが報告されている（大窪・前中，1995）．また，アカガエルやトウキョウダルマガエルが減少することが知られる（長谷川，1995；Fujioka and Lane, 1997；東ほか，1999）．さらに，上位捕食者のヘビやサギが減少することが報告されている（長谷川，1995；Lane and Fujioka, 1998）．近年，里山でくらす鳥類，昆虫，植物の多くが日本の環境省のレッドリストに登録されており（環境省，2006），里山の生物多様性の保全は緊急の課題となっている（MAFF, 2007；Higuchi and Primack, 2009；UNU-IAS, 2010）．

里山の複数の環境の組み合せは，農地の大規模化，宅地化などの環境変化で失われてきている（Washitani, 2001）．里山環境の生物多様性の保全を考えるうえで，複数の環境の組み合せを生息に必要とする生物の保全はとくに重要となる．たとえば両生類は，水域，陸域両方の環境が必要である（Becker et al., 2007；Simon et al., 2009）．複数の環境を移動して利用する種においては，空間と時間の違いが相互的に関係しあうことを考慮し，空間異質性への依存のメカニズムを明らかにする必要がある（Benton et al., 2003）．さらに，複数の景観を必要とする生物を資源とする上位捕食者は，景観の変化にとくに影響を受けやすいと考えられる．保全のためには，水田と林を中心とした異質な環境の組み合せが，生息する種にどういった意味をもっているのか，メカニズムを解明していくことが重要となる．

本章では，里山の象徴的な上位捕食者のサシバを対象に，上位捕食者がどのように異質な景観を利用しながら食物を得ているのか，ということに焦点をあてる．

（2） サシバの現状

サシバ（*Butastur indicus*）は，カエル，ヘビ，昆虫などを食物資源とする上位捕食者である（東・武内，1999；百瀬ほか，2005）．秋に大規模な渡りを行ない，日本の南西諸島や東南アジアで越冬する（Shiu et al., 2006；第1章，第2章を参照）．

近年，サシバは日本の繁殖個体数と渡り個体数において大きく減少している．繁殖地の個体数の減少は，東京都や栃木県で報告されている（遠藤・平

野, 2001；Ueta *et al.*, 2006)．たとえば，東京では繁殖個体数が1970年から1990年に著しく減少し，それらの減少は，水田や林の境界線の長さや，林の面積の低下が起因していることが示唆されている (Ueta *et al.*, 2006)．

日本全国では，アンケート調査の結果，全国の繁殖地の約60%で繁殖密度が低下していることが明らかになっている (東，2001；第13章参照)．さらに，渡りの個体数は，1970年代から大きく減少していることが報告されている (Kawakami and Higuchi, 2003)．こうした個体数減少の現状から，環境省 (2006) のレッドリストでは2006年以降，絶滅危惧II類に入れられており，絶滅の危険が増大している種として扱われている．

(3) 里山で繁殖するサシバ

近年の研究で，サシバは水田と林が入り組んだ里山環境で繁殖密度が高いことがわかっている (東・武内，1999；百瀬ほか，2005)．東・武内 (1999) は水田と林が入り組んだ谷津田環境の中で，斜面林の面積が広く，谷津田内の稲作耕作面積が広い環境でサシバの繁殖密度が高いことを明らかにした．百瀬ほか (2005) は，水田地帯から水田と林が入り組んだ里山環境まで広範囲を調査し，水田と林の境界線が長い環境や，連続した林が存在する地域で繁殖密度が高いことを示している．また，サシバの繁殖密度の減少には，水田と林の境界線の長さや森林面積の減少が関係していることが示唆されている (Ueta *et al.*, 2006)．

関東の里山環境は，古くから水田が営まれ，林では広葉樹の二次林を中心に針葉樹が入り混じる環境であり，まさしく唱歌の「故郷 (ふるさと)」そのもの，懐かしさを感じるような景観である．谷津田環境を含む水田と林の組み合せからなる環境は，全国的にも平野部から山林の間となる地域に広く分布しており，この環境がサシバの個体群を支える割合は大きいと考えられる．日本国内の越冬地の石垣島などでも，農耕地に多く見られることがわかっており (樋口ほか，2000；Wu *et al.*, 2006)，繁殖地，越冬地ともに，農地環境と結びつきが深い鳥であるといえる．

5.2 採食場所と営巣場所

　タカ類の繁殖では，一般に採食場所と営巣場所の両方が個体群を制限する要因になりうる（Newton, 1979）．繁殖地の里山環境のうち，水田と林はサシバの採食場所と営巣場所として好適な環境を提供していると考えられ，とくに水田環境の変化や水田と林の組み合せの低下が，採食場所の質の低下につながり，繁殖密度の低下の主要因となっていることが考えられてきた（Ueta *et al.*, 2006）．これらの知見をまとめると，サシバの行動圏の中に水田と林が入り組むような，空間異質性の高い環境が好ましいと考えられる．Kojima（1999）はサシバが水田や小川に近い林の針葉樹によく営巣することを示した．また，里山の水田と林はともに，サシバにとって繁殖に必要な資源を得るための採食場所として重要であると推測されてきた（東ほか，1998；百瀬ほか，2005；Katoh *et al.*, 2009）．水田と林の両方が存在する里山環境では，営巣場所は確保されやすいことが多く，採食場所の質が，サシバの個体群の制限要因になると推測される（Ueta *et al.*, 2006）．採食場所の質は，雛数や雛への給餌内容や死亡率を通じて，個体群の増減に影響する重要な要素である（Newton, 1998）．

　しかしながら，サシバによる食物資源の利用についてはあまりわかっていない．個体数が減少している千葉（東ほか，1998）や渡良瀬遊水地（平野ほか，2004）で採食行動の一部が調べられているのみである．このため，筆者らは採食行動に注目し，里山で繁殖するサシバの資源利用とそれを支える資源供給のメカニズムを明らかにした．また，そのうえで，採食場所の選択，資源利用を中心に，サシバが里山環境をどのように利用して資源を得ているのか，また，水田と林の組み合せが，サシバの採食とその資源分布にどういった意味をもっているかについて検討してきた．以下にその概要を述べる．

5.3　サシバの採食行動

（1）　サシバの採食場所と採食行動

　サシバが空間異質性の高い，水田と林が組み合わさった環境で繁殖する理

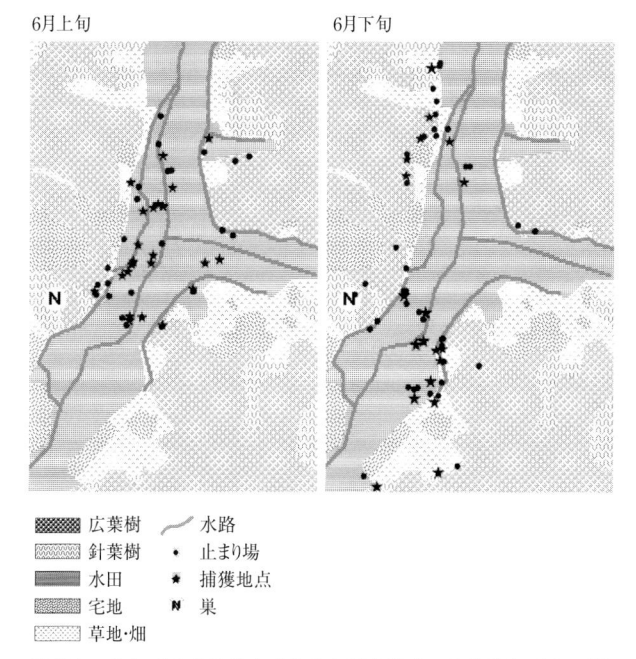

図 5.1 サシバの 6 月の止まり木と採食地点. あるサシバのつがいの巣および採食場所を示す. 6 月上旬には水田面に捕獲地点が多く, 6 月下旬になると林や林よりの水田が捕獲地点となっている (Katoh *et al.*, 2009 より).

由の1つに，採食場所として複数の環境を利用することがあげられる．また，サシバは採食行動の際に張り出した枝や，電柱などの止まり場に止まって食物を探し，見つけると飛び出して捕獲する，待ち伏せ型の採食を行なう（東ほか，1998；酒井，2010）．水田と林が組み合わさった環境では止まり木が多く，採食場所として適しているとの指摘もある（東ほか，1998）．サシバの採食場所は，季節の進行にともなって水田面から林へと移行することがいくつかの研究で示唆されている（東ほか，1998；Katoh *et al.*, 2009）．図 5.1 は，筆者らの栃木県の調査地における，あるつがいのサシバの営巣場所，止まり木とサシバによる採食地点を示したものである（Katoh *et al.*, 2009）．6月の初めごろは水田の内部や畔などでよく捕獲を行ない，6月下旬になると林や林に近い畔で採食を行なっている様子が見て取れる．6月のわずかな期

間だけでも，水田面から林と多様な場所を利用していることがわかる．

一般に，繁殖期の初期の親鳥の採食内容は，産卵数や卵の質を通じて繁殖成功に強く影響を与え（Newton, 1998），また，繁殖期後半の採食内容は，雛へ与える食物内容を通じて繁殖成功に強く影響を与える．サシバの採食場所の質を考えるときに，渡来時期の4月から巣立ち後の7月に至るまで，繁殖期全体を通して里山での採食場所利用を考慮することは非常に重要である．さらに，タカ類の生息地として，繁殖密度が高い環境や生息に適した環境は，巣立ち雛数が多くなり，個体群のソースとなりうるため，個体群の維持に重要である（Newton, 1991）．したがって，サシバの採食と資源を支えるメカニズムを明らかにするうえで，また保全のための情報を得るうえでも，繁殖密度が高く，何度も巣が使われているような環境で調査することが重要であると思われる．

そこで，先行研究で繁殖密度が高いといわれる栃木県芳賀郡市貝町の調査地において，繁殖期の全期間を対象に採食行動や資源内容の調査を行なってきた．まず，サシバの採食行動の流れを追って，捕獲に使用する止まり木と，資源の捕獲地点，捕獲地点ごとの捕獲した資源内容のつながりについて説明する．さらに5.4節でその捕獲地点の季節変化や，捕獲地点ごとの資源内容の違いを明らかにする．

（2） 調査地と調査方法

調査地の栃木県芳賀郡市貝町では，4月初旬前後にサシバが越冬地から戻ってきて繁殖を開始する．春先，谷筋の田んぼに「ピックィー」とサシバの声が響き渡る．まだ水田に水が張られる前，市貝町では林の広葉樹の葉も展開していないころである．調査地は水田と林が入り組んでいる典型的な谷津田環境であり，ゆるやかな谷地形の底面に水田があり，斜面は広葉樹の二次林と針葉樹の植林で構成されている．また，水田と林の間には，民家や畑，ナシ園，草地などが点在している．水田は4月下旬ごろから水が張られ，田植えが5月初旬前後に行なわれる．稲刈りは9月前後に行なわれる．それぞれの水田は幅0.4–1.0 mほどの畦で囲まれ，畦の草は1年に数回刈られている（伊藤・加藤，2007）．水田のわきには，幅0.3–1.0 mほどの水路が流れている．二次林はコナラが優占する落葉広葉樹林で，アカマツなどの針葉樹

が点在する．植林地はおもにスギとヒノキで構成される．

野外調査は5つがいを対象に，2001年と2002年の繁殖期のほぼ全期間，4月から7月に行なった．サシバを見つけたら静止した車内から望遠鏡や双眼鏡で観察し，採食行動が見られるごとに，サシバのつがい番号と観察日，食物を探すために使われた止まり木，捕獲を試みた地点の植生タイプ，そして捕獲した食物のタイプを記録した．総観察時間は延べ469時間（116日）である．

(3) 止まり木と捕獲地点，捕獲内容の関係

サシバの採食行動について野外観察した結果，5つがいにおいて2年間で，581回の採食行動の試みと157回の資源の捕獲を記録した．サシバはすべて

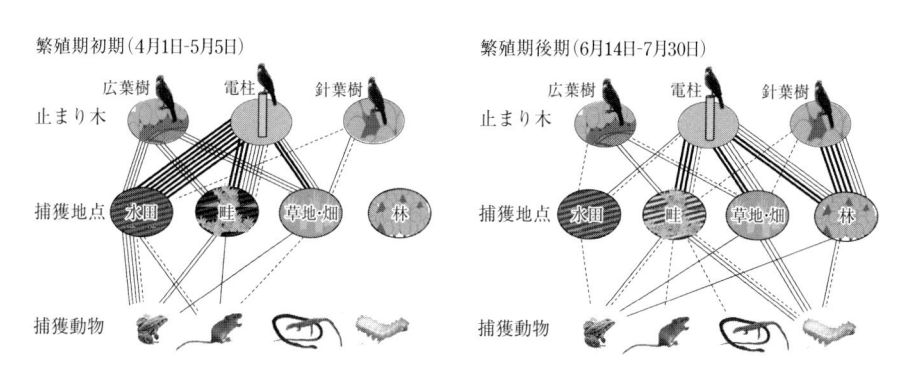

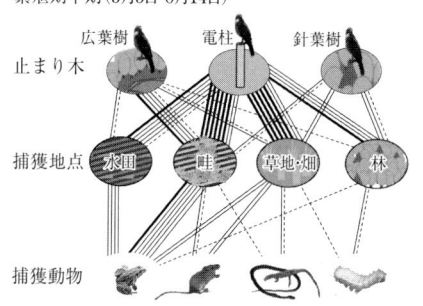

図 5.2 止まり木と捕獲地点，捕獲内容の関係．採食行動の観察数を，止まり木，捕獲地点の植生タイプ，捕獲内容をリンクして示した．太線，細い実線，破線はそれぞれ10回，2回，1回の観察数を示す（Sakai *et al.*, 2011 より改変）．

の採食行動を止まり木から行なった．水田や畦，草地での捕獲行動では止まり木から滑空し，着地と同時に足でつかみ取るように捕獲を行なった．また，林冠やしばしば草地や畑では着地せず，空中をかすめるように足で食物をつかみ取る行動も見られ，捕獲に成功すると，つぎの止まり木に移動することが多かった．

　繁殖期を通じて，利用する止まり木，捕獲地点，捕獲内容の関係がどのように変化しているのかを明らかにするため，繁殖期を繁殖期初期（4月1日からの日数：0-35日），中期（同：36-75日），後期（同：76-120日）の3期に区分した．そして，それぞれの時期で，止まり木のタイプごとの捕獲地点の観察例数，採食を試みた環境ごとの捕獲内容の観察回数を線でつなぐことで，それぞれの採食行動のつながりを量的に図示した（図5.2）．

　止まり木としては，広葉樹，電柱と電線，針葉樹が使われており，繁殖期を通じて電柱と電線がもっともよく使われていた．サシバは止まり木として電柱や電線を使って，ほぼすべての植生タイプで捕獲を行なっていた．広葉樹は水田や畦で捕獲を行なう際の止まり木としてよく使われ，針葉樹は広葉樹上の食物を捕獲する際によく使われた．針葉樹は広葉樹林の上に突き出ていることが多く，サシバはそうした針葉樹の最上部に止まって食物を探し，周囲の広葉樹に飛び込むようにして捕獲していた．季節が進むにつれ，捕獲地点は水田から畦，草地-畑，そして林へと移行し，それにともなって捕獲内容もカエルから昆虫へと変化した．

5.4　採食地点の季節変化と捕獲内容

（1）　捕獲地点の季節変化

　前節では，止まり木から捕獲地点，捕獲内容の一連の流れを図示して季節ごとの大まかなパターンを見てきた．しかしながら，捕獲地点の変化と捕獲地点ごとの捕獲内容の違いの一般的な傾向を見るためには，つがいごとのばらつきや，観察した年の違いを考慮したうえで，どのような違いがあるか明らかにする必要がある．そこで，ベイズモデルを用いた詳細な解析を行ない，捕獲地点がどの時期にどの程度変化しているか，捕獲地点ごとに捕獲内容が

どの程度違うかを明らかにした．

前節の調査データのうち，捕獲地点を植生タイプに分け（水田，畔，草地と畑，林，その他と不明），それぞれの植生タイプにアタックする予測割合を表すベイズモデルを作成し，そのパラメータを MCMC（Markov Chain Monte Carlo）法を用いて推定した（McCarthy, 2007）．ここでは季節変化や，捕獲内容の違いを求めるが，調査データには，個体（つがい）差や観察年の違いといったランダム効果が含まれており，変数も多く複雑である．ベイズ解析はこうした複雑な解析に適している．ここではモデルの内容については述べないので，詳細は Sakai *et al.*, (2011) を参照いただきたい．モデルには，固定効果として季節を表す変数（4月1日からの日数），それぞれつがいの違いによるばらつきと年の違いを表すランダム効果を含めており，これらのパラメータを推定することで，季節変化を明らかにすることができる．

各植生タイプにアタックする確率を表すモデルのパラメータの推定の結果，各植生タイプにアタックする確率は季節を通して大きく変化していることが

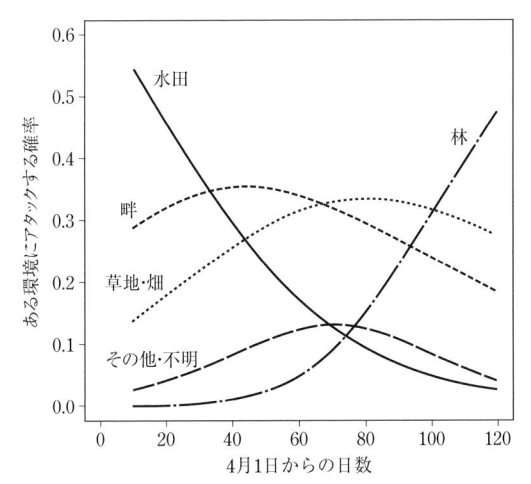

図 **5.3** サシバが各植生タイプにアタックする確率の季節変化．各植生タイプにアタックする確率を，MCMC (Markov Chain Monte Carlo) 法によって推定されたパラメータの事後分布の中央値を用いて計算した（Sakai *et al.*, 2011 より改変）．

明らかになった（図 5.3）．まず，水田へのアタックは 4 月に頻度が高く，その後減少していた．畔の利用は 5 月中旬から 6 月（4 月 1 日から 40-50 日後）に多く，草地と畑の利用は，6 月下旬（4 月 1 日から 80 日前後）に多く見られた．林の利用は 5 月末（4 月 1 日から 60 日後）ごろから急激に増加し，7 月末まで増加し続けた．その他と不明の植生では，季節を通じて割合が低かった．

（2） 植生タイプごとの捕獲内容

植生タイプごとの捕獲内容については，食物資源をカエル，小型哺乳類，ヘビ，トカゲ，昆虫，その他と不明に分類し，サシバがそれぞれの資源をある環境で捕獲する確率について，前節同様にモデルを作成した．

推定したモデルのパラメータから，それぞれの地点でとる食物内容の予測確率を計算した結果，植生タイプごとに資源の捕獲割合が異なることが示された（図 5.4）．水田では，カエルと哺乳類が捕獲されており，「その他」を除くとカエルを捕獲する確率がもっとも高かった（図 5.4A）．畔と草地・畑の 2 つの環境では，資源ごとの捕獲確率が似かよっており，両方の環境で，水田に比べてカエルの割合が減少し，小型哺乳類に加えてトカゲやヘビ，昆虫が捕獲された（図 5.4B，C）．水田，畔，草地の順でカエルの捕獲割合は減少し，昆虫の割合が増加していた．林では，昆虫の捕獲割合がカエルの捕獲割合より多く，カエルの捕獲がさらに減っていることが示された（図 5.4D）．

捕獲された内容では，とくにカエル類が多様であり，すべての環境で捕獲されていた．ニホンアカガエル，トウキョウダルマガエル，ニホンアマガエル，シュレーゲルアオガエルなどが水田や畔，草地で捕獲されていた．また，林の樹上で捕獲されたのは，ニホンアマガエル，シュレーゲルアオガエルの樹上性カエル類であった．畔や草地で捕獲された昆虫は直翅類で，林冠で捕獲されていた昆虫は，ヤママユガ科（e.g. ヤママユ）を中心とした鱗翅目幼虫と直翅類であった．水田や畔，草地・畑で捕獲された小型哺乳類は，おもにネズミ類とモグラであった．ヘビはおもにヤマカガシで，トカゲ類はニホンカナヘビとニホントカゲであった．

このように，サシバが資源を捕獲する地点の植生タイプと，捕獲した資源

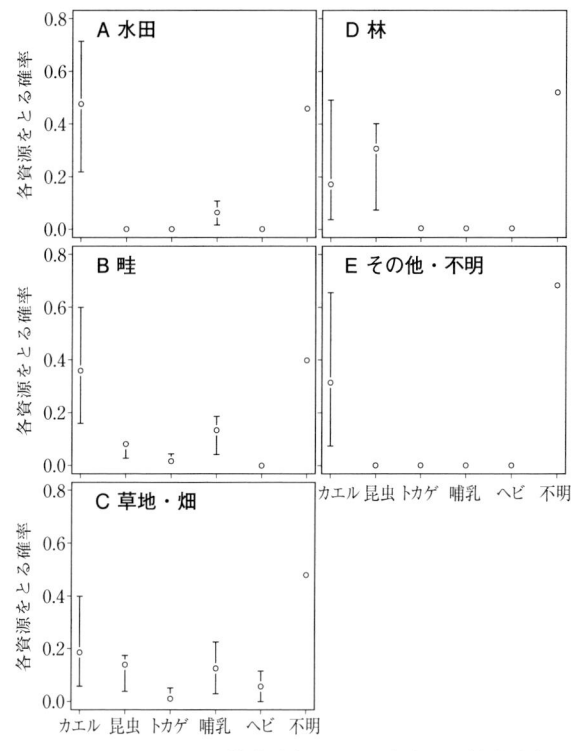

図 5.4 サシバの異なる捕獲地点における各資源の捕獲確率．MCMC 法により推定したパラメータの事後分布から計算した捕獲確率の中央値および 95% 信頼区間を示す（Sakai *et al.*, 2011 より）．

内容は時期的に変化することが明らかである．サシバは里山の中のじつに多様な景観要素を採食場所に用いている．繁殖期間中に，捕獲地点は水田（湿地）から林（陸地）へ移行し，その変化にともなって，捕獲する資源内容もカエルから昆虫へと変化していることがわかる．

サシバによる捕獲地点と資源内容のシフトは，千葉の個体を対象に東ら（東ほか，1998; 東，2001）によっても指摘されている．サシバが捕獲地点を季節変化させることは，里山以外の遊水地などでも報告されている（平野ほか，2004）．また，長野県，新潟県，千葉県から採取されたサシバの胃内容物の調査でも，捕獲内容に季節変化があることが示唆されている．たとえ

ば4月に回収されたサシバの胃内容物にモグラが含まれる一方（石沢・千羽，1967），6月から9月に回収された胃内容物からは昆虫の成虫や幼虫が見つかっている（石沢・千羽，1967；林ほか，1996）．これらの結果から，サシバの捕獲地点と捕獲内容の季節変化は多くの環境で同様に起きていることが推察される．

　捕獲地点と捕獲内容の季節変化を引き起こす要因としては，食物の獲りやすさの変化が考えられる．止まり木を用いて採食を行なうタカ類の場合，食物の獲りやすさは，おもに止まり場と，資源のバイオマス，資源の見やすさに影響を受ける（Bechard, 1982；Widén, 1994）．草丈や植被度は資源の見やすさを左右するため（Andersson et al., 2009），とくに地表にいる動物を捕獲するタカ類の場合に強く影響を与える．草丈や植被度が低く，資源密度が高ければ，資源の獲りやすさも高くなる．

　里山で生息するサシバの資源の獲りやすさは，空間的にも時間的にも変化していると思われる．資源の獲りやすさに影響を与える止まり木，資源のバイオマス，植被度のうち，潜在的な止まり木は繁殖期を通じてほぼ一定であることから，サシバが捕獲した資源が季節変化している理由は，おもに資源バイオマスと植被度の時空間変化であると推測される．サシバは繁殖期を通じて，電柱を止まり木として使用する頻度が高い．捕食者にとって止まり場からの資源の見えやすさは重要である（Andersson et al., 2009）．また，サシバと同じように食物を探す際に止まり木を用いるフクロウ類の場合，止まり木が高いほど遠くの資源にアタックすることが可能となる（Sonerud, 1992）．止まり木となる電柱や電線は本研究の調査地に多く設置されており，高さ8 mから13 mと高いものが多い．そして，水田と林の間に位置する電柱が多いため，サシバは電柱の上から水田，畦，草地，そして林までを見晴らすことができる．林縁の広葉樹は水田や畦，草地や畑へのアタックに使用されている．広葉樹林に点在する針葉樹は，周囲の広葉樹よりも突出しており，針葉樹の突端は広葉樹の林冠の表面にいる昆虫などを探してアタックするのに適していると考えられる．電柱が少ないような地域では，サシバは止まり木として林縁部の広葉樹や，針葉樹を使う頻度が高くなると考えられる．

5.5 サシバの資源利用を支える里山の多様な環境と多様な生物

(1) サシバが捕獲する多様な生物

以上のことから,サシバは里山の多様な環境を時期に応じて使い分け,多様な食物を捕獲してくらしていることがわかる.ここでもう少しくわしく,サシバが捕獲する資源内容を見てみよう.筆者らが2002年に同調査地にて,サシバが巣に持ち込む資源内容を自動記録装置でビデオ録画した結果,同調査地の育雛期の6月にあるつがいが巣に持ち込んだ食物は図5.5のようになった(酒井ほか,未発表).一覧にすると,育雛期だけでもじつに多くの生物を利用していることがわかる.これは6月の間に巣に運ばれた食物内容であり,繁殖期を通じた親鳥の食物や,巣立ち後の幼鳥の食物を考えると,さ

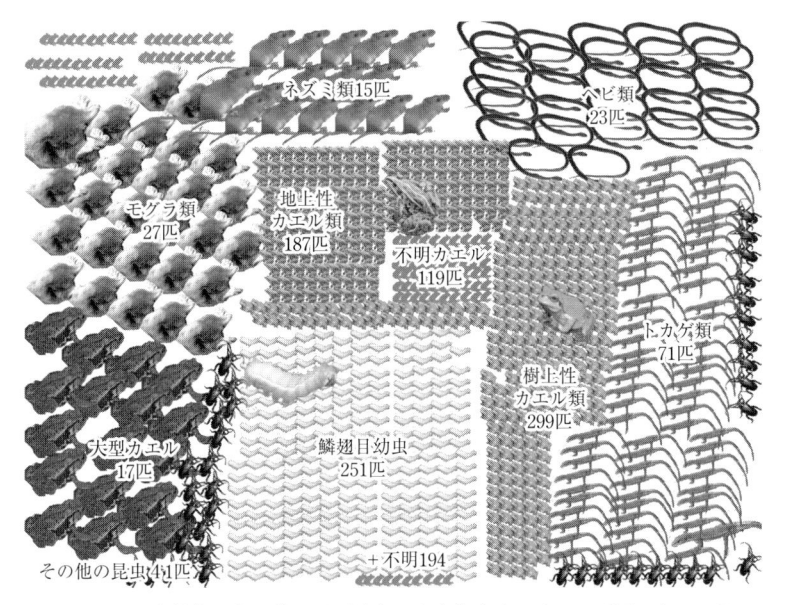

図 5.5 6月の育雛期にある巣に運び込まれた食物内容のイメージ図.あるつがいの巣にビデオカメラを用いて自動録画を行ない,雛3羽に対して持ち込まれる食物内容を記録し,巣に持ち込まれた食物の実数を反映させてイメージ図を作成した(酒井ほか,未発表).

図 5.6 サシバを頂点とする食物網．ビデオ撮影の結果にもとづき，サシバの食物となる生物とそれらの捕食被食関係を矢印でつないで示した．

らに多くの生物がサシバの繁殖を支えているといえる．

　これらの生物を結ぶ簡単な食物網は，図 5.6 のように描くことができる．サシバが捕獲する資源が維持されるためには，それぞれの生物を維持する多くの資源が必要となることが理解できる．サシバがよく捕獲しているヘビが生息するためには，カエル類やネズミなども生息する必要があり，またカエル類やネズミが生きていくための資源も必要である．カエル類は水田で産卵し，水田や林で過ごす．ヤママユの幼虫はクヌギやコナラなどの広葉樹を食草とするため，この食物網を可能としているのは，水田や林の組み合せがある環境である．このように，サシバを頂点としてじつに多くの生物がたがいにつながっていることがわかる．里山で繁殖するサシバは，里山の豊かな生物多様性に支えられているのである．

（2） 里山の多様な環境とサシバの採食行動

　里山の多様な環境は，2つの点でサシバの採食場所として好適であると考えられる．第1に，水田管理や畔の草刈りなど農地管理をされている里山環境では，水田，畔，草地，林などの複数の環境が入り混じり，サシバにとってさまざまな止まり木と採食場所が提供されており，効率よく資源を得られると考えられる．第2に，空間異質性が高い環境が多様な生物の生息を可能とし，サシバの食物が豊富に存在していることである．

　以上のように，サシバは里山で繁殖期を通して採食場所を変えながら，多様な資源を得ている．カエルだけでも，アカガエルやトウキョウダルマガエルといった地上で生活するカエルから，樹上性のニホンアマガエル，シュレーゲルアオガエルまで捕獲している．里山環境では，サシバが資源をカエルから昆虫へと大きくシフトする6月には，林でよく捕獲されるヤママユガ科の幼虫が終齢幼虫になる．とくにヤママユは大きいものでは23gにも達し（酒井，未発表），栄養価も高いと思われる．

　また，水田から林へ移行する間の時期には，サシバは畔や草地をよく利用している．行動圏内に複雑な環境と複数の資源が豊富にあることで，資源の空間分布や草丈の変化にうまく対応し，サシバは長期的に安定して資源を得ることができている．さらに，資源分布は，季節だけでなくさまざまな天候条件で変わることが予想される．複数の資源があることで，1日の中でも時間変動に対応して効率よく資源を獲り続けることが可能となっていると思われる．

　サシバのような待ち伏せ型捕食者の場合は，こうした資源分布だけでなく，草丈や止まり木の多少といった資源の見つけやすさによって採食場所が選ばれる場合もある（Widén, 1994; Andersson *et al.*, 2009）．本研究の調査地では，電柱をはじめとして止まり木が十分にあると思われるため，止まり木が制限要因にはならないと思われる．電柱が少ないような環境の場合には，里山環境の林縁部の広葉樹や，樹冠に飛び出した針葉樹を止まり木として使用することができ，効率よく採食できる利点の1つとなると考えられる．

（3） 里山の多様な環境と生物多様性

前記のように，空間異質性が高く，水田と林の組み合せがある里山環境では，カエル類が生息しやすい．そうした環境では特定の植物を食草，食樹とする昆虫類の多様性も高く，とくに二次林に優占するコナラやクヌギを食草とするヤママユガ科を中心とした鱗翅目幼虫も多い（Kato, 2001）．昆虫も多く生息していることで，サシバは多様な資源を得ることができる．

一方，水路護岸により，水路自体が改変されるなどして，サシバの主要な資源であるカエル類が減少すると，サシバの繁殖期前半，中期までの資源量が大幅に減ると思われる．圃場整備によりカエルが減少すると，カエルを主食とするヤマカガシとシマヘビの個体数が減少する（長谷川，1995）．したがって，カエル類だけでなくヘビ類も減少することで，サシバの採食場所の質は大きく低下すると考えられる．また，林が伐採や宅地化により物理的に減少すると，林を生息場所とするカエル類の個体数が減少するうえに，サシバが繁殖期後半に得る昆虫などの数量も減少する．さらに，水田自体が維持されないと，カエルの産卵ができず，カエル個体群の維持ができなくなり，サシバの採食場所としての質も低下すると思われる．この場合でもヘビの個体数が同時に減少すると思われる．したがって，水田と林のどちらが欠けても，サシバの採食場所の質は大きく低下することが示唆される．

近年，農地の空間異質性とサシバの分布の関連についても興味深い報告がなされている．Kadoya and Washitani（2011）は，農地環境の異質性と農地以外の環境割合をもとに里山インデックス（SI）を計算し，農地環境の空間異質性の高さを表す指標とした．それを本州全域のサシバの生息数やカエルの多様度，トンボの多様性と比較した結果，SIが高いほど，サシバの生息数や，カエルの多様度，トンボの多様性が高くなることを示した．つまり，空間異質性が高い農地環境で，生物の多様性も高く，サシバの生息数も多くなるといえる．筆者らの研究は，こうした空間異質性と分布パターンの関係のメカニズムの部分を明らかにしたものといえる．

これまでに，水田と林が入り組んでいる場所でサシバの生息密度が高いことや（東ほか，1999；百瀬ほか，2005），水田とその両側の林が維持されている里山環境にサシバの営巣が多いこと（Matsuura *et al.*, 2005）などが報

告されていたが，そのような環境がなぜサシバの繁殖場所として好まれるのか，そのメカニズムは明らかになっていなかった．本研究によって，サシバの行動圏内に水田と林の組み合せが存在していることがサシバの採食行動に重要であることが明確になった．

水田と林の組み合わさった環境が失われるとサシバの繁殖密度が低下することが Ueta *et al.*（2006）によって報告されており，水田と林の組み合せと，その機能の低下がサシバの個体群の減少にもつながっていくと推測される．たとえば，カエル類の産卵のためには，水田環境が維持されることが重要であるが，今日，農業従事者の高齢化により放棄水田が増加している．溜水のない放棄水田ではカエル類が産卵できないため，水田を維持しやすく生産性を高める圃場整備と，カエルも生息できる構造上の工夫を両立させることが必要である．具体的な保全策についての詳細は第 13 章に述べられているが，サシバの採食場所とその食物資源を保全するためには，水田と林が組み合わさっている環境とその機能を維持していくことが必要である．

サシバをめぐる研究は，多数の資源を捕獲するタカ類の資源利用のあり方を探るケーススタディとしても重要であると思われる．これまでのタカ類の資源にかかわる研究では，ネズミや昆虫などといった特定の資源を得る種で研究が行なわれており（Rutz and Bijlsma, 2006），多様な資源を捕獲する種ではあまり行なわれていない．しかしながら，Rutz and Bijlsma（2006）が指摘しているように，複数の資源を対象にしている上位捕食者の場合でも，そうした資源が同調して減少する場合も多く，保全のための資源基盤の解明が必要とされている．実際に，サシバの場合は，圃場整備などの影響でカエルやヘビといった資源が同調して減少すると考えられ，資源基盤の解明がきわめて重要と考えられる．

引用文献

Andersson, M., J. Wallander and D. Isaksson. 2009. Predator perches：a visual search perspective. Functional Ecology, 23：373-379.

東 淳樹．2001．里山と谷津田を利用する猛禽類．（武内和彦・鷲谷いづみ・恒川篤史，編：里山の環境学）pp. 112-123．東京大学出版会，東京．

東 淳樹・武内和彦・恒川篤史．1998．谷津環境におけるサシバの行動と生息条件．環境情報科学論文集，12：239-244.

東　淳樹・武内和彦．1999．谷津環境におけるカエル類の個体数密度と環境要因の関係．ランドスケープ研究，62：573-576．

東　淳樹・時田賢一・武内和彦・恒川篤史．1999．千葉県手賀沼流域におけるサシバの生息地の土地環境条件．農村計画論文集，1：253-258．

Bechard, M. J. 1982. Effect of vegetative cover on foraging site selection by Swainson's hawk. Condor, 84：153-159.

Becker, C. G., C. R. Fonseca, C. F. B.Haddad, R. F. Batista and P. I. Prado. 2007. Habitat split and the global decline of amphibians. Science, 318：1775-1777.

Benton, T. G., J. A. Vickery and J. D. Wilson. 2003. Farmland biodiversity：is habitat heterogeneity the key? Trends in Ecology and Evolution, 18：182-188.

遠藤孝一・平野敏明．2001．宇都宮市の市街地近郊におけるサシバの繁殖状況の変化．日本野鳥の会栃木県支部研究報告，7：1-7．

Fujimoto, Y., Y. Ouchi, T. Hakuba, H. Chiba and M. Iwata. 2008. Influence of modern irrigation, drainage system and water management on spawning migration of mud loach, *Misgurnus anguillicaudatus* C. Environmental Biology of Fishes, 81：185-194.

Fujioka, M. and S. J. Lane. 1997. The impact of changing irrigation practices in rice fields on frog populations of the Kanto Plain, central Japan. Ecological Research, 12：101-108.

長谷川雅美．1995．谷津田の自然とアカガエル．（大澤雅彦・大原　隆，編：生物-地球環境の科学――南関東の自然誌）pp. 105-112．朝倉書店，東京．

林　光武・安井さち子・佐藤光一．1996．サシバ *Butastur indicus* によるヒグラシ *Tanna japonensis* 幼虫の捕食例．日本鳥学会誌，45：39-40．

樋口広芳・森下英美子・東　淳樹・時田賢一・内田　聖・恒川篤史・武内和彦．2000．サシバ（*Butastur indicus*）の渡り衛星追跡および越冬地における環境選択．我孫子市鳥の博物館調査研究報告，8：25-36．

Higuchi, H. and R. B. Primack. 2009. Conservation and management of biodiversity in Japan：an introduction. Biological Conservation, 142：1881.

平野敏明・君島昌夫・小堀政一郎．2004．渡良瀬遊水地におけるサシバの採食環境と食性．Strix, 22：45-58．

石沢慈鳥・千羽晋示．1967．日本産タカ類12種の食性．山階鳥類研究所研究報告，5：13-33．

伊藤浩二・加藤和弘．2007．谷津田周辺に存在する各種半自然草地の植物種組成からみた相互関係．ランドスケープ研究，70：449-452．

Kadoya, T. and I. Washitani. 2011. The Satoyama Index：a biodiversity indicator for agricultural landscapes. Agriculture, Ecosystems and Environment, 140：20-26

環境省．2006．鳥類，爬虫類，両生類及びその他無脊椎動物のレッドリストの見直しについて．http://www.env.go.jp/press/press.php?serial=7849（online）．

Kato, M. 2001. 'SATOYAMA' and biodiversity conservation：'SATOYAMA' as important insect habitats. Global Environmental Research, 5：135-149.

Katoh, K., S. Sakai and T. Takahashi. 2009. Factors maintaining species diversity in satoyama, a traditional agricultural landscape of Japan. Biological Conservation, 142: 1930–1936.

Kawakami, K. and H. Higuchi. 2003. Population trend of three threatened bird species in Japanese rural forests: the Japanese night heron *Gorsachius goisagi*, Goshawk *Accipiter gentiles* and Grey-faced buzzard *Butastur indicus*. Journal of the Yamashina Institute for Ornithology, 35: 19–29.

Kojima, Y. 1999. Nest site characteristics of the Grey-faced buzzard *Butastur indicus*. Japanese Journal of Ornithology, 48: 151–155.

Lane, S. J. and M. Fujioka. 1998. The impact of changes in irrigation practices on the distribution of foraging egrets and herons (Ardeidae) in the rice fields of central Japan. Biological Conservation, 83: 221–230.

MAFF. 2007. Annual Report on Food, Agriculture and Rural Areas in Japan FY 2007 (Summary). Ministry of Agriculture, Forestry and Fisheries. http://www.maff.go.jp/e/annual_report/2007/ (online).

Matsuura, T., M. Yokohari and A. Azuma. 2005. Identification of potential habitats of gray-faced buzzard in Yatsu landscapes by using digital elevation model and digitized vegetation data. Landscape and Urban Planning, 70: 231–243.

McCarthy, M. A. 2007. Bayesian Methods for Ecology. Cambridge University Press, Cambridge.

百瀬　浩・植田睦之・藤原宣夫・内山拓也・石坂健彦・森崎耕一・松江正彦．2005．サシバ（*Butastur indicus*）の営巣場所数に影響する環境要因．ランドスケープ研究，68: 555–558.

Newton, I. 1979. Population Ecology of Raptors. T & AD Poyser, London.

Newton, I. 1991. Habitat variation and population regulation in Sparrowhawks. Ibis, 133: 76–88.

Newton, I. 1998. Population Limitation in Birds. Academic Press, London.

農林水産省大臣官房統計部．2010．平成 21 年耕地及び作付面積統計．農林統計協会，東京．

大窪久美子・前中久行．1995．基盤整備が畦畔草地群落に及ぼす影響と農業生態系での畦畔草地の位置づけ．ランドスケープ研究，58: 109–112.

Rutz, C. and R. G. Bijlsma. 2006. Food-limitation in a generalist predator. Proceedings of the Royal Society B, 273: 2069–2076.

酒井すみれ．2010．サシバ．（野生生物保護学会，編：野生動物保護の事典）pp. 471–473. 朝倉書店，東京．

Sakai, S., N. Yamaguchi, H. Momose and H. Higuchi. 2011. Seasonal shifts in foraging site and prey of Grey-faced Buzzards (*Butastur indicus*), breeding in Satoyama habitat of central Japan. Ornithological Science, 10: 51–60

Shiu, H. J., K. Tokita, E. Morishita, E. Hiraoka, Y. Wu, H. Nakamura and H. Higuchi. 2006. Route and site fidelity of two migratory raptors: Grey-faced Buzzards *Butastur indicus* and Honey-buzzards *Pernis apivorus*. Ornithological

Science, 5 151–156.
Simon, J. A., J. W. Snodgrass, R. E. Casey and D. W. Sparling. 2009. Spatial correlates of amphibian use of constructed wetlands in an urban landscape. Landscape Ecology, 24：361–373.
Sonerud, G. A. 1992. Search tactics of a pause-travel predator：adaptive adjustments of perching times and move distances by Hawk Owls (*Surnia ulula*). Behavioral Ecology and Sociobiology, 30：207–217.
武内和彦．2001．二次的自然としての里地・里山．（武内和彦・鷲谷いづみ・恒川篤史，編：里山の環境学）pp. 1–9．東京大学出版会，東京．
Ueta, M., R. Kurosawa and H. Matsuno. 2006. Habitat loss and the decline of Grey-faced Buzzards (*Butastur indicus*) in Tokyo, Japan. Journal of Raptor Research, 40：52–56.
UNU-IAS. 2010. About the Satoyama Initiative. The United Nations University Institute of Advanced Studies. http://satoyama-initiative.org/ (online).
Washitani, I. 2001. Traditional sustainable ecosystem 'SATOYAMA' and biodiversity crisis in Japan：conservation ecological perspective. Global Environmental Research, 5：119–133.
Widén, P. 1994. Habitat quality for raptors：a field experiment. Journal of Avian Biology, 25：219–223.
Wu, Y., G. Fujita and H. Higuchi. 2006. What landscape elements are correlated with the distribution of wintering Grey-faced Buzzards *Butastur indicus* in the Sakishima Islands, southwestern Japan? Ornithological Science, 5：157–163.
Yoon, C. G. 2009. Wise use of paddy rice fields to partially compensate for the loss of natural wetlands. Paddy and Water Environment, 7：357–366.

6
オオタカの行動圏と採食行動

内田　博

　オオタカ（*Accipiter gentilis*）はヨーロッパから北米までの北半球の広い地域に分布する森林性の鳥であり，成熟した林をおもな生息場所とする．多くの亜種に分類されていて（Cramp and Simmons, 1980; Kenward, 2006），日本国内に生息する亜種 *A. g. fujiyamae* は北海道，本州，四国，九州とほぼ全国に分布している（OSJ, 2012）．

　オオタカは性的二型があり，雌が大きく，雄が小さい特徴がある（茂田ほか，2006）．また，繁殖期は雌雄で行動に違いがあり，繁殖に入ると，雛が大きくなるまでは，雌は抱卵，雛への給餌，巣の防衛などで巣付近に留まる．雄は雌および雛の食料を調達し，雌雄で分担して雛を育てる．繁殖期以外では雌雄のつがい関係は解消する（Cramp and Simmons, 1980; Kenward, 2006）．

　巣立った雛は，独立すると親のなわばりから分散し，新しい場所に定着して，繁殖に入る（Kenward, 2006）．オオタカは体の大きさに比べ，性成熟は早く，雌は1歳未満で繁殖を始める個体もいる（Rutz *et al.*, 2006）．

　オオタカはこのような生態をもち，雌雄あるいは，出生分散後の幼鳥，繁殖に入る前の個体，繁殖を行なっている個体と行動に違いがあり，その行動は行動圏にも反映する．ここでの行動圏とは，繁殖期の営巣域や採食域を含む地域（home range）と，繁殖期後の定住している行動域の両方を指す．行動圏は，すべての観察点（堀江ほか，2007）の中で一番外側にある点を結ぶ最外郭法（100% MCP），外側にある5%の点を除外する95%外郭法（95% MCP），また95%カーネル法などで示されることが多い．これらの方法はそれぞれなにを説明するかで使い方が違うが，示される値は相違するの

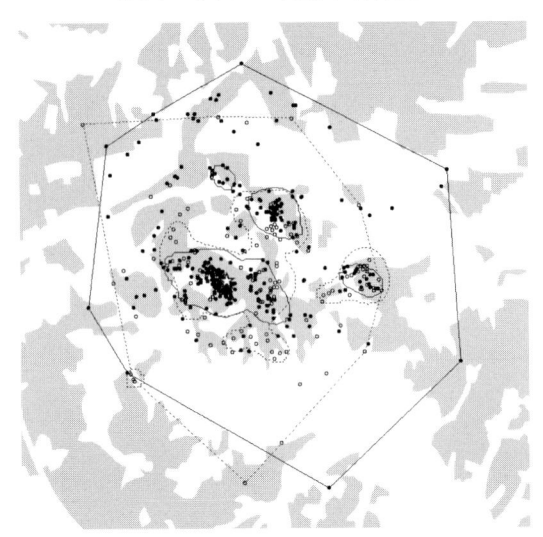

図 6.1 雄の 1 個体（ME 雄）の行動圏を最外郭法（外周直線）と 95% カーネル法（曲線）で示す．実線は 1996 年，●は観察点．破線は 1998 年，○は観察点．行動圏の基本的な位置は，年を経ても変化しない．灰色部分は森林．

で注意する必要がある（堀江ほか，2007）．この章での行動圏面積の算出は 100% の最外郭法にもとづくが（とくにことわりのない場合はこの方法での値），適時 95% カーネル法でも示す．95% カーネル法では，使われていない地域は削除されるので，面積は最外郭法より小さくなる傾向がある（図 6.1）．

6.1 調査個体群の特徴

ヨーロッパや北米の北方の個体群や高地に生息する個体群では，冬期に暖かい地方に長距離を移動する個体とともに（Squires and Ruggiero, 1995），定住性の個体もいることが，最近の衛星追跡発信機を使った調査から知られている（Sonsthagen et al., 2006）．国内の個体群についても，本州の定住性の強い個体群と（堀江ほか，2007），北海道の個体群のように長距離の移動

をするものがあるが（工藤，2006），本州の個体の中にも長距離の移動を行なうものもあり（阿部ほか，2008），それぞれの地域の個体群内に多様な行動を示す個体がいることがわかってきている．

　本章で紹介する個体群は埼玉県中央部の丘陵地に生息するもので，調査は1996年から2003年までの期間に行なった．調査地は標高40–130 mの低い丘陵と農耕地，集落がモザイク状に散在する環境で，丘陵地の林には落葉広葉樹林と針葉樹林が混在している．調査地の気候は温暖で，冬期に雪が降ることは少ない．ここで雄19羽と雌10羽を捕獲し，地上追跡用の小型発信機を装着して調査した．行動圏の分析にあたっては，追跡した各個体の状況に合わせて結果を繁殖期と非繁殖期の2つに分けた．繁殖しなかった個体については，繁殖期（3–7月）と非繁殖期（8–2月）に分け，この期間内で2カ月以上追跡した雄16羽と雌8羽を対象に，得られた観察点が40点以上あった個体のデータを行動圏の分析に使用した．

　これらの個体の調査結果から，調査地の個体群は，渡りを行なわない定住性の強い個体群であることがわかっている．

6.2　雌雄の行動圏の違い

（1）　雄の繁殖期の行動圏

　オオタカの雌雄の行動圏の差には，体の性的二型と，行動生態の差が反映される．雄成鳥の繁殖期の行動圏は，3月から7月の短い期間であっても変化する．繁殖している雄は，育雛期に行動圏が最大になる．調査した4羽の平均行動圏面積は，産卵・抱卵期（226 ha）と巣内育雛期（479 ha）で2倍近くの差がある．

　行動圏面積の変化は，雄の繁殖期の行動の役割と密接な関係にある．雄の各繁殖ステージでの役割は，求愛・造巣期であれば自分と雌に与える獲物が必要である．ただし，この時期は雌も狩りを行なう．抱卵期になると，雌は抱卵に専念するため，雄は自分とつがい雌の食料をまかなわなければならない．さらに育雛期になれば，生まれた雛の分まで増加する．その結果，巣内育雛期には求愛・造巣期や産卵・抱卵期より狩りのための行動圏が拡大する

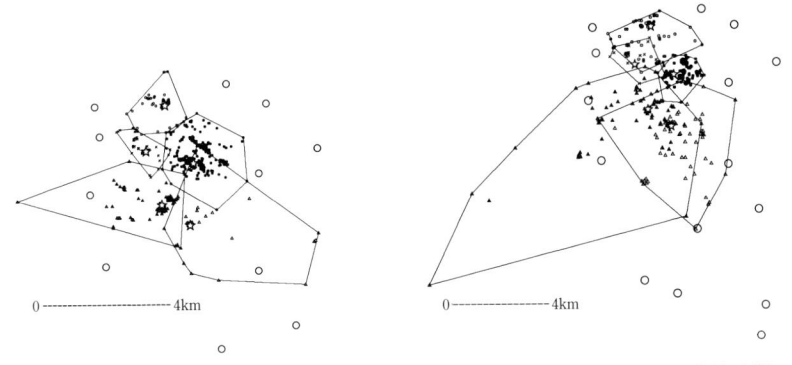

図 6.2 雄 5 個体の行動圏の分布（最外郭法にもとづく）．繁殖期（左），非繁殖期（右）．各個体の行動圏の外郭の一部は重複するが，行動圏のコア部分は重複しない．小さい丸，三角などは各個体の観察点．☆は追跡個体の巣，○は追跡個体以外の巣．非繁殖期には，各雄の行動圏の重複は多くなるが，止まり場の多いコア部分では重複は少ない．

のである．

とはいえ，雄の行動圏は無制限に拡大するわけではなく，周囲の繁殖個体の有無とともに，獲物を巣に運ぶために巣周辺から離れることのできる時間によって制限される．この時期の雄は四六時中獲物を求めて活動する．1 日の観察点は最大 200 にも達することがある．調査中にときどき目撃できる雄は薄汚れ疲れているように見える．雛の巣立ちのころ育雛に疲れたのか，獲物を捕った後にしっかりと食事をし，なかなか巣に戻らない雄もいる．

繁殖期の行動圏の一部は隣接個体と重複するが，活動の中心になっている巣近辺の部分には重複部はなく，なわばり制の社会構造をもっていることがわかる（図 6.2 左）．これらの雄の繁殖期の行動圏面積は，最外郭法で平均 1033 ha，95% カーネル法で 363 ha である．国内の最外郭法での行動圏面積は栃木の農耕地帯では 1052 ha，森林地帯では 5153 ha，国外ではアラスカで 6873 ha，ドイツの都市ハンブルグでは 863 ha と，地域あるいは環境によって差がある（表 6.1）．

埼玉の調査地では，遠くまで出かけてその日のうちに戻ってくる特異な行動例もあり，繁殖成鳥でも行動圏がまれに拡大することがある．このような行動をする個体を除外すると，行動圏面積の平均は 764 ha（$n=11$）になる．

表 6.1 雌雄，季節，地域ごとの行動圏面積の比較（尾崎・遠藤，2008 より改変）．

地域	性別	季節	行動圏面積（平均，カッコ内は範囲，単位 ha）		引用文献	例数
			100% 最外郭法	95% カーネル法		
埼玉	雄	繁殖期	1033(130-4397)	363(54-860)	内田（未発表）	12
栃木	〃		1052(551-1753)	899(312-1908)	堀江ほか(2007)	14
栃木(森林)	〃		5153(2240-7687)	4628(2209-6604)	堀江ほか（未発表）	3
北海道	〃		1171*		Kudo et al.(2005)	18
ミネソタ州	〃		2593	3927	Boal et al.(2003)	17
アリゾナ州	〃		1758(896-2528)		Smith and Mannan (1994)	11
アラスカ州	〃		6873(1797-19500)		Iverson et al.(1996)	16
ドイツ	〃		863(480-1189)		Rutz et al.(2006)	3
埼玉	〃	非繁殖期	1488(234-4883)	990(102-3440)	内田（未発表）	10
栃木	〃		2609(498-6641)	1678(593-3435)	堀江ほか(2007)	6
栃木(森林)	〃		1361-3772	1888-2447	堀江ほか（未発表）	2
アラスカ州	〃		43761(6006-227295)		Iverson et al.(1996)	15
スウェーデン	〃		5100(1800-8000)		Widén(1989)	6
埼玉	雌	繁殖期	474(18-993)	87(6-279)	内田（未発表）	10
栃木	〃		371-821		遠藤ほか(1999)	2
ミネソタ州	〃		2494	5344	Boal et al.(2003)	11
アラスカ州	〃		14030(197-85725)		Iverson et al.(1996)	17
埼玉	〃	非繁殖期	3333(898-13046)	3649(599-16437)	内田（未発表）	7
栃木	〃		2317(512-3274)	6165(532-13077)	NILIM 緑化生態研究室・日本野鳥の会(2003)	4
アラスカ州	〃		44566(974-180880)		Iverson et al.(1996)	16
スウェーデン	〃		6200(3200-9200)		Widén(1989)	8

＊：95% 最外郭法面積．

行動圏面積の違いは，対象地域の繁殖個体の密度にも影響されるとされる（Kenward, 2006）．本調査地の巣間距離の平均は 1.74 km と近距離で，100 km^2 あたりの繁殖密度は 14 巣と高く（内田ほか，2007），行動面積の狭さは隣接巣までの距離が反映していると考えられる．

（2） 雄の非繁殖期の行動圏

非繁殖期には，隣接個体との行動圏の重複が拡大する．雄の非繁殖期の行動圏面積は最外郭法で平均 1488 ha，95% カーネル法で 990 ha（$n=10$）である．繁殖期と非繁殖期の行動圏面積を比較すると，9 羽中 6 羽で非繁殖期

の行動圏が大きくなっているが，統計的に有意な差とはなっていない．栃木でも非繁殖期の行動圏は2倍程度になっている（堀江ほか，2007）．

行動から推測すると，繁殖期のように雌への給餌や，雛の世話や防御で巣に戻る必要もなくなり，自分の生存だけを考えていればよい状況になるので，行動圏が広がるのではないかと考えられる．それでも各雄は繁殖期，非繁殖期を通して繁殖地近辺に執着し，活動の中心域は巣の近辺にあり，重複部は雌の場合に比べて大きくない．

雄は非繁殖期でも，ほかの雄のなわばりをいくつも越えて遠方まで行くことはまれである．ただし，繁殖期に入る前の1月から2月に，行動圏を大きく拡大する個体もいる（図6.2右）．MJと名付けられた雄の非繁殖期の行動圏面積は4883 haであった．この行動圏の拡大は，2月9日のたった1日で行なわれた．前日に就塒していた巣から6 km離れた場所から8時ごろには飛翔を始めて移動し，巣から12 kmも離れた場所に降り，何度か移動後に，12時ごろには営巣場所に戻ってきたのである．この日の行動圏面積は2992 haにもなる．また別雄のM2は，繁殖地から街を飛び越え13 kmも離れた農耕地帯へ出て，1カ月以上もそこに留まり，翌年も同じ時期，同じ場所に向かい長期間留まっている．繁殖期にも短時間そこへ向かい，その場所で狩りを試みている．冬期のこの採食場所への移動は，一気に行なわれ，途中での狩りはしていない．

（3） 繁殖期の雌の行動圏

雌は繁殖期には産卵直前からは雄の給餌に頼るようになり，行動圏は平均474 ha（$n=10$）になる．しかし，この値は産卵前，巣立ち直前，直後の巣から離れる期間も含んでいる．このような時期を除いた抱卵・育雛前期には，1日に平均10 ha（$n=14$）の狭い範囲にいるだけで，著しく縮小する．ある雌の繁殖期内の各ステージの行動圏面積は，産卵期前（造巣期）141 ha，産卵・抱卵期2 ha，巣内育雛期4 haであり，翌1997年も変化はない．この傾向は繁殖に入った雌ではどの個体でも同様である．繁殖期の後期，雛が巣立ち間近の時期には巣を離れ採食に出る．雛が巣立ってからは，広い範囲を行動圏とする非繁殖期の生活に入り，巣付近に戻らないこともある．

（4） 非繁殖期の雌の行動圏

非繁殖期の行動圏は，いくつかの他個体の営巣地を含む平均4332 haの広い範囲となる．国外の例でも，同様に広くなることがわかっている（表6.1参照）．埼玉の調査地では，個体によって行動圏面積は差が大きく，繁殖した巣場所から25 km以上も離れる個体もいる（図6.3）．

雌には雄と違った行動圏に影響する複雑な事情が生じる．本調査地では繁殖成績の良し悪しにかかわらず，雄9羽すべてが巣近くに周年いて定住性が強い．しかし，雌は6羽中3羽が翌年に繁殖場所を代えている．翌年の巣までの距離は，平均で4060 mである．また，数年間同じ場所で繁殖しても1年だけ代えた個体もいる．ただし，この個体の移動先は不明である．

繁殖場所を代えたこの4例のうち，2例は前年に繁殖を失敗，1例はつがい雄の死亡という履歴をもつが，残りの1例では繁殖に成功しても繁殖場所を代えている．繁殖地を移動させるこのような繁殖分散については，北米アリゾナ州で259個体のうち雌11羽が平均5.0 km，雄6羽が平均2.4 km前年の繁殖地から分散したとする例や（Squires and Kennedy, 2006），121個体のうち雌7，雄1で繁殖地が変化したアイダホ州の例（Bechard *et al.*, 2006）などがある．北米の例では繁殖分散率は雌雄ともに小さく，埼玉では雌の繁殖分散率が高い傾向にある．

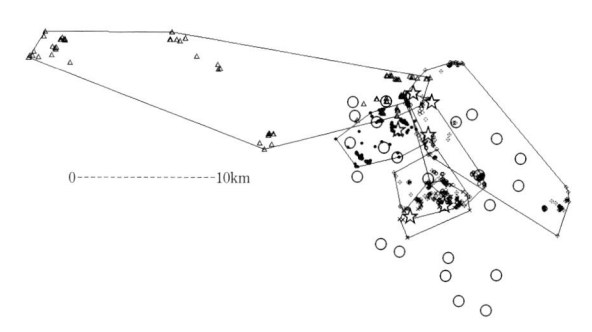

図6.3 雌6個体の非繁殖期における行動圏の分布．スケールからわかるように，行動圏は雄より広く（図6.2参照），隣接したいくつかの巣場所を含んでいる．☆は追跡個体の巣，○は追跡個体以外の巣．

FCと名付けた個体がいる．1996年1月に捕獲して6月までの期間と，同年11月に再捕獲して翌年6月までの期間に行動圏調査を行なった．繁殖は2シーズンともに同じ巣を利用して成功している．1996年と翌1997年の非繁殖期の行動圏は，外郭の形に違いがあるが，観察点の分布は相似し，1996年の最外郭行動圏は1024 haで，翌年は1785 haであった．

別のFN雌は，1997年の繁殖期には未標識の雄とつがいで繁殖に成功している．翌年には前年の繁殖地から3 km離れ，別雄とつがいになり繁殖に成功した．繁殖期から非繁殖期への行動圏の移行は，1997年の巣立ち雛が巣近くに残っている時期の7月下旬に行なわれ，営巣地から離れた後，行方不明になった．その後，8月下旬に営巣地から4 km離れた河川敷内にいたが，秋以降は営巣地と最大25 kmも離れた地域間を行き来していた．このため，この個体の非繁殖期の行動圏は13050 haとなり，ほかの雌と比較しても非常に広い．調査した雌の行動圏は，どの個体も隣接の別個体の巣を含み，繁殖雄の行動圏平均値の数倍から10倍もの広い範囲におよんでいる．このような行動圏の拡大が，雌の一般的な行動圏の季節変化である．

雌では同じ場所で繁殖した個体がときおり営巣場所に戻る．追跡した行動からは，雌は雄に比べ繁殖地への強い執着は示さないが，周年，繁殖地の周辺で生活している．ただし，雌FNのように繁殖に成功しながらも，翌年には繁殖地もつがい相手も代える個体がいる．

雌の行動は明らかに，雄の繁殖地に対する強い執着を示すような行動と違いがある．非繁殖期の雌の行動圏はいくつもの雄のなわばりや巣を含む広域にまたがり，近辺の繁殖地の状況を知り，前年の繁殖地と比較している可能性もある．

6.3 行動圏の日ごと，経年，年齢変化

（1） 日ごとの行動圏

繁殖雄の日ごとの行動圏は，巣を含んだ地域を中心にかまえられる（図6.4）．繁殖期，とくに育雛期には雄は採食のために1日中活動する．1日の活動は日の出20分前に就塒場所を出て，狩りを行ない，狩りに成功すれば

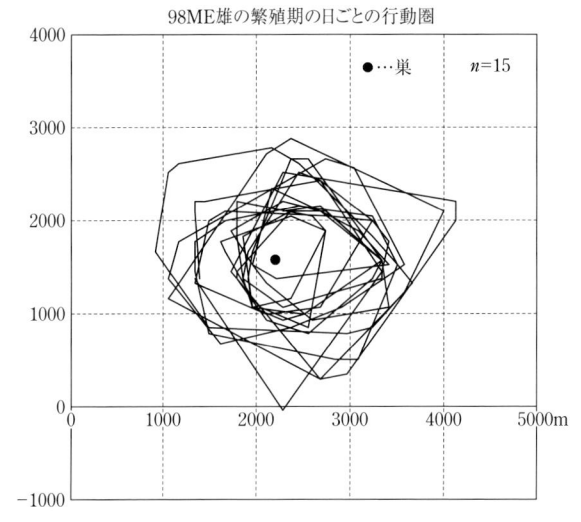

図 6.4 ある特定の繁殖雄における繁殖期の1日ごとの行動圏（1998年2月20日-7月15日）．行動圏はつねに巣を含み，巣から1.5km程度の近辺で行動している．

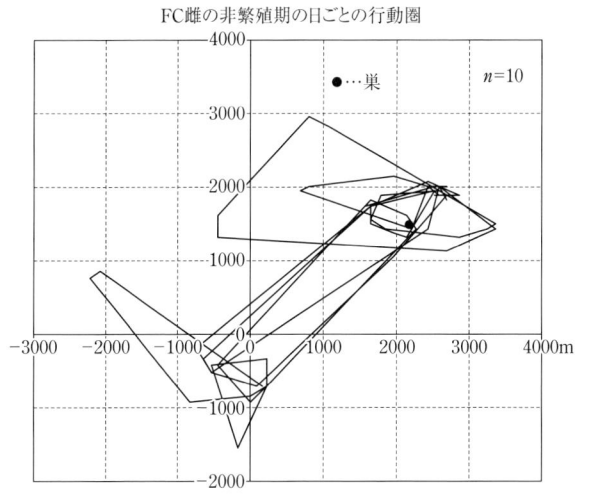

図 6.5 ある特定雌の非繁殖期における1日ごとの行動圏（1996年1月7日-2月16日，11月25日-12月17日）．巣を含む地域にいることもあるが，巣から遠く離れた地域に留まることもある．

巣に持ち帰り，雌に渡し，すぐに狩りを再開する．繁殖期の1日の行動圏面積は平均217 ha であり，34-630ha（$n=32$）まで幅がある．非繁殖期は採食を行ないながら活動し，その日の狩りの成績でもって，活動時間が違ってくる．十分な獲物が捕れれば，そこで狩りを中止し，休息し，そのまま就塒してしまう．1日の行動圏面積は平均354 ha で，16-2992 ha（$n=49$）と幅が大きい．両季節とも就塒場所は多くの例では一定しない．

　雌の繁殖期は，巣周辺だけの活動になり，1日の行動圏面積は平均31 ha，2-192 ha（$n=27$）の範囲で変化するが，雄の行動圏と比較して非常に狭い．しかし，繁殖に失敗した場合には短期間のうちに巣を離れ，非繁殖期の行動と同じになる．非繁殖期の1日の行動圏面積は平均246 ha であるが，4-4750 ha（$n=43$）と大きな幅がある．雌の1日の活動は営巣地を含まない地域で行なわれることが多く（図6.5），その日の狩りの成果次第で行動圏面積は変化することになる．

（2）　行動圏の経年変化

　繁殖期のオオタカは隣接する繁殖個体がいれば，行動圏はたがいに制約され，行動圏の中心部分は重複しない．非繁殖期になると境界は曖昧になるが，なわばりは保持されている．たとえ個体が入れ替わったとしても，行動圏が大きく変化することはない．雌は非繁殖期には個体同士の行動圏は大きく重複するが，雄と同様，行動圏の全体的な位置は変化しない．たとえ非繁殖期の行動圏の外に繁殖場所を代えた個体でも，非繁殖期には前年と同じ行動圏に戻っている．

（3）　年齢による行動圏の変化

　巣立った雛は，8月下旬には出生地から分散する．1羽の雌幼鳥では，一気に6 km 移動し，翌日にはさらに遠方へ移動して行方不明になった．遠藤ほか（2002）は，衛星追跡発信機を利用し，8月中旬に出生地を離れた3羽の幼鳥が10 km から100 km 離れた場所に移動し，冬を越したことを確かめている．幼鳥は巣立ち後の放浪期を過ぎて，秋から冬にかけて定着する（Kenward, 2006）．

　調査地で12月以降に捕獲した2歳未満の雄は，繁殖雄のなわばりをいく

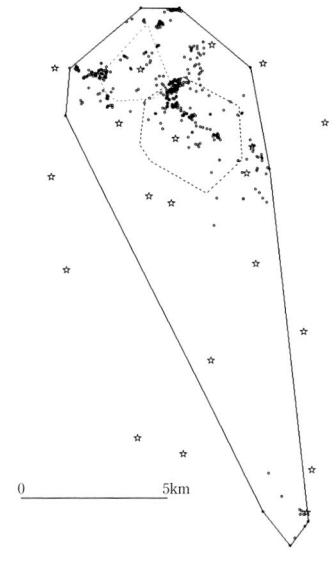

図 6.6 未繁殖雄の行動圏．特定個体の追跡例（1996 年 12 月 2 日–1997 年 9 月 10 日）．多くの繁殖場所を含む広い地域で活動するが，繁殖個体の巣のある中心部分は避ける．実線は未繁殖雄の行動圏の外郭，〇は未繁殖雄の活動点，破線は繁殖雄 2 羽の行動圏，☆は周辺つがいを含む巣位置．

つも含むような行動圏をもっている．しかし，繁殖雄が強く防衛する 500 m 程度の営巣地を含む中心部分は避けるように行動している．換羽して亜成鳥羽（2 歳未満）になった個体の行動圏面積は，繁殖期 3699 ha（$n=1$），非繁殖期 2862 ha（範囲 1736–4128，$n=3$）で，繁殖個体より広い．

この繁殖予備軍ともいえる個体は，定着していた範囲あるいはその周辺で空いたなわばりを獲得するか，繁殖雄の行動圏の隣接部に新しい繁殖場所を確保する．ただし，繁殖場所が得られなかった個体は，繁殖をいつまで延期して留まるのか，遠くへ移動するのか不明である．埼玉県本庄市の平地での調査では，定着後の幼鳥（$n=3$）は行動圏内で繁殖地を獲得している（大堀・内田，未発表）．このように，雄では繁殖雄の行動圏と，広範囲を活動している繁殖しない若齢個体の行動圏が重なっている（図 6.6）．こうした行動圏の多重構造は雌でも同様であるが，雌は繁殖場所への執着が雄より弱く，繁殖個体でも非繁殖期には広範囲の行動圏をもつため，雄よりさらに行動圏の重複が多くなる．

6.4　採食行動

オオタカの採食は生きた鳥類や哺乳類を対象とするため，一般に採食行動を狩りまたはハンティングと呼ぶ．

埼玉の調査地の3巣に持ち込まれた餌動物は，鳥類98%，哺乳類2%であった．国内の記録では，北海道の十勝地方では鳥類80%（安部・藤巻，2000），本州の長野では鳥類99%である（荒川・中村，2001）．冬期も含めた獲物の対象はおもに鳥類で，スズメからムクドリ，ハト類，カラス類，サギ類，カモ類など多岐にわたっている．哺乳類ではノウサギやもっと小型のネズミ類を捕食する．爬虫類や両生類，昆虫類の捕食は，国内では記録もあるがまれである（尾崎・遠藤，2008）．

北米ミネソタ州では，哺乳類の占める割合は70%で（Boal $et\ al.$, 2006），ニューヨーク・ニュージャージー州の高地では哺乳類30%，鳥類45%である（Bosakowski and Smith, 2006）．このように北米では哺乳類の捕食が多く，冬期にはさらに増加し，カンジキウサギの個体数の増減で繁殖成功率に違いが出るほどである（Doyle and Smith, 1994）．ヨーロッパのスカンジナビア半島では鳥類の占める割合が高いが，冬期にはリス類やウサギ類が多くなる（Tornberg $et\ al.$, 2006）．ただし，ヨーロッパ全体では鳥類が主で，哺乳類の割合は6%である（Rutz $et\ al.$, 2006）．

採食行動は早朝の離塒以降すぐに開始される．埼玉の調査地では，ある場所に止まってから多くは5分くらいでつぎの場所に移り，平均186 m移動しながら獲物を探している．Kenward（1979）のイギリスの低地で行なった調査では，開けた場所では平均200 m，森林内は平均100 mを移動している．狩りは止まり場所から獲物を見つけて襲う方法，飛翔しながら空中の獲物を追跡し襲う方法，地上にいる獲物を見つけ急降下して襲う方法などさまざまである．地形に沿って1 m程度の低空を滑翔しながら接近することもある．

埼玉で目撃した雄の狩りの成功率は，空中26%（$n=31$），地上での襲撃38%（$n=58$）であったが，狩りを初期の段階であきらめる例は含まれていないので，成功率は過大評価かもしれない．国外では，狩りの成功率はイギリスでは6%であったとしている（Kenward, 1982）．埼玉の目撃例では，繁

殖期にはスズメ大の鳥の狩りの成功率が高く，地上にいる鳥を多く襲撃している．多くの雄で観察したスズメの捕り方は，オオタカに襲われると，スズメは飛び散る個体と，草むら内に隠れる個体に分かれる．一撃で捕らえることはほとんどなく，地上に降りてから草むらの中をのぞき，20–30 m も歩きながら移動して探す．探索は執拗で，隠れている草ごとつかみ捕らえる．狩りに成功すれば，通常その場で食べるが，カラスや人間など，食事を妨害するようなものがそばにいれば，安全な草陰や木陰に持ち込んで食事を行なう．

　小さな獲物でも丸呑みにはせず，羽や毛をむしり，肉を小さく引きちぎって食べる．スズメ大であれば10分以内，ムクドリ大であれば45分程度，ハト大であれば1時間以上，カモ類など1 kg近い獲物であれば数時間も食事に時間がかかる．食事時間は雌より雄のほうが長い．カモ類などの場合は，内臓の小腸などは食べられず残される．食事中にじゃまが入って中断し，獲物が残された場合には，しばらくすると戻って再び食べるが，そのまま捨てられることもある．

　狩りで得た獲物が小さければ，さらに狩りを続行する．キジバト（230 g）程度の獲物が捕れれば，食事後，その場所か近くで休息に入る．たとえば早朝にハト大の獲物を食べると，夕方まで狩りは行なわない．後に狩りを行なうものの，あまり熱心ではなく早い時刻に就塒してしまう．遠藤ほか（2001）は，1羽の雄を冬期に10日間連続して追跡した結果から，毎日狩りは行なうが，捕れない日もあり，1日の平均の食事重量は150 g程度であるとしている．埼玉の調査でも狩りを行なわなかった日はない．狩りの行なわれた時間は，日中の活動頻度と同様で，狩りに成功した例や目撃できた例は早朝と夕方に多い．1日中狩りを試みても，獲物を捕れないこともあるが，このような日では日没前に止まり場を短時間で転々としながら熱心に獲物を探し，暗くなるまで活動する．こうした個体は，空腹なのであせって獲物を探しまわり，かえって狩りの成功率を下げているようにしか見えない．

6.5　採食行動の季節，雌雄，個体差

　繁殖期と非繁殖期では，要求される餌量が変化するため，それにしたがって行動が変化する．非繁殖期には自分だけの餌量を確保できればよく，要求

される食料は減少する．また季節の変化によって餌動物の行動変化とともに採食場所，選択する餌動物の種類にも違いが現れる（Widén, 1989）．

　オオタカは決まった採食場所はもたず，採食行動は行動圏内のいたるところで行なわれる．このため，獲物のいる場所が採食場所ということになる．本調査地は低いなだらかな丘陵であり，森林や畑，集落などがモザイク状に入り組み，いずれの環境も小面積のパッチ状に分散している．採食行動中の個体を目撃できるのは，林縁に沿った場所や樹冠部であることが多い．しかし，調査で目撃できるのは，止まり場あるいは移動中でのほんの一部でしかなく，多くは目撃することができない．国外や国内での報告によれば，林縁部の多い環境が好まれ（Widén, 1989; Kudo et al., 2005），林縁から200 mの範囲で狩りがよく行なわれる（Kenward, 1982）．

　秋から冬にかけての非繁殖期に狩りの対象になった鳥類は，ドバト，キジバト，コジュケイ，カモ類，カラス類などの中型から大型の鳥で，追跡しての捕獲例が多い．繁殖期に入り，5月ごろになると，スズメやムクドリ大の鳥類をさかんに捕食する．繁殖期に巣（$n=3$）に持ち込まれ，雛に与えられる餌動物（$n=159$）の構成は，スズメやスズメ大の小鳥（55%）が多い．スズメ大の獲物とハト大の獲物の狩りの回数を雄で比較すると，繁殖期には目撃した62回の狩りの対象動物はハト大のものが39%，非繁殖期には47回の狩りで87%とハト大の獲物の頻度が高い．しかし，狩りの成功率は，繁殖期にはハト大38%，スズメ大74%，非繁殖期にはハト大37%，スズメ大33%で，繁殖期にはスズメ大の成功率が高く，ハト大の獲物は成功率に季節による差がない．狩りの頻度からはハト大の獲物の狩りの成功率はスズメ大の小鳥より繁殖期には低いことになる．また，非繁殖期にはスズメ大の獲物を対象として選択していないので，餌動物の選択対象は利用可能な餌動物の量と比例せず，ハト大の獲物を好んでいるといえる．

　調査地内では季節によって生息する鳥の種類はある程度変化するが，体の大きさの枠でくくって比較すると，夏期も冬期も構成する鳥類の変化は少ない．ただし，非繁殖期には繁殖期より大型の餌動物を選択して捕食する傾向がある．非繁殖期にはハト大の獲物をより好むようになる（表6.2）．

　オオタカの餌動物の季節的な選択傾向と狩りの成功は，資源量の多寡ではなく，狩りのしやすさと関連が深いと思われる．繁殖期の5月中旬過ぎから

表 6.2 調査地に生息する鳥類の個体数（ロードサイドセンサス結果）と調査個体の雌雄の狩りの対象鳥類．狩りの対象鳥類の大きさが判定できた例のみを記載．

季節	対象	表記	カラス大	ハト大	ムクドリ大	スズメ大	全例数
繁殖期	生息鳥類	%	4	3	15	79	968
非繁殖期			5	6	12	77	1105
繁殖期	雄の狩り	成功/目撃	0/0	9/24	6/14	28/38	43/76
非繁殖期			0/1	15/41	0/2	2/6	17/50
繁殖期	雌の狩り	成功/目撃	7/9	6/9	2/2	2/2	17/22
非繁殖期			15/16	10/21	4/4	3/4	33/45

は，スズメを主にした小型の鳥類の雛が巣立つ．これらの巣立ち幼鳥は，飛翔能力が未熟で，さらに朝露で羽毛を濡らし，飛翔力をしばしば失っている．このような状態の小鳥を捕獲することは簡単である．しかし，時が経ち，巣立った幼鳥の飛翔力もつき，敏捷に活動できるようになると，簡単には捕獲できなくなる．

狩りの成功によって得られた1羽の獲物から受ける利得と，その捕獲にかかるコストからは，同じように敏捷な獲物を狩りの対象にするには，スズメなどの小型の鳥類よりも，ハトなどのより大きな獲物を選べばよいことになる．とはいえ，個体数が多く餌資源としては有望なカラスなどのより大きな獲物を選べばよいのだろうが，ハシボソガラスやハシブトガラスなど体重700g前後の大きなカラスは，捕食の際の反撃などのリスクもある．オオタカの雄はカラスとほぼ同じ体重で，埼玉の調査でカラスを捕食した記録はない．

繁殖が終わった雌，あるいは繁殖に失敗した雌の餌動物は雄より大型になる．非繁殖期の雌の狩りの対象は，ハト大の鳥からカルガモなどのカモ類になる．またカラスを積極的に捕食する個体もいる．雌は体重1kgもあり雄より大きく，ある幼羽の個体はカラスの集団塒を移り渡り，カラスの塒内で眠り，カラスを捕食しながら生活した．この個体は成鳥になってもカラスの集団塒にすんでカラスを捕食した．埼玉県本庄市の水田の多い平地では，ある個体は7月から10月にかけてチュウサギあるいはダイサギまで捕食した．別の個体はカラスやサギ類は襲わず，カモ類やドバトなどハト類をおもな対象とし，カモ類をおもに捕食する個体は，狭い水路内を低空で移動しながら

カモを探している（大堀・内田，未発表）．このように狩りの対象となる種は，個体によって好みも生じる．また，狩りの方法も獲物の種類に合わせ，それに適した行動をとる．さらに同じ種類の獲物を連続して選択する傾向もある．狩りの技術は同じ獲物を選べば成功率も高くなるのであろう．しかし，年間を通して見れば，反撃されるリスクも含め，いろいろな条件下でもっとも得やすい獲物を選択しているのではないかと思われる．

6.6 餌動物と生息地の拡大

埼玉の本調査地では，オオタカは1970年代にはまったくいなかった．繁殖の確認は1982年が最初で，その後，急速に繁殖地が増加した．現在では国内や世界のオオタカが繁殖している地域の中でも，生息密度の高い地域になっている（内田ほか，2007）．繁殖場所は人家近くに多くあり，北米などの森林地帯の個体群とは生息環境が大きく異なる．北米では餌動物は哺乳類の割合が高いが，埼玉での餌動物はハト類やスズメなどの鳥類がおもで，しかも人家周辺に生息する種である．

国内では埼玉と同じような里地環境に多くの生息地が知られ，北海道，長野，栃木などでもハト類やスズメを含む小鳥がおもな餌動物である．国外でもオランダやドイツなどでも繁殖数が増加し，そのような場所ではドバトが餌動物として多く利用されている（Rutz et al., 2006）．またハンブルグ，ベルリンのような都市空間の市街地で繁殖する個体も現れている（Rutz et al., 2006）．このような例は国内でも知られ，まわりを市街地に囲まれた東京都内の小さな緑地などでも繁殖している（植田睦之，私信）．

しかし，このような都市部や里地での繁殖個体の増加は，利用する餌動物だけでは説明できないであろう．個体数の増加には，繁殖成功率，死亡率，繁殖開始年齢，巣立ち雛数などの要素が関与している．埼玉では繁殖成功率は平均して72％もあり（内田ほか，2007），全国でも75％（環境省自然環境局，2008），1巣あたりの巣立ち雛数は2羽前後ある．

さらに，オオタカの繁殖確認が多くなった1990年前後からしばらくは，調査で巣場所に近寄ると，さかんに鳴いて警戒したが，最近は抱卵している巣に近づいても，親は巣の中からこちらを見ているだけで，警戒の声も上げ

ないものが多くなった．20年程度の間に明らかに人間に対するオオタカの行動が変化してきている．たぶん個体数の増加を支える条件に加えて，本種のこのような順応性の高い性質こそが，現在の繁殖を支えているのではないだろうか．

オオタカの分布変遷については，第3章でくわしく述べられている．

引用文献

安部文子・藤巻裕蔵．2000．北海道十勝地方における育雛期のオオタカの食性．日本鳥学会2000年度大会講演要旨集．

阿部　学・林　聖元・常永秀晃．2008．オオタカの渡りとGPSによる利用環境解析．日本鳥学会2008年度大会講演要旨集．

荒川和毅・中村浩志．2001．ビデオ解析によるオオタカの繁殖生態及び給餌内容．日本鳥学会2001年度大会講演要旨集．

Bechard, M. J., G. D. Fairhurst and G. S. Kaltenecker. 2006. Occupancy, producutivity, turnover, and dispersal of Northern Goshawks in portions of the northeastern Great Basin. Studies in Avian Biology, 31：100–108.

Boal, C. W., D. E. Andersen and P. L. Kennedy. 2003. Home range and residency status of Northern Goshawks breeding in Minnesota. Condor, 105：811–816.

Boal, C. W., D. E. Andersen, P. L. Kennedy and A. M. Roberson. 2006. Northern Goshawk ecology in the western Great Lakes region. Studies in Avian Biology, 31：126–134.

Bosakowski, T. and D. G. Smith. 2006. Ecology of the Northern Goshawk in the New York-New Jersey Highlands. Studies in Avian Biology, 31：109–118.

Bright-Smith, D. J. and R. W. Mannan. 1994. Habitat use by breeding male Northern Goshawks in northern Arizona. Studies in Avian Biology, 16：58–65.

Cramp, S. and K. E. L. Simmons eds. 1980. Handbook of the Birds of Europe the Middle East and North Africa, Vol 2. Oxford University Press, Oxford.

Doyle, F. and J. M. N. Smith. 1994. Population responses of Northern Goshawks to the 10-year cycle in numbers of Snowshoe hares. Studies in Avian Biology, 16：122–129.

遠藤孝一・野中　純・内田裕之．1999．育雛期以降における成鳥の行動とつがい関係．日本鳥学会1999年度大会講演要旨集．

遠藤孝一・野中　純・内田裕之．2001．秋冬期におけるオオタカの狩り行動と食物．日本鳥学会2001年度大会講演要旨集．

遠藤孝一・野中　純・内田裕之・堀江玲子．2002．オオタカ幼鳥の出生地からの分散．日本鳥学会2002年度大会講演要旨集．

堀江玲子・遠藤孝一・野中　純・尾崎研一．2007．栃木県におけるオオタカ雄成鳥の行動圏の季節変化．日本鳥学会誌，56：22–32．

Iverson, G. C., G. D. Hayward, K. Titus, E. DeGayer, R. E. Lowell, D. C. Croker-

Bedford, P. F. Schempf and J. Lindell. 1996. Conservation assessment for the Northern Goshawk in southeast Alaska. USDA Forest Service General Technical Report PNW-GTR-387. USDA Forest Servise, Pacfic Northwest Research Station, Portland.

環境省自然環境局．2008．平成19年度オオタカ保護指針策定調査業務報告書．環境省．

Kenward, R. E. 1979. Winter predation by Goshawks in lowland Britain. British Birds, 72：64-73.

Kenward, R. E. 1982. Goshawk hunting behaviour, and range size as a function of food and habitat availability. Journal of Animal Ecology, 51：69-80.

Kenward, R. E. 2006. The Goshawk. T & AD Poyser, London.

工藤琢磨．2006．オオタカの渡りルートと越冬地．日本鳥学会2006年度大会講演要旨集．

Kudo, T., K. Ozaki, G. Takao, T. Sakai, H. Yonekawa and K. Ikeda. 2005. Landscape analysis of Northern Goshawk breeding home range in northern Japan. Journal of Wildlife Management, 69：1229-1239.

NILIM（国土技術政策総合研究所）緑化生態研究室・日本野鳥の会．2003．希少猛禽類の把握手法に関する調査総合報告栃木地域編．国土技術政策総合研究所．

尾崎研一・遠藤孝一（編）．2008．オオタカの生態と保全——その個体群保全に向けて．日本森林技術協会，東京．

OSJ (Ornithological Society of Japan). 2012. Check-List of Japanese Birds, 7th Revised ed. The Ornithological Society of Japan, Sanda.

Rutz, C., R. G. Bijsma, M. Marquiss and R. E. Kenward. 2006. Population limitation in the Northen Goshawk in Europe：a review with case studies. Studies in Avian Biology, 31：158-197.

茂田良光・内田 博・百瀬 浩．2006．日本産オオタカ *Accipiter gentiles fujiyamae* の測定値と識別．山階鳥学誌，38：22-29.

Sonsthagen, S. A., R. Rodriguez and C. M. White. 2006. Satellite telemetry of Northern Goshawks breeding in Utah-I. Annual movements. Studies in Avian Biology, 31：239-251.

Squires, J. R. and L. F. Ruggiero. 1995. Winter movements of adult Northern Goshawks that nested in southcentral Wyoming. Raptor Research, 29：5-9.

Squires, J. R. and P. Kennedy. 2006. Northern Goshawk ecology：an assessment of current knowledge and information needs for conservation and management. Studies in Avian Biology, 31：8-62.

Tornberg, R., E. Korpimaki and P. Byholm. 2006. Ecology of the Northern Goshawk in Fennoscandia. Studies in Avian Biology, 31：141-157.

内田 博・高柳 茂・鈴木 伸・渡辺孝雄・石松康幸・田中 功・青山 信・中村博文・納見正明・中嶋英明・桜井正純．2007．埼玉県中央部の丘陵地でのオオタカ *Accipiter gentilis* の生息状況と営巣特性．日本鳥学会誌，56：131-140.

Widén, P. 1989. The hunting habitats of Goshawks *Accipiter gentilis* in boreal forests of central Sweden. Ibis, 131：205–231.

7
ハチクマの蜂食行動と行動圏

久野公啓・堀田昌伸

　タカの渡り観察地として広く知られる長野県松本市の白樺峠(第10章参照).この地が「発見」されてまもなく,筆者らが参加する「信州ワシタカ類渡り調査研究グループ(以下,「信州タカ渡り研」と略す)」が結成され,通過するタカ類の組織的なカウント調査が始まった.タカの渡りといえばまずサシバ(*Butastur indicus*)を連想したその当時,調査メンバーは通過するハチクマ(*Pernis ptilorhynchus*)の多さに驚かされた.個体数ではおよばないが,ハチクマの存在感はサシバに勝るものがあり,「信州タカ渡り研」のシンボルマークにはハチクマのイラストが採用されている.当時,オオタカ(*Accipiter gentilis*),イヌワシ(*Aquila chrysaetos*),クマタカ(*Nisaetus nipalensis*)は希少猛禽類として各地でさかんに研究されていたが,ハチクマに関する研究事例はほとんどなく,まさに謎のタカであった.松本市周辺ではハチクマの繁殖記録が少なくなかったこともあり,「信州タカ渡り研」の活動として,本種の渡り以外の生態も調べていこうとの機運が高まり,さまざまな方向からのハチクマ調査を開始した.

　最初の課題は,ハチクマをどのようにして捕獲するかであった.ハチクマの捕獲に関する情報をまったく入手できなかったために,1年以上の試行錯誤が続いたが,ふとしたことから養蜂場にハチクマが現れることがわかり,それが最初の1羽の捕獲につながった.捕獲頻度が上昇し始めたころ,ハチクマの衛星追跡がスタートし(第12章参照),最初の3羽の捕獲を筆者らのチームで担当することができた.幸い,これらの追跡は成功し,この経験が後の活動の励みにつながっている.

　さらにNHKテレビの動物番組,「ダーウィンが来た！」によるハチクマ

取材に協力する機会も得た．ところが，見せ場となるはずの「ハチクマが土中の蜂の巣を掘り出すシーン」を撮れなかったことで，この企画は頓挫してしまう．筆者らは NHK が撤退した後も自前の機材で撮影を続け，4 シーズン目にようやくハチクマの「蜂掘り」をとらえることに成功した．その映像を軸に「ダーウィンが来た！」の制作が再開され，2008 年 9 月 28 日，「目撃！　タカ対スズメバチ」のタイトルで，興味深いハチクマの生態が茶の間に紹介された．

　ハチクマに関する研究は，近年，日本のみならず台湾でも精力的に展開され，興味深い報告が多数なされている．本章では，ハチクマの特異な蜂食習性と行動圏に関する調査結果を紹介する．

7.1　雛への給餌内容

（1）　ハチを食べるタカ

　ハチクマはスズメバチ類（スズメバチ属 *Vespa*，クロスズメバチ属 *Vespula*，ホオナガスズメバチ属 *Dolichovespua*）やアシナガバチ類（アシナガバチ属 *Polistes*，ホソアシナガバチ属 *Parapolybia*）など社会生活する蜂類の幼虫や蛹，成虫などを食す特異な習性をもつ．和名ハチクマの「ハチ」，英名 Honey Buzzard の "Honey"，そしてヨーロッパハチクマの種小名 *apivorus* のすべてがその食性を意味する．

　スズメバチ類などを食べるタカ類としては，ハチクマおよびヨーロッパハチクマと同属で，フィリピンやインドネシアのスラウェシ島に生息するヨコジマハチクマ（*Pernis celebensis*），ニューギニア島やその周辺の島々に生息するオナガハチクマ属の 2 種 *Henicopernis longicauda* と *H. infuscatus*，中南米に生息するハイガシラトビ属の 1 種 *Leptodon cayanensis* とハヤブサ目 DAPTRIIDAE 科カラカラ属の 1 種 *Daptrius americanus* の計 7 種が知られている（Ferguson-Lees and Christie, 2001）．ハチクマとヨーロッパハチクマは夏鳥として温帯域に渡来・繁殖し，ほかの 5 種は熱帯や亜熱帯に生息する留鳥である．

（2） ビデオ解析による雛への給餌内容

ハチクマが日本に渡ってくる時期は，サシバと比較してかなり遅く，5月初旬から中旬にかけてである（森岡ほか，1995）．遅い時期に渡来する点は，ヨーロッパハチクマでも同じである（Newton, 1979）．ハチクマやヨーロッパハチクマの渡来や繁殖が遅いのは，かれらのおもな食物であるスズメバチ類の生活史との関連があると考えられる（松浦・山根，1984；高見澤，2005）．

日本に生息するスズメバチ類はすべて，新女王のみが越冬し，働き蜂は冬を越せない．ハチクマが日本に渡ってくるころ，スズメバチ類の女王は単独で巣造りし，働き蜂を養育している（図7.1）．ハチクマの雛が孵化する7月初めごろ，スズメバチ類の巣では働き蜂も巣造りに加わって共同営巣の時期に入るが，その育房数はまだ少ない（松浦・山根，1984）．そのような時期，ハチクマの親はどのような食物を巣にいる雛たちに運んでくるのであろ

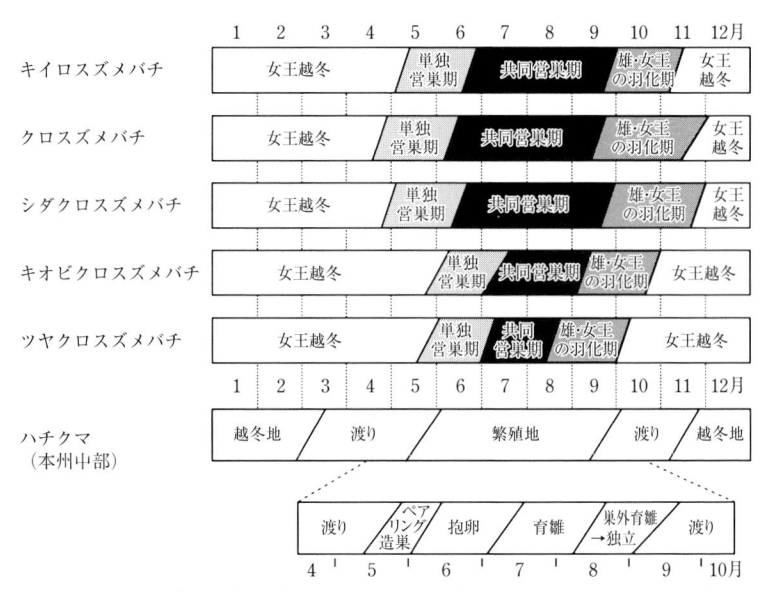

図7.1 日本に生息する代表的なスズメバチ類5種とハチクマの生活史（高見澤，2005を改図し，ハチクマの生活史を加筆）．

7.1 雛への給餌内容

図 7.2 巣盤をくわえたハチクマの雛(撮影:久野公啓,2012 年 7 月 30 日).育房の大きさからスズメバチ属(*Vespa* spp.)の巣であることがわかる.ハチクマの雛の間には日齢の多さによる優位性は認められない.

うか.季節が進むにつれて運んでくる餌内容に変化は見られるだろうか.長野県北部で 2002 年と 2003 年に,筆者らも協力して,信州大学の中村浩志氏が育雛中のハチクマの巣に CCD カメラを設置し,餌運びなどの様子を撮影した(中村・信州猛禽類生態研究グループ,2005;図 7.2).ここではその様子を紹介する.

2002 年の調査

2002 年に観察した巣には 2 羽の雛がいて,育雛初期の 7 月 16 日から,8 月 16 日と 20 日の巣立ち,その後の 9 月 1 日まで,かなり長期にわたって雛への給餌を観察できた.その間,親が餌を運び込んだ回数は 395 回,そのうちの 256 回(64.8%)が蜂の巣であった(図 7.3).育雛初期から中期にあた

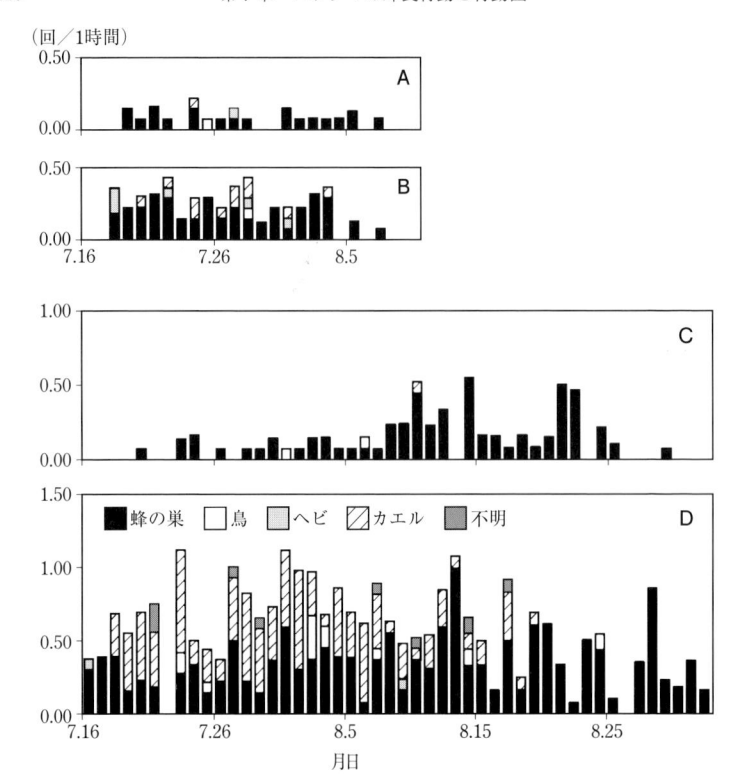

図 7.3 ハチクマの巣に運び込まれた餌内容の季節変化（中村・信州猛禽類生態研究グループ，2005 より改変）．A：2003 年雌が運び込んだ餌内容，B：2003 年雄，C：2002 年雌，D：2002 年雄．

　る 8 月 5 日までは，雌は巣に留まる時間が長く（日中の全撮影時間の 55.4%），その間の餌運びのほとんどを雄が行なっていた（187 回のうちの 171 回，91.4%）．また，全期間を通じても，雄が餌運びの大半（325 回，82.3%）を行なっており，育雛期には雌雄の役割分担があるようだ．ただし，8 月 6 日以降，雌の巣内滞在時間が減少し，雌の給餌回数も増え，全体に対する雌の給餌割合も増加した（雄 154 回 74%，雌 54 回 26%）．

　雄が餌を運び込んだ 325 回のうち，蜂の巣がもっとも多く（189 回，58.2%），次いでカエル類（116 回，35.7%），鳥類（11 回，3.4%）の順であった．しかし，雄が運ぶ餌内容は季節によってかなり変化が見られた．7 月

末までは，雄は蜂の巣よりもカエル類を多く運んでいた（116回のうち，蜂の巣が44.0%，カエル類が50.9%）．8月1–15日では，蜂の巣の割合が5割を越え（138例のうち，蜂の巣54.3%，カエル類37.0%），8月16日以降は蜂の巣の割合が9割近くになった（71例のうち，蜂の巣が88.7%，カエル類が8.5%）．一方，雌が運んだ餌のほとんどは蜂の巣であった（70回のうちの67回）．

2003年の調査

2003年に観察した別のつがいの巣では，撮影を開始した7月18日時点で育雛中期の雛が1羽いた．8月1日に巣立ち，8月7日まで巣での餌の受け渡しを撮影した．その間，親が86回餌を運び込んだ．蜂の巣がもっとも多く（67回，77.9%），次いでカエル類（12回，14.0%），爬虫類（5回，5.8%），鳥類（2回，2.3%）の順であった．このつがいでも雄が運び込む回数が多く（雄64回，雌22回），蜂の巣を運び込む割合は雌のほうが高かった（雄75.0%，雌86.4%）．しかし，雌雄による餌運びの頻度と内容の差については，これと異なる結果を示す事例も見られるので，今後より多くのつがいで調査する必要がある．

季節による給餌内容の変化

2002年の巣でとくに顕著であるが，育雛後期に蜂の巣盤（円盤状に並んだ育房の集合体）を運び込む割合が高かった．その理由の1つとして，8月上旬になるとスズメバチ類の巣が大きくなり，雛へと運ぶコストに見合ったものになることや，働き蜂の出入りがさかんになりハチクマが蜂の巣を発見しやすくなることなどが考えられる．愛知県西三河地域でハチクマの巣をビデオ調査した結果でも，年による違いはあるが，8月になるとスズメバチ類の巣を搬入する割合が多かった（坂本ほか，2012）．また，静岡県下の観察例でも，ふ化後20日くらいからは蜂の巣が中心という報告がある（森岡ほか，1985）．近年，繁殖が確認されるようになった台湾でのハチクマ1巣の例でも，123例のうち蜂の割合が78.9%を占め，次いでカエル類の16.3%，トカゲ類の4.9%であり，育雛後期の8月中旬には蜂の巣のみが運び込まれた（Huang *et al.*, 2004）．

長野県や岐阜県，愛知県など本州中部地域では，現在も人がクロスズメバチ類の巣を採取して食用としている（野中，1989）．採集人によると，クロスズメバチ類は数年ごとに豊作の年と不作の年がやってくるとのことだが，具体的な資料はあまりないようである．和歌山県吉備町周辺のスズメバチ属のスズメバチ類では，年次変動の幅は数倍程度であることが知られている（松浦・山根，1984）．札幌市における1989年から1993年の5年間のスズメバチ類の駆除件数を調べたところ，シダクロスズメバチ（*Vespula shidai*）では2.8倍，キイロスズメバチ（*Vespa simillima*）では13.9倍の変動がみられた（高橋，1994）．このように，ハチクマは年によって資源量が大きく変動するスズメバチ類をおもな餌としている．資源が多い年と少ない年で，繁殖の開始時期や雛への餌内容がどう変わるかなど，今後取り組むべき課題は多く，興味はつきない．

7.2 ハチクマはいかにしてスズメバチの巣を手に入れるのか

夏から秋にかけて，スズメバチ類は巣の中で大量の幼虫を育てあげる．もし，毒針で武装した働き蜂たちが防衛しなければ，巣はほかの生きものにたちまち荒らされてしまうだろう．毒針があってこそ，こうしたライフスタイルが確立しているのだが，スズメバチにも数々の天敵が存在する．その1つがハチクマだ．では，ハチクマはどんな方法で蜂の巣を襲うのだろうか．ここでは，信州ワシタカ類渡り調査研究グループなどが撮影したビデオ映像によって明らかになってきた，ハチクマの蜂食行動について紹介する．

（1） 撮影方法

長野県各地にはスズメバチ，とくにクロスズメバチ類（*Vespula*属）を食べる習慣が古くから伝わっており，「蜂の子ご飯」を客人への最高のおもてなしとする家庭が今も少なくない．近年は，蜂の巣を自宅で飼育し，成育させた巣の重さを競い合うコンテストが開催されるなど，レクリエーションの要素も加わって，蜂食文化はいよいよ盛り上がりを見せている（松浦，2002）．ハチクマによる蜂掘りの撮影は，蜂を扱う技術なしには始まらない

のだが，筆者らはこうした土地柄に助けられ，熟練の技をもった「蜂狂」を師匠にもつ機会に恵まれた．おかげで多くのテクニックを学ぶことができ，ハチクマの撮影へとつながっている．

　教わった技術を駆使して蜂の巣を見つけ出し，巣穴の前にセンサーカメラを設置するわけだが，巣が撮影に不向きな場所にあれば，より好条件の場所へと移植する．使用した撮影システムは，家庭用のビデオカメラのリモコン端子にパッシブ型の赤外線センサーを接続するもので，内蔵電池で2カ月以上待機させることが可能だ．システムの特性上，センサーがハチクマの発する赤外線を感知してから録画を開始するまでに8秒ほどのタイムラグが発生したが，目的の映像を得るうえで大きな問題とはならなかった．センサーカメラの設置場所は，長野県松本市白樺峠の周辺とし，設置時期は概ね8月中旬から10月中旬．同時に最大5カ所にカメラをセットし，2004-2012年までの9シーズンで撮影している．夜行性動物による食害を防ぐため，夜間は蜂の巣の近くにLEDライトを点灯させた．

　この方法により，ごく短時間のものを含め，38例（成鳥雄21例，成鳥雌15例，性不明幼鳥2例），計1024分間の映像を得た．そのうち8例は2台目のビデオカメラで同時録画することで，蜂の巣の中の様子をとらえている．また，ハチクマ以外では，ツキノワグマ4例とテン1例が蜂を捕食する様子も撮影した．映像が得られた蜂の巣の種構成（延べ個数）は，キイロスズメバチ3個，シダクロスズメバチ14個，キオビクロスズメバチ（*Vespula vulgaris*）26個であった．

（**2**）　蜂堀りの様子

　撮影された映像の一部は，『NHK ダーウィンが来た！ DVD ブック No. 1』（朝日新聞出版，2010）に収録されている．ぜひ，これを参考に理解を深めていただきたいが，ここで概略を書き記してみよう．

　クロスズメバチ類の巣が地中につくられた場合，働き蜂は地面にあいた直径 10-20 mm 程度の穴（巣穴）から出入りする．映像にとらえられたハチクマは，最初の数秒から20秒ほどは不動の状態，あるいはゆっくりとした歩み寄りと静止を繰り返しながら，出入りする蜂の様子を観察していた．その後，まず巣穴のまわりなどの数カ所を足で掻いてから，本格的に掘り始めた

図 7.4 キオビクロスズメバチの巣盤を取り出したハチクマの成鳥雄（撮影：信州ワシタカ類渡り調査研究グループ，2008 年 8 月 29 日）．ハチクマの頭の左奥には下部が壊された蜂の巣が写っている．

例が多い．ハチクマは土を掘るときは足を，植物の根や小石を取り除くときはくちばしを使い，蜂の巣本体へと掘り進める．このときハチクマは，巣穴から本体へとつながるトンネル状の蜂の通路をたどらずに，本体への最短コースを掘っていくことがある．ハチクマはなんらかの情報によって，土中に隠れた蜂の巣の位置を正確に察知できるようだ．

　蜂の巣本体にたどりつくと外被を崩し，1 枚あるいは 2 枚重なった状態の巣盤をくちばしでていねいに取り出す（図 7.4）．巣盤内の幼虫や蛹の量が乏しい場合や崩れた巣盤は，その場でついばんで食べ，十分な実入りのある巣盤が得られると，雛のもとへと運んでいく．育雛を終えた後など，巣盤を運ぶ必要のないときは，その場で巣盤の中身をついばむ．筆者らが撮影した映像は，育雛終了後にあたる 8 月下旬以後のものが多かったので，カメラの画角内で食事をしたケースが大半を占めた．この場合，ハチクマが食事をし

た跡には空の巣盤が散乱していた．なお，撮影された映像にハチクマが蜂の成虫を食べるシーンは記録されていない．

クロスズメバチ類の巣の場合，外被の直径が15 cm程度あればハチクマが一度に食べきれない量の食物が得られる．満腹となったハチクマは，翌日，同じ場所へ残りを食べにくることが多く，38例のうち，2回目の飛来が7例，3回目が4例あった．一方，食べ残しが放置された1例もあった．

（3）捕食者に対する蜂の反応

ハチクマが蜂の巣を掘り出すときや，巣の直近で食事をしている最中，蜂たちはどのような行動を見せるのだろう．図7.5は，撮影された映像の画面内に写った攻撃蜂（俊敏な動きで捕食者の至近距離を飛びまわる蜂，体当たりをする蜂，捕食者の体にとりついた蜂）と警戒蜂（ゆるやかな飛び方で捕食者の周囲や，巣穴付近を飛ぶ蜂，ただし攻撃蜂と明確に区別できない場合もある）の合計個体数をコマごとにカウントし，掘り始めから2分ごとの最大数をグラフで表現したものである．ここには外被の直径が15-18 cm程度の，十分に発育した蜂の巣において30分以上の録画ができた6例を取り上げ，比較のために，同様の巣をヒト，ツキノワグマが掘った事例の蜂数も示している．

ハチクマの場合は，ヒトやクマの事例よりも全体的に蜂の数が少なく，ハチクマdやハチクマeのように，掘り始めてしばらくすると活動する蜂がほとんど見られなくなる例が，ここに取り上げなかった事例を含めて多数ある．どうやら，このパターンがハチクマに対する蜂の標準的な反応らしい．巣の外で活動する蜂がほとんど見られない時間帯も，蜂の巣の中の様子を撮影した映像には，巣の内部を歩きまわる蜂が見られた．なかには，すぐ近くでハチクマが食事をする最中に，破壊された巣の修復を始めるものも写っていた．

ツキノワグマに食害された際の蜂の様子にも注目したい．撮影された4例（キイロスズメバチ1例，キオビクロスズメバチ2例，シダクロスズメバチ1例）では，蜂がクマを激しく攻撃したものの，数分のうちに巣は完食されている．クマは体に蜂がとりつくと，背中や頭を地面にこすりつけ，あるいは手足で掻いてこれを取り除こうとする．そのため，多くの働き蜂が犠牲と

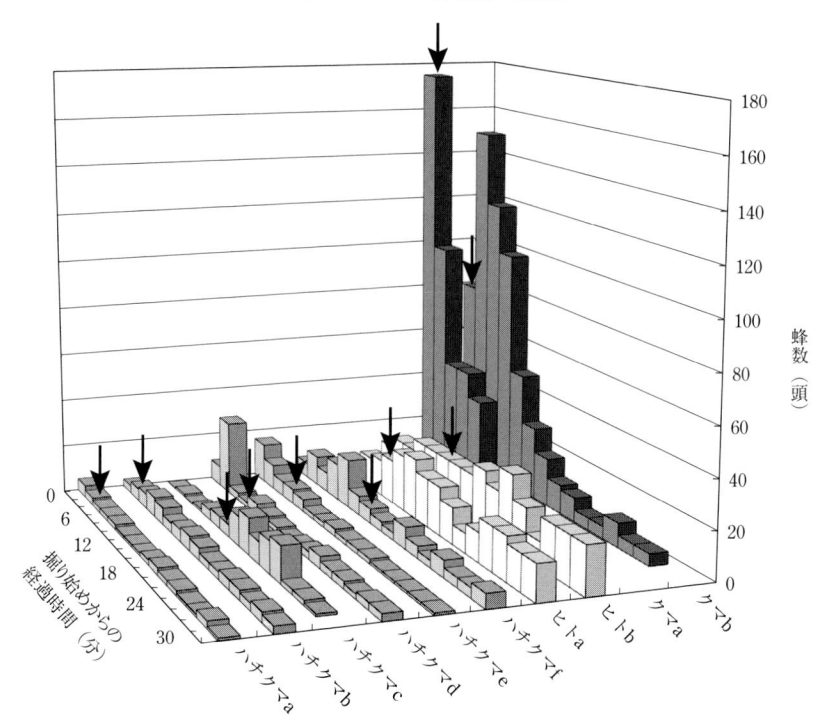

図 7.5 ビデオ映像解析によるハチクマ,ツキノワグマ,ヒトへの攻撃蜂数の経時変化(信州ワシタカ類渡り調査研究グループ,未発表).蜂種は「ハチクマ c」のみがシダクロスズメバチで,その他はキオビクロスズメバチ.ハチクマ e とクマ b は同一巣で,ハチクマが飛去した 90 分後にクマがやってきた例.蜂数の違いに注目したい.矢印は,ハチクマとクマでは食事を始めたタイミング,ヒトでは蜂の巣が露出したタイミングを示す.

なり,食害後,巣は急速に衰退していった.一方,ハチクマに食害された蜂の巣では,働き蜂の犠牲は皆無に近い.巣の規模は縮小するものの,残った女王と働き蜂が「二番巣」を再建する.

(4) ハチクマは蜂に刺されるか

ハチクマに対して攻撃行動をとる蜂が少ないとはいえ,ハチクマがまったく蜂に刺されないわけではない.刺されたと推定される場面が 1024 分の映像の中で,13 例見つかった.土を掘る最中や食事中に急な動作で頭を搔く,あるいは側頭部を背中にこすりつけた場面だ.なかには頭部にとまった蜂の

7.2 ハチクマはいかにしてスズメバチの巣を手に入れるのか

図 7.6 養蜂場でミツバチの攻撃を受けるハチクマ成鳥雄（撮影：久野公啓，2010 年 7 月 2 日）．

姿をとらえた映像もある．それ以外にも，くちばしでわきをしきりに探る場面もあり，これは潜り込んだ蜂を気にしての行動らしい．ハチクマは単発的に刺される程度なら生理的影響はほとんどないようで，一瞬，作業を中断するだけで，すぐに仕事を再開していた．

養蜂場でハチクマを捕獲した際，羽毛の下の皮膚からセイヨウミツバチ（*Apis mellifera*）の針が見出されることがあり（図 7.6），これはハチクマがミツバチに刺された証拠である（ミツバチの針は刺した相手の皮膚に残される）．針はハチクマの顔のまわりの「鱗状」と表現される羽毛の間からも見つかる．この特徴的な硬い羽毛も，実際には糸状の構造物が絡み合ったもので，基本的に通常の羽毛との違いはない．スズメバチの針なら羽糸と羽糸との間を貫通できるだろうし，羽毛と羽毛の間には蜂が腹部を押し込むには十分な隙間がある．この羽毛には，蜂の針による攻撃を完璧に防ぐほどの機能はなさそうである．

(5) 振動が蜂を鎮めるのか

　長野県などでは野山で採取したクロスズメバチ類の巣を，自宅に持ち帰って大きく育てあげる人が少なくないが，その中には特殊な技術を使い，蜂から攻撃されることなく巣を掘り出す人がいる．かれらは掘り始める前に蜂の巣のまわりの地面を足でトントン踏みつけたり，近くの立ち木を木の棒でたたく．この刺激によって蜂が巣の中にひきこもり，外役から戻った蜂も外に出てこなくなるので，働き蜂を残らず収容できるという．外被が壊れて巣の中から攻撃蜂が出てこない限り，防御服も着ないそうだ（松浦，2002；安藤，2009）．

　この方法での蜂の反応には，ハチクマによる場合と似通った部分がある．そこで，これを真似て蜂の巣を掘り出す実験を行なった．木の棒で地面に振動を伝えながら掘り進め，道具には剪定鋏と菜箸のみを使った．これは，一度に掻き出す土の量を，ハチクマの場合に近づけるためだ．そのときの映像の蜂をカウントしたのが図7.5のヒトaおよびヒトbである．クマに比べれば蜂数は少ないが，ハチクマに比べれば多くの蜂（その大半は警戒蜂）が巣から出てきている．松浦（2002）によると，地面への振動で蜂の攻撃を抑える技術は，かなりの熟練を要するという．今後，さまざまな実験を重ねることで，蜂の攻撃性を鎮める刺激を特定し，ハチクマの蜂掘りをヒトの手で再現できるかもしれない．

(6) ハチクマが激しく攻撃されるとき

　撮影した映像には，ハチクマが100頭以上のシダクロスズメバチに攻撃され，逃げ出すシーンも含まれていた．それは，ほかのハチクマが完食した後に現れたハチクマが，地中に残る蜂の巣の残骸の中に頭を差し入れた直後のことである．振動，あるいはほかの刺激によって攻撃性が弱まった蜂も，いずれは攻撃性が復活するはずだ．そのタイミングで蜂の巣にいきなり頭を突っ込めば，さすがのハチクマも激しく攻撃されるのではないか．それを検証するための実験を行なってみた（ヒトaの実験後に実施）．

　蜂の巣本体が完全に露出する状態まで掘り進めたところで，いったん作業を中断した．この時点で，巣のまわりを15頭ほどの警戒蜂が飛びまわって

いたが，巣の外被を手で軽くたたき続けても攻撃蜂は1頭も出てこなかった．そのまま60分放置した後に作業を再開すると，蜂の様子に明らかな変化が見られた．巣の外被に手が触れた瞬間に60頭ほどの攻撃蜂が巣の中から飛び出して，筆者の顔面に装着した防御ネットに体当たりしてきたのだ．その後10分以上，蜂は巣に触れられることへの反応を続け，顔面への攻撃はおさまらなかった．

以上の結果から，ヒトaの事例は，なんらかの刺激が多少なりとも蜂の攻撃性を弱めていたのだが，60分の作業中断によってその効果が消失したと考えられる．今後，中断時間などを変化させながら実験を繰り返し，検証を重ねたい．

（7） 大型のスズメバチ類との攻防

ハチクマはキイロスズメバチなど，より大型の蜂もしばしば食べている．これらの蜂の巣は土中ではなく，樹上や岩場などに営巣することが多い．こうした蜂の巣ではどのような攻防が繰り広げられるのだろうか．2011年，台湾でハチクマの生態を紹介するDVDが発売された（台灣猛禽研究會，2011）．そこには，ハチクマが8羽以上の集団で，直径70 cmほどの大きな蜂の巣を攻撃する一連の映像が取り上げられている．

ハチクマたちは，まず，蜂（*Vespa* sp.）の巣への体当たりを交代しながら繰り返す．初めのうちは，蜂が激しく反撃したのでハチクマは蜂の巣の近くに長時間留まることができない．ところが，蜂の攻撃は徐々に弱まり，後には蜂の姿がすっかり消えてしまい，ハチクマたちは苦もなく，のんびりと蜂の巣をむさぼり食べている．この事例では，巣の防衛をやめた蜂はほかの場所に新たな巣を再建したという．筆者らもハチクマがキイロスズメバチの巣を襲う様子を2例，撮影している．1例は攻撃蜂の数がごくわずかで，ハチクマはやすやすと巣盤を手に入れた．もう1例はハチクマが巣に触れた瞬間に30頭ほどの蜂が巣から飛び出し，ハチクマは蜂の猛攻に耐えられずに退散している．

（8） 今後に向けて

これまでに得られた情報から，ハチクマとスズメバチの攻防の行方は，同

じ蜂種でも巣のつくられた場所，働き蜂の数，ハチクマの個体数など，複数の条件によって左右されることがわかってきた．また，スズメバチ類の少なくともいくつかの種には，ある刺激を受けたとき，蜂たちが巣の防衛をやめて逃避するプログラムが組み込まれているらしい．ハチクマはこの習性を利用して蜂の巣を手に入れるのだろうか．それともハチクマとの攻防によって，この習性がスズメバチに定着したのだろうか．

捕食者から逃避するスズメバチの行動を評価するためには，ハチクマに食害された後にできる「二番巣」について，その生産能力を検証する必要がある．秋に再建された「二番巣」では，新女王が生産されることはほとんどないとされるが（松浦，1988），それ以前の時期ではどうであろうか．ハチクマとスズメバチの関係を理解するためには，クマ，テン，アナグマなどのハチクマ以外の天敵とスズメバチとの関係を明らかにすることも欠かせない．

7.3 繁殖ステージにより変化する行動圏

（1） 捕獲調査

養蜂場にきたハチクマの行動観察から，かれらが捨てられた蜂の巣盤などの食物に近づくとき，ほかのタカ類のように獲物に直接飛びかかるのではなく，食物の近くに舞い降りてから，歩いて接近することがわかった．そのようなハチクマの習性を考慮した特別な罠を製作したうえで，2005年から2013年までの5月中下旬から7月初旬の週末に，ある養蜂場でハチクマの捕獲と訪問個体の調査を行なった．このとき捕獲した個体には環境省の金属足環のほか，養蜂場や営巣地で目視による個体識別ができるよう，色足環を両足につけた．

これまでに雄131個体，雌65個体を捕獲した．この中には，何度も捕獲される個体もあり，延べ捕獲数は雄が223個体，雌が124個体，合計347個体にもおよぶ．私たちがHARRY（ハリー）と名付けた端正な姿の雄は，2005年6月12日に初めて捕獲してから2013年6月22日までに9回も私たちの手にかかり，捕獲日以外にこの養蜂場への飛来を確認した回数は19回にもなる．また，TODO（トド）と名付けた体格の大きな雌は，たいへん

用心深く，捕獲回数は3回でHARRYにおよばないが，養蜂場への訪問を確認した回数は21回にもなる．ほかにも，何回も捕獲されることから愛称のつけられた常連の個体は，雄26個体，雌21個体もいる．

（2） 行動圏の広がり

なぜかれらは，これほどまでに養蜂場に固執するのだろうか．スズメバチ類の豊作の年と不作の年で養蜂場への利用時期や利用頻度に違いが見られるのかなど，知りたいことは山ほどある．まず，かれらの巣はどこにあり，どのくらいの範囲を行動し，どんな時期に養蜂場を利用し，それ以外の時期はどこを利用しているのだろうか．そうした基本情報を得る目的で，2004年の抱卵期にSISI（シシ）とKURO（クロ）と名付けた雄2個体とRISU（リス）と名付けた雌1個体に発信機をつけ，繁殖期間中，週に1–2日の割合で終日観察を行なった．3個体の観察日数と観察時間は，SISIが20日で258時間，KUROが15日で203時間，そしてRISUが11日で128時間であった．

かれらの追跡調査をして最初に驚かされたのは，その行動範囲の広さだった．雄2個体はいずれも活動点の最外郭を結んだ行動圏は約200 km^2 にもおよび（SISI 203.1 km^2，KURO 193.0 km^2），雌のRISUの行動圏も165.5 km^2 あった．その広さは，日本で知られているもっとも広いイヌワシの行動圏（238 km^2）に匹敵する広さである（日本イヌワシ研究会・日本自然保護協会，1994）．今回調査した3個体では，行動圏の端から端まで長いところでは20–25 kmほどある．長野県安曇野地域で繁殖したハチクマの雌を衛星追跡した結果では，抱卵期に30–40 kmも離れた長野市戸隠と巣のある安曇野との間を行き来したという例もある（樋口，2007）．

最外郭を囲った行動圏では，平野部の市街地などハチクマがまったく利用しない場所が多く含まれる．そこで，カーネル法によりハチクマの利用頻度が高い場所を抽出したところ，95%行動圏ではSISIが65.3 km^2，KUROが59.5 km^2，RISUが62.4 km^2 であり，より行動が集中する50%行動圏ではSISIが3.4 km^2，KUROが5.5 km^2，RISUが3.1 km^2 との結果が得られた（図7.7）．カーネル法による50%行動圏は，最外郭法のわずか1.7–2.8%にすぎない．

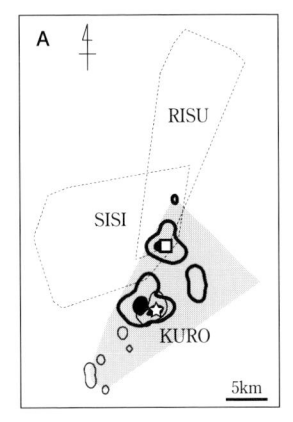

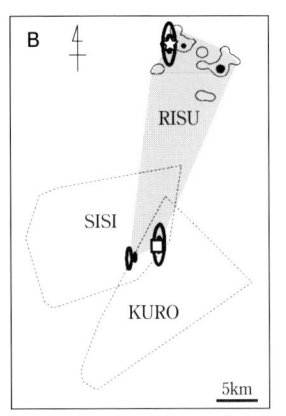

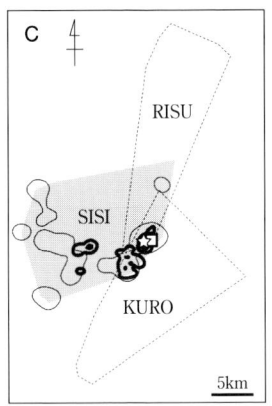

図 7.7 ハチクマ 3 個体（A：KURO，B：RISU，C：SISI）の抱卵期と育雛期で異なる行動域．☆は巣，□は 3 個体を捕獲した養蜂場，曲線で囲んだ部分はカーネル法により求めた抱卵期（太実線）と育雛期（細実線）の行動圏，中を塗りつぶしたものが 50% 行動圏，塗りつぶしていないものが 95% 行動圏を示す．多角形は最外殻法による全ステージを通じた 3 個体の行動圏（信州ワシタカ類渡り調査研究グループ，未発表）．

　活動が集中する場所の 1 つは，かれらの巣を中心とした場所である．そして，抱卵期には巣以外にもかれらが頻繁に訪れる場所がある．それが養蜂場である．KURO の巣と捕獲調査を行なっている養蜂場との距離は 7.4 km，RISU の巣と同養蜂場との距離は 23.1 km も離れているが，両個体とも抱卵期にはわざわざこの養蜂場を訪れるのである．営巣地が判明した 41 個体で養蜂場からもっとも遠かった例は，前述した HARRY の巣の 27.5 km である．かれはこんな遠くに巣があるのに，この養蜂場を頻繁に訪れるのである．

　筆者らの調査により，長野県中部や北部のいくつかの養蜂場にもハチクマが訪れることがわかっている．なぜハチクマは，抱卵期にこれほど養蜂場に惹きつけられるのであろうか．この時期，ハチクマの主要な食物であるスズメバチ類の巣の多くでは，女王蜂が単独営巣しており，育房数もかなり少ないと考えられる．一方，養蜂場では雄の幼虫が育てられる巣盤など，養蜂業者にとって必要のないものがしばしば巣箱の外に捨てられる．スズメバチ類の巣が十分に得られない時期，このようなミツバチ由来の廃棄物がハチクマを惹きつけるのではないかと考えられる．

（3） 繁殖ステージによる行動圏の変化

一方，年によって違いはあるが，6月下旬から7月初旬以降，つまり育雛時期になると，養蜂場をハチクマが訪れる頻度は極端に少なくなる．発信機をつけて追跡した3個体の抱卵期と育雛期での利用場所の変化の様子にも，そのことがよく現れている．巣と養蜂場が1.1 km と近接している SISI では，育雛期も養蜂場の近くに活動が集中しているが，これは巣での活動が影響したものであろう．ほかの2個体は7月以降，養蜂場周辺にまったく寄りつかず，かれらの巣の近くと，養蜂場とは別のところによく活動する場所が見られる．抱卵期と育雛期で行動圏の利用パターンにこれほど違いが見られるタカ類は，ほかにいないのではないだろうか．

今後は，かれらの食物であるスズメバチ類の資源量の時間的空間的変化と行動圏との関係についても明らかにしていきたい．

7.4　巣の移動とつがい関係の変遷の例

（1） 巣の移動の例

ハチクマは繁殖期間を通して，広い範囲を移動しながらくらすことがわかった．では，行動圏の中でどのような場所を営巣地として選択するのだろうか．

調査した47例の営巣木の種構成は，アカマツ66%，カラマツ13%，コナラ9%，クリ4%，スギ4%，モミ2%，ケヤキ2%，カツラ2%であった．アカマツとカラマツは，調査地域内に広く生育しており，タカが巣をつくることのできそうな大径木も少なくない．図7.8はハチクマの巣41例の，巣の直下の地面の傾斜方向と勾配（半径5 m 程度の広がりにおける平均斜度）の分布を示している．ハチクマの巣はさまざまな種の樹上につくられ，谷底近くの木にも，尾根上の木にも見られる．これまでのところ，選択された営巣木の立地条件に特定の傾向は見出せていない．

図7.9に，複数年にわたって継続観察できた個体の巣の移動距離を示した．同じ巣を続けて利用したのは23例中5例に留まっている．ハチクマは人に

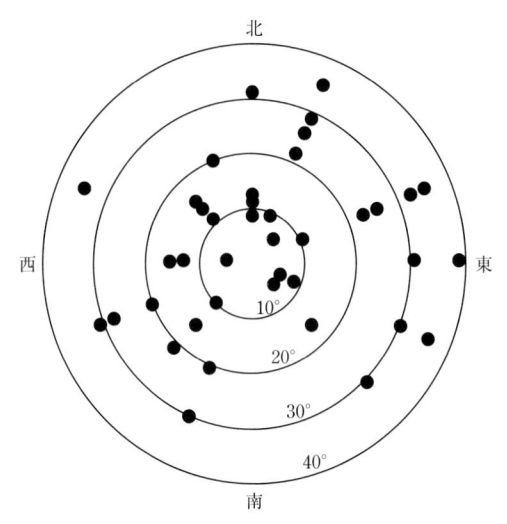

図 7.8 ハチクマの巣の直下の地面の傾斜方向と勾配（信州ワシタカ類渡り調査研究グループ，未発表）．傾斜方向は 16 方位に分類してある．●は 1 つの巣を示す．

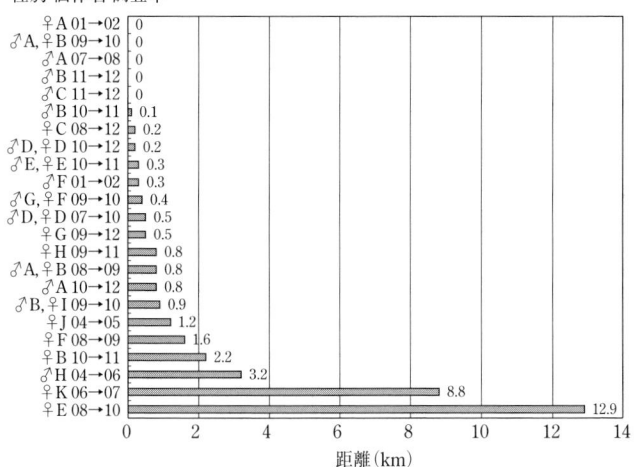

図 7.9 複数年にわたって巣を確認できた個体における巣の移動距離（信州ワシタカ類渡り調査研究グループ，未発表）．

対する警戒心が強い．営巣調査の際には，対象個体への影響を最小にするよう努めているが，運悪く調査者が親鳥と出くわせば，調査そのものが，翌年に巣を移動させる原因になりかねない．残念ながらこうした例が皆無であったとはいえない．したがって，同じ巣を継続して利用する割合は，本来ならばこれよりいくらか高いと考えるのが妥当である．

一方，巣の移動距離が1 kmを越えたのは，23例中6例のみであった．ハチクマの行動圏の広さを考えると，巣をつくる場所に対してかなりの執着心をもっていることがうかがえる．営巣地を大きく移動した例としては，12.9 kmという記録がある．

（2） つがい関係の変遷の例

ハチクマは一夫一妻のつがいを形成するが，つがい相手の変遷を確認できた事例の中には，7繁殖シーズンのうちに4羽の異なる雌とつがいになった雄の例がある．この例では，7シーズン中，もっとも長くつがい関係が維持されたのは，ある雌との3シーズンである．また，この雄とのつがい関係を解消した雌が，翌年，ほかの雄とつがいになったことを2例確認した．これらと別の雌雄では，6シーズンにわたってつがい関係を維持した例が記録されている．

広い行動圏をもち，同じ空間を多数の個体が利用するハチクマは，ほかのタカ類に比べ，つがい相手以外の個体と接触する機会が多いことが予想される．つがい関係の変遷と，それにともなう巣の移動に関する事例を収集することで，ハチクマの社会性を理解するうえでの重要な手がかりが得られるのではないかと期待している．

引用文献

安藤啓治．2009．だから「へぼ」はやめられない！ 風媒社，名古屋．
朝日新聞出版．2010．NHKダーウィンが来た！ DVDブック．No. 1．朝日新聞出版，東京．
Ferguson-Lees. J. and D. A. Christie. 2001. Raptors of the World. Houghton Mifflin Harcourt, New York.
樋口広芳．2007．ハチクマって変な鳥！ 渡りもその他の生態も．私たちの自然，529：5-7．
Huang, K.-Y., Y.-S. Lin and L. L. Severinghaus. 2004. Nest provisioning of the Ori-

ental Honey-buzzard (*Pernis ptilophyncus*) in northern Taiwan. Journal of Raptor Research, 38：367-371.
松浦　誠. 1988. スズメバチはなぜ刺すか. 北海道大学図書刊行会, 札幌.
松浦　誠. 2002. スズメバチを食べる──昆虫食文化を訪ねて. 北海道大学図書刊行会, 札幌.
松浦　誠・山根正気. 1984. スズメバチ類の比較行動学. 北海道大学図書刊行会, 札幌.
森岡照明・叶内拓哉・川田　隆・山形則男. 1995. 図鑑日本のワシタカ類. 文一総合出版, 東京.
中村浩志・信州猛禽類生態研究グループ. 2005. 渡りをする猛禽類の生態特性. 日本鳥学会 2005 年度大会講演要旨集.
Newton, I. 1979. Population Ecology of Raptors. T & AD Poyser, London.
日本イヌワシ研究会・日本自然保護協会（編）. 1994. NACS-J 報告書第 79 号 秋田県田沢湖町駒ヶ岳山麓イヌワシ調査報告書. 日本自然保護協会, 東京.
野中健一. 1989. 中部地方におけるクロスズメバチ食慣行とその地域差. 人文地理, 41：82-96.
坂本泰隆・井上　学・藤田一作・吉田賢吾・柳沢紀夫. 2012. 愛知県西三河地域におけるハチクマの巣への搬入動物. 日本環境動物昆虫学会誌, 23：157-161.
台灣猛禽研究會. 2011. 九九蜂鷹（DVD）. 行政院農業委員會林務局, 台北.
高橋健一. 1994. 都市近郊におけるスズメバチ類の発生動態と駆除対策について. ペストロジー学会, 9：54-56.
高見澤今朝雄. 2005. 日本の真社会性ハチ. 信濃毎日新聞社, 長野.

8
クマタカの移動・分散，行動圏と環境利用

井上剛彦

　イヌワシがカラス天狗をしたがえて空を飛ぶ天狗のモデルとなり，京都の二条城の襖絵として描かれている重要文化財「松鷹図」や歌川広重による「名所江戸百景　深川洲崎十万坪」に躍動感のある姿で描かれているのに比べると，クマタカ（*Nisaetus nipalensis*）は人とのかかわりがあまり表だっては見られない．もっとも，山形の民芸品であるお鷹ポッポはクマタカの特徴をよく表しており，京都にある伏見大社を訪れると熊鷹社と呼ばれる立派な社が祀られている．京都の繁華街である四条通りでは，建物の庇の上にクマタカの精巧な置物を目にすることができる．また神社の杉の樹から羽団扇をもって降りてくる昔話の中の天狗は，クマタカであろうと推察できる．

　生態に関しての記録は乏しいが，マタギがクマタカを鷹狩りに利用していたため，野外での繁殖時期や飼育下での食性，行動などの生態はある程度知られていた．また，最近では釧路市動物園が2002年に人工繁殖，また2008年には世界で初めてと思われる人工ふ化・巣立ちに成功し，繁殖習性についての知見が得られている．

　しかし，野外の行動生態については森林内での行動が多く，直接目で観察できる機会が少ないため，不明な点が多い．この章では，クマタカの素顔にも触れながら，これまでに行なわれてきたクマタカの研究により明らかになってきた生態について，移動や分散，行動圏と環境利用に焦点をあてながら紹介する．

8.1 クマタカ研究の現状

(1) 研究の歴史

　生態研究の歴史は浅い．クマタカの生態については川口（1917）の報告に始まるが，目撃記録に関する報告が多く，くわしい生態はしばらく不明なままであった．1971年には大阪府東南地域における生息・繁殖状況が報告され（西垣外ほか，1971），繁殖生態，とくに営巣環境の概要が明らかになった．

　その後，1976年からは環境庁の特定鳥類等調査により全国規模での生息状況のアンケート調査などが行なわれ，全国116カ所で目撃され，23府県の37カ所で繁殖が確認されており，生息数は900-1000個体と推定された．1987年から5年間にわたり，環境省の委託研究調査「人間活動との共存を目指した野生鳥獣の保護管理に関する研究」として，北上山地，白山山系および鈴鹿山脈においてクマタカの生態解明のための調査が行なわれ，分布や生息密度，行動圏などの基礎データが集められた．

　これと並行して1987年からは，クマタカ生態研究グループが鈴鹿山脈において発信機装着したラジオトラッキング法を用いて調査を開始した．この調査ではマーキングと電波発信機の装着により，個体識別が可能となった結果，行動圏の広さ，年間行動，繁殖生態，巣立ち後の幼鳥の行動，親子間の関係，地域の社会構造，つがい関係などが明らかになってきた．

　1990年代に入ると，ダムや林道建設など全国各地の開発計画地においてクマタカやイヌワシなどタカ類の生息地を改変することによる環境影響が表面化し，大きな社会問題となった．これに対応するため1997年に環境省（当時は環境庁）は，「猛禽類保護の指針」を策定し，環境影響調査にあたってのガイドラインを示した．その結果，数多くの生息・生態調査が環境アセスメント調査として一定の水準で実施されるようになり，生態解明に関係する報告は飛躍的に増加し，調査レベルが向上した．開発する立場の側が調査を行ない，科学的なデータにもとづく生態解明に貢献してきたことは，国内におけるタカ類の生態研究においても大きな転機となった．

　1997年から5カ年間，環境省，経済産業省，資源エネルギー庁，国土交

通省および林野庁が実施した全国希少猛禽類調査では，より詳細な生態が明らかになった．さらに，2002年3月に関係閣僚会議で決定された新生物多様性国家戦略の第5節「野生生物の保護管理」において，猛禽類保護への対応が項目化され，その中で「クマタカについては，十分にわかっていない生態，生息実態等の把握をとくに重点的に進める必要がある」と記載された．その後は，全国数カ所において繁殖モニタリングを中心に継続調査が行なわれ，2012年に環境省が改訂した「猛禽類保護の進め方」の中に最新の知見がとりまとめられている．

（2） 諸外国の現状

亜種は異なるものの，ネパールから中国南部，マレー半島に生息するクマタカの観察例は多いが，その生態に関する報告は少ない．クマタカ属全体についても同様で，1990年ごろまではほとんど調査がされていない．その中でインドネシアに生息し，世界でもっとも情報が少ないタカ類の一種，ジャワクマタカ（*Nisaetus bartelsi*）に関しては，1995年ごろから日本，欧米，地元の研究者が協力して調査を実施した結果，分布，生息数，繁殖生態などが飛躍的に解明された．本種はインドネシアの国鳥であるガルーダのモデルであり，2000年からはJICAプロジェクトにおける調査対象種とされたことから，現地のNGOや政府による調査研究が本格化し，現在ではジャワ島での生息に関して詳細なデータが蓄積されつつある（Setiadi *et al*., 2000）．また特筆すべきことに，この調査を契機に，地元のNGOが保全のために地元住民と協力して，エコツアーの実施や分断された生息地をつなぐコリドーづくりのための植林活動などを精力的に行なっており，今後の保全活動のモデルの1つになるものと期待されている．

また，2005年3月からはアジアの猛禽類の研究者により設立された「アジア猛禽類ネットワーク（ARRCN）」により，アジアにおけるクマタカ属の分布と生息環境調査「クマタカプロジェクト」の取り組みが開始された．結果はホームページに掲載されているが，分布に関して新たな知見が集められ，とくにその生息環境が標高，植生，地形など非常に多様であることが改めて認識された．

8.2 行動特性

（1） 形態

雌は雄よりも大型である性的二型を示す．性的二型については，対象となる獲物の動く速さにより，種によってその程度が異なっている．具体的には，動かない死肉を食べる種よりも動きの速い鳥などを獲物とする種のほうが，雌と雄の体長の差が大きいとされている（Newton, 1979）．

クマタカはおもに哺乳類と鳥類を獲物とし，爬虫類も捕食しており，死肉を食べるハゲワシとおもに鳥類を食べるハヤブサの中間に位置すると推定される．その程度を雌の雄に対する翼長の比で見てみると，ハゲワシではおおよそ1.05倍，ハヤブサでは1.15倍程度雌のほうが雄よりも翼長が長い．試みに，鈴鹿山脈で捕獲されたクマタカの翼長の実際の計測値（平均値）をあてはめてみると，約1.06倍となる．

虹彩色は加齢とともに変化することはチュウヒでも見られるが，クマタカでは巣内雛や幼鳥は灰青色，2-3歳の若いときには灰色から黄色となり，おおよそ4-5歳の成熟個体では黄橙色やオレンジ色となり，老齢になると赤色へと変色する（井上，2000）．

（2） 生態の概要

クマタカは一夫一妻性

大型のタカ類は一夫一妻であることが多く，クマタカもそのように思われてきたが，科学的に確認されたことはなかった．鈴鹿山脈において1つがいの雄雌両個体に発信機と翼帯タグによるマーキングで個体識別したうえで追跡調査を行なったところ，1994年から2003年までの9年間は同じ個体同士が毎年つがいを維持しており，その間に3回，繁殖に成功し，幼鳥を巣立ちさせていた．この間，雄がつがい相手以外の雌と交尾することが観察されたものの，一夫一妻を維持していることが確認された（井上，2007）．ただし，特定の1つがいでの観察記録であるので，今後，例数を増やしていく必要がある．

幼鳥の高い死亡率

巣立ちしてから満1歳になるまでにどれくらいの率で幼鳥が生き残るかを調べるため，22個体の巣内雛に発信機とマーカーを装着し，1年間行動を追跡したところ，40%以上にあたる9例で死亡が確認された．その死亡時期は巣立ち直後の8月ごろと冬の1–3月に多く見られた（井上，2007）．繁殖成功率そのものが高くない中で，巣立ちに成功しても，成長して繁殖に参加できる率はたいへん低いことがうかがえる．このことは大型のタカ類の保護管理を考えていくうえでの重要な鍵であると考えられる．

寿命

寿命についてのデータ，とくに野外におけるデータは皆無に近いが，数少ない事例を紹介する．1994年12月23日に鈴鹿山脈において研究用に捕獲され，マーキング後に放鳥された雄の個体は，当時すでに成鳥の羽色を示しており，虹彩色は黄橙色（大日本インキ化学工業株式会社　カラーチャートNo. 8，0–20）であった．その後も追跡が続けられており，偶然にも捕獲日とちょうど同じ日となる2012年12月23日に進入個体を追い出す個体が翼に装着してあるマーカーにより同じ個体であることを確認することができた．なお，この個体は2012年には繁殖にも成功している．捕獲時に4歳程度であったと仮定すると，2012年末現在では満23歳以上と推定される．1例ではあるが，同一個体が同一地域でほぼ20年間以上も生息していたことになり，たいへん興味深い結果を提供している．

（3）分散

分散（disparsal）には，生まれた場所から初めての繁殖地まで移動する出生分散（natal disparsal）と成鳥がある繁殖地から異なる繁殖地に移動する繁殖分散（breeding dispersal）がある．一般に出生分散は繁殖分散よりずっと遠距離の移動をともない，近親交配を避け，競争を緩和し，分布を拡大することが利点として考えられる．個体がつがい相手，繁殖する場所，新たな生息地などを探して得るための根本的なメカニズムであり，個体密度やそれぞれの地域ごとの年齢構成，生存率，分布域などに影響する．個体と個体群の両方にとって，重要な行動過程であると考えられる（Greenwood,

1980; Greenwood and Harvey, 1982).

　タカ類などでは，分散時の死亡率低減のためその地域生態系の適切な管理が必要であることから，出生分散の実態を把握することは，種の保全と生物多様性の維持を図るうえでもきわめて重要であるとされている（巌佐ほか，2003）．

巣立ち後の幼鳥の行き先

　クマタカに限らず，大型タカ類の生態研究で解明がもっとも期待されているのが出生分散である．つまり，巣立ち後，親から独立した幼鳥が，どこで成長し，どこで自らのなわばりをもって繁殖するかということについての解明である．それを解明するためには巣立ちした幼鳥を個体識別して，繁殖開始までの 4–5 年間以上にわたり継続して行動を追跡する必要があるが，このような長期間におよぶ調査はほとんど行なわれていない．

　渡りの時期に，ごくまれに生息地以外の場所で渡りのような移動が確認される例（飯田知彦，私信）や韓国へ迷行するとの記載（Ferguson-Lees and Christie, 2001）があるが，周辺に生息している個体である可能性や具体的な個体情報がなく，確実に分散と考えられた観察例はない．既存の報告ではイヌワシのような大きな移動は行なわず，しだいに行動範囲を拡大し分散していくのではないかと推察されている（井上，2007）．

鈴鹿における事例

　2000 年から鈴鹿山脈中部地域において，クマタカ生態研究グループが 3 個体（以下 A，B および C 個体と呼ぶ）のクマタカ巣内雛にアクトグラム付きの発信機と翼帯マーカーを装着して追跡調査を行なった結果はつぎのとおりであった（井上，2007）．

　A 個体は 20 カ月齢のときに営巣地から大きく移動し，直線距離で 14 km 離れた地点で確認されたが，その後発信機の故障により行方不明となった．B 個体はふ化後 10 カ月齢のときに営巣場所近くで死亡が確認された．

　C 個体は巣立ち後 913 日間（32 カ月齢）にわたり，動向を追跡することができた．913 日間のうち 79% は営巣地の 2 km 以内に，5% は親の行動圏外に滞在しており，残りの 16% は所在不明であった．

C個体の分散は巣立ち後2年目の3月（22カ月齢時）に始まった．これに先立ち，2月に雄親から攻撃を受け，巣から約4.5km離れた地点に数日間滞在していた．その後いったんは営巣地に戻ったが，再度親からの攻撃を受けた後，行方不明となった．

　その後，ヘリコプターを用いた空中からのテレメトリー探索により，25カ月齢のときに巣から17km離れた地点に滞在していることが判明した．この地区には別の繁殖つがいが生息しており，このつがいから追い出し攻撃を受けていた．また，営巣地と滞在先の中間地点においても3カ所で所在が確認され，移動経路が明らかになった．営巣地と移動先の間には鈴鹿山脈の最高峰（標高1247m）があり，この個体は移動するのに直線ではなく，この山塊を迂回するように，標高300–500mの低山地帯を移動していた．

　C個体はその後も追跡され，巣立ち後1214日目（ふ化後42カ月齢）に再び，営巣地に戻っていることが確認された．この個体の分散した移動の方向はほぼ同一であった．また移動先は同じ場所に期間をあけて計3回滞在し，さらに営巣地には延べ6回も戻ってきたことが確認された．

　分散開始後に同じ滞在場所を複数回利用することは，1992年と1999年に捕獲した亜成鳥2個体においても確認されており（クマタカ生態研究グループ，未発表），分散個体は滞在に適する場所を選定し，定期的に移動していることがうかがわれた．また，別の調査においては，巣立ち個体が2年後および3年後にそれぞれの営巣地にいることが，マーカーによる個体識別により確認されており（山崎ほか，1995），クマタカは分散後に営巣地の近くに戻ってくる例が多いのではないかと考えられる．このように自分の繁殖地に戻ってくることは，オジロワシでも報告されている（Philip *et al.*, 2009）．

　C個体の各滞在地における滞在期間は，12–25日間であり，その間，同地に生息しているつがいから干渉行動を受けていたにもかかわらず，その場所に執着する傾向が見られた．このことは，滞在地が餌環境などに恵まれ，滞在に適していたためではないかと考えられるものの，個体の入れ替わりの仕組みを解くヒントになる可能性がある．

北海道における事例

　北海道東部で捕獲した亜成鳥と鉛中毒で保護された幼鳥に発信機を装着し，

ラジオテレメトリー法により約3年間追跡した結果,亜成鳥は放鳥から2カ月後に76 km離れた地点で確認され,その9カ月後には確認地点から112 kmを移動するなど大きな移動を行なった（坪川,2007）.放鳥から3年後には,捕獲地点から直線で72 km離れた地点で繁殖していることが確認されている.幼鳥（放鳥した3月に推定1歳未満）のほうは,その年の11月に放鳥地点から107 km離れた場所で確認され,放鳥からほぼ1年後にあたる翌年の2月には,放鳥地点から102 kmの地点で死亡しているのが確認されている.また,北海道では,巣立ち翌年の6月に分散を開始し,その後2年間は繁殖地から半径40 km圏内の一定地域を往来していた事例がある（酒井・池田,2009）.

遺伝子解析による検討

クマタカの分散を考えるにあたり,現地での生態調査とは異なり,遺伝子の流動と多様性という側面からとらえた興味深い報告がある（浅井,2007,2008）.それによると,まず,多様性については①クマタカの羽毛を全国から採取し,②突然変異が蓄積されやすく,母系遺伝のみであるミトコンドリアDNAを取り出し,③その中にあるコントロール領域の塩基配列の違い（ハプロタイプ）を明らかにすることにより,調査したクマタカにどれくらいの数の母系グループ（家系）があるかを算出した.

この結果,全国104個体に33の家系があることが判明した.また,これらの中から任意の2つのサンプルを取り出したときにそれぞれが違っている確率,これが多様度を表す指標であるが,クマタカの場合は0.94であった.数値は0–1の間を示すが,数値が高いほど多様度が高いことになる.それら2つの遺伝子の塩基配列のうち,異なる塩基部分の割合の平均値を表す塩基多様度は0.7%であった.具体的には,クマタカでは検査対象としたDNAの塩基配列数418 bpのうち約3 bpが異なっていたということになる.数値についての絶対的な評価基準はないものの,イベリアカタシロワシ（*Aquila adalberti*）などの希少種と比べると高い数値を示しており（浅井,2008）,遺伝的な多様性は高いことがわかる.

さらに,得られたハプロタイプについて,近い配列同士を1つのまとまり（クレードと呼ばれる）としてその近縁関係を距離化するとともに,それぞ

れが検出されたクマタカの地理的な分布範囲を用いて統計処理を行ない，遺伝子の拡散を制限している理由（パターン）を推定する nested cladistic analysis 法により遺伝子流動を分析している．それによると，日本国内には地理的に分断化された個体群は見つからず，おそらくクマタカは長距離移動をあまり行なわないことが推定された．

　これらから，クマタカは遺伝的に多様性が高く，比較的安定している種と考えられる．地域や年により繁殖成功率の差が大きく異なる現状において，この遺伝子多様性が確保されていることは心強い．長距離移動を「あまりしない」という意味は，「することもある」とも理解できるため，一部の個体の長距離分散は，その環境への適応能力の大きさと相まって，たとえば朝鮮半島への迷行記録や極東ロシアでの生息など，分布の拡大とも関係しているのではないかと推察される．

分散による分布の拡大の可能性

　2005 年にアジア猛禽類ネットワーク（ARRCN）が行なったアジアにおけるクマタカ属の分布調査の過程で，ロシアの研究者から極東ロシアにクマタカが生息・繁殖しているとの情報提供があり，2006, 2007 年に江口淳一氏と筆者が極東ロシアで現地調査を実施した．その結果，2007 年 5 月にウラジオストクからほど近い場所において，図 8.1 に示した環境において営巣しているクマタカを確認することができた．また，図 8.2 に示す，現地で冬期に衰弱して道路上で保護され飼育されているクマタカ成鳥を間近に見る機会を得たが，外見上，形態学的には日本で見るクマタカと異なる部分は見つけることはできなかった．

　この件について，2006 年 5 月にロシアアカデミー極東支部の鳥類研究室を訪問し，研究者から話を聞いたところ，「沿海州のクマタカは 1950–60 年代に現れたと思われる．それまでは，猟師からの情報もなかった．昔は朝鮮半島にも生息していなかった．仮説として①クマタカはロシアに昔から生息していた，②日本から渡ってきた，③中国から渡ってきた，ことなどが考えられるが，わずかな数の個体が日本から移動して定住し，数が増えた可能性があると考えている．北朝鮮では，過去にドイツ，ポーランドの研究者が調査したが，見つからなかった．ロシアでは，アマチュアの鳥類学者からハチ

図 8.1 ロシア極東地域で確認されたクマタカの営巣環境.

図 8.2 ロシア極東地域で保護されたクマタカ成鳥.

クマが生息しているとの情報があり，絵を描かせたところクマタカであった．その場所に確認に行ったところ，クマタカであり，巣も見つかった．現在，ロシアでは，ウラジオストック北部の極東地域に生息しており，沿海地方にあるシホテアリニ山脈北部にも分布している」とのことであった．

朝鮮半島における記録も少数ながら存在する（Chang-Yong Choi，私信）．それによると，1914年1月，1925年2月，1934年9月のわずか3例だけであるが，いずれもGangwan provinceにある北東部山岳地域での目撃情報である．さらに2000年9月に同地域でクマタカの目撃情報があるが，明確な証拠がなく現在は生息していない可能性が高い．1914年の1例目は，若い個体であり，その剝製が韓国国立科学博物館に保管されている．

渡りの観察時にはクマタカの目撃例がほとんどない．しかし，これらのデータから考えると，恒常的な長距離分散はないものの，分散による分布拡大の可能性は否定できない．

このように断片的ではあるが，分散に関してもしだいにデータが集まってきており，今後の課題は，分散移動に関するデータをさらに集積し，分散した個体の定着先を見つけて繁殖を開始するまでの過程を明らかにすることである．

8.3　行動圏の特徴

（1）　生息環境と植生

日本は南北に長く延びる列島で，その長さは3000 kmにもなり，気候，地形，降水量，植物相がさまざまで生物多様性に富んでいる．そのため，ほぼ全国に分布しているクマタカの生息環境も多様である．野外観察例が増え，クマタカの生息環境の特徴が報告されているが，その特徴はそれぞれの地域における特徴であり，国内で標準となる環境特性を明確にすることは困難である．岩手県におけるクマタカの潜在的分布域を推定するため，植生，標高データおよび生息データを用いて行なわれた多変量解析調査では，「クマタカの生息が確認されたグリッドは生息していないグリッドに比べて平均標高，最低標高，最高標高ともに高く，平均傾斜も急であった．また自然度が高い

部分の面積が大きかった」としている（日本鳥類保護連盟，2002a）．これは自然度が高い山中にあり，急傾斜を含む起伏のある地形を示しており，普通，われわれが頭の中に描く，クマタカが生息する環境イメージに近いものであった．しかしながら，このモデルは岩手県だけにあてはまるものであり，植生や地形が異なる九州や人里近くに生息している近畿地方などではそのままあてはめることはできない．

植生面から見ても，行動圏内における森林の構成樹種や開放の具合などの植生環境は，宮崎県，滋賀県および山形県の生息地それぞれで異なっており（日本鳥類保護連盟，2002b），クマタカはさまざまな環境に適応しながら生息していることがわかった．

（2） 行動圏の広さ

行動圏はその個体またはつがいが日常的に活動するすべての範囲を指す．タカ類では雌の体重と行動圏の面積の関係を調べたデータがあり，体重の重い種ほど行動圏の面積は広いといわれている（Newton, 1979）．その相関図から，クマタカの雌の体重をおおよそ3 kg程度として見てみると，その行動圏の面積は数km^2から$30\ km^2$程度と推定される．それでは実際はどれくらいの広さなのかを見ていく．

行動圏の面積は地域により差がある

クマタカ属のほかの種の行動圏の面積についての情報は少ない．インドネシアのジャワクマタカではつがいで$7.7–9.4\ km^2$（Setiadi et al., 2000），セレベスクマタカ（*Nisaetus lanceolatus*）で推定$15–25\ km^2$と推定（Nurwatha et al., 2000）されている程度である．

日本での報告を見てみると，推定によるつがいの行動圏の面積（多くは最外郭面積）は，群馬県での$12–25\ km^2$（日本野鳥の会，1976）や奈良県の$35–48\ km^2$（菊田，1984），広島県の$13.7\ km^2$（森本・飯田，1992），滋賀県の$26\ km^2$（山﨑ほか，1995），山形県の$18.8–24.9\ km^2$（日本鳥類保護連盟，2004），宮崎県の$9.9–11.4\ km^2$（日本鳥類保護連盟，2004）などの例がある．また，滋賀県で行なわれた個体識別したうえでの厳密なテレメトリー調査では，$12–28.3\ km^2$（雌）（クマタカ生態研究グループ，未発表），$8–10\ km^2$

(雄)（クマタカ生態研究グループ，2000）．1年間では雄が 9.6 km^2，雌で 11.8 km^2 と，雄と雌の行動圏面積では少し差が見られ，雌のほうが少し広い傾向がある（日本鳥類保護連盟，2004）．

このように，全国各地の報告を見ると，つがいあたりおおよそ 8–48 km^2 と地域により差が見られる．調査方法や調査期間が異なることも影響していると推察されるが，それよりもクマタカが多様な生息環境に生息しているため，植生，地形，生物生産量などの違いに応じて変化させていることが主要因であろうと考えられる．

また，雌が遠出行動と呼ばれる飛び地への行き来を行なうため，営巣地の周囲に執着する傾向がある雄に比べてより広い行動圏をもつことがわかっている．そのため，雌と雄の行動圏は一致しないものの，繁殖期に入る 12 月以降は営巣地を中心とした概ね 1.5 km 以内が主要な行動圏になっているものと考えられる（クマタカ生態研究グループ，2000）．

（3） 分散開始までの幼鳥の行動範囲

前述した鈴鹿山脈での幼鳥の分散調査時に，分散を開始するまでの C 個

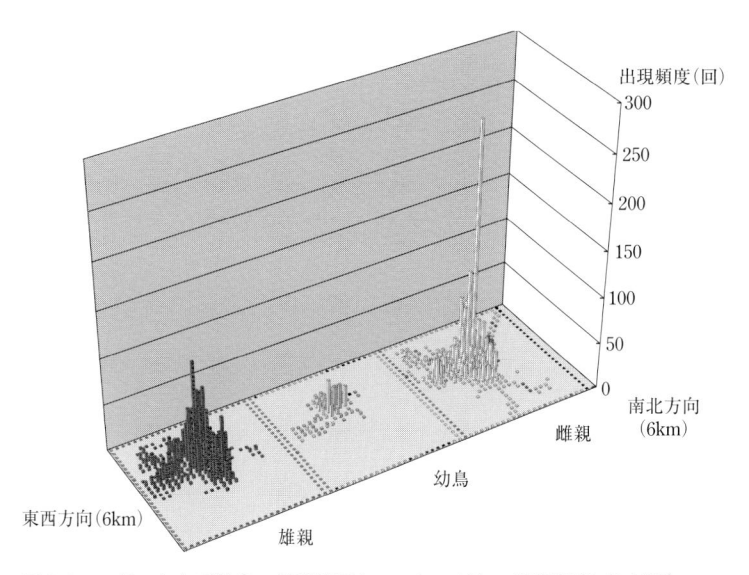

図 8.3 つがいおよび幼鳥の行動範囲とメッシュごとの出現頻度（1 年間）．

体とその親つがいの1年間の行動をラジオトラッキングと目視観察により追跡調査を行ない，個体ごとの確認された位置とその回数を250mメッシュごとに示したのが図8.3である．その結果，幼鳥の行動は親鳥よりも狭い範囲で，かつ営巣地周辺に集中しており，確認されたメッシュの面積は4.3 km^2 であった（井上，2007）．

（4） 行動圏とその内部構造

つがいが行動するすべての範囲である「行動圏」のどの部分がどのように利用されているかを鈴鹿山脈においてラジオトラッキング法を用いて明らかにしたのが，図8.4に示す行動圏の内部構造である（クマタカ生態研究グループ，2000）．クマタカの行動圏内には，年間を通じて生息するのに必要な獲物を確保するハンティング場所と，繁殖に必要な場所の2つの重要な範囲が含まれている．ハンティング場所のほとんどを含み，各ハンティング場所への移動経路やおもな塒場所を含む範囲がコアエリアであり，営巣地そのものと求愛や交尾，監視や追い出し行動および幼鳥の養育など，繁殖活動に関係する一連の行動を保証する範囲が繁殖テリトリーである．その他としてコアエリア以外に飛地状にハンティングを行なう場所が存在する．

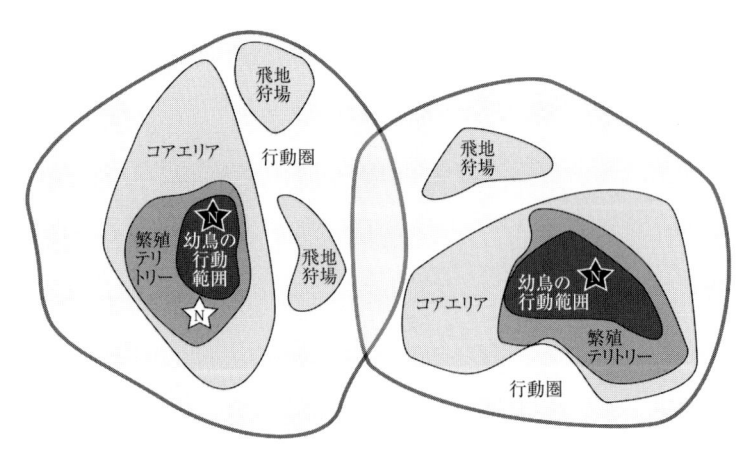

図8.4 クマタカの行動圏の内部構造模式図（クマタカ生態グループ，2000）．

8.4 ハンティングと環境利用

(1) 対象となる獲物

　食餌は小型から中型の鳥や哺乳類を幅広く利用している．既存資料によると，獲物のうちもっとも多かった種はノウサギで，つぎにヘビ類，ヤマドリが多い．哺乳類ではタヌキ，アナグマ，キツネ，鳥類でカケスやカラス，なかにはカモメも含まれている．また，幼鳥によるニホンジカやカモシカの急襲の例もある（日本鳥類保護連盟，2004）．

　北海道では，狩猟後のエゾシカの死肉を食べる例が見られ，銃弾からの鉛中毒例もある．同様の事例としては，滋賀県では狩猟後のイノシシの死肉を食すことが確認されており，スコットランドにおいてイヌワシが冬期の餌として動物の死肉を食べている例と似ている．その他，ニホンザルを食べたという事例（Iida, 1999）や，滋賀県においては図 8.5 に示すように営巣中の巣内の残渣からニホンザルの前腕部が確認された例がある（クマタカ生態研究グループ，未発表）．

図 8.5　クマタカの巣から回収されたニホンザルの前腕部．

このように，食性の範囲がたいへん広いことは，地域の環境に生息している動物種に合わせ，ハンティング行動をうまく適応させていることを示唆している．

（2） ハンティングの方法

一般にイヌワシなどに比べると，採食行動が観察しにくいため不明な点も多いが，斜面を飛行しながら獲物を探す飛行タイプと林内や林縁部の枝に止まり獲物を急襲する待ち伏せ型がある（クマタカ生態研究グループ，2000）．また，奈良に限定してもニホンザルの幼獣，キジバト，アオバト，タヌキ，ノウサギなどに対して空中ハンティングと待ち伏せハンティングが多いとの報告がある（菊田，1984）．

鷹狩りでのハンティング方法は自然下と同一とはいえないが，おもに待ち伏せハンティングといえる．腕に止まらせたクマタカが，人間に追われて走り出すノウサギなどを見つけると，飛び立って追いかけ，脚で仕留める方法である．この場合，クマタカの個体ごとに狩りの能力が大きく異なり，成功率に差があるといわれている．上手な個体は，ノウサギなどを登り斜面に追い立て，走る動きが遅くなったときに襲いかかる方法を取得しているといわれている（伊藤，1987）．

（3） ハンティング場所

ハンティングを行なう環境としては，植生から見ると2つのタイプがある．よく利用されるのは，群落高が10-20m以上の成熟した高木林である．そこでは獲物となる動物が多く生息しており，構造的には林冠にギャップがあるため林内に侵入しやすく，しかもその内部には十分な空間が広がり，飛翔して獲物を追うことができると考えられる．

もう1つは，伐採跡地や自然裸地などの比較的開放的な環境である．ここは，林縁部に止まりながら獲物を見つけやすい場所であり，飛翔して襲う空間がある．そのほかに，杉山ほか（2009）は，行動圏内の谷斜面が活用されており，名波ほか（2006）は，南西と南斜面が狩り場で利用される率が高く，植生では伐採・崩落裸地，落葉樹林，地形では急傾斜地ほど採食環境の選好性が高いと報告している．これらは，待ち伏せ型のハンティングを行なう際

に，緩斜面よりも急斜面では視野範囲が広くなることが有利に働いているものと考えられる．

8.5　環境利用をめぐる諸問題と適正な生息数

　適応力が強い種であるがゆえに発生すると考えられる事故として，感電死が報告されている．イヌワシと異なり，フィールドでは図8.6のように実際にクマタカが高圧鉄塔に止まり，ハンティングや見張り，ディスプレイを行なっていることが数多く目視されている．その結果として，感電死に至りやすいのではないかと推察される．新聞報道により公にされている事例だけでも数例あり，実際にはかなりの例が発生していることが示唆されている．

　その他として，人の住む地域に比較的近い場所にも生息しているため，カラスによる営巣妨害で抱卵を中止した例や養魚場の防鳥ネットに引っかかり溺死した例（井上，未発表）など，さまざまな阻害因子も観察されている．また，マツ枯れにより営巣可能な樹木が減少したことにより営巣環境の悪化が見られた地域の例（森本，2006），原因不明であるが，産卵しないつがい

図 8.6　高圧鉄塔に止まって鳴くクマタカの雄個体．

や産卵してもふ化しない事例も多くの地域で見られている．

そもそも，日本の環境はクマタカの生息に適しているのであろうか．その答えはまだわからないが，数々の阻害要因がある中で，あれだけ体の大きなクマタカが日本の多様な環境に幅広く生息できていることは，環境がクマタカに適しているというよりも，クマタカが環境にうまく適応して生息していると考えるほうが納得できる．したがって，保全を考えるうえで，国内におけるクマタカの適正な個体数を割り出すことはたいへんむずかしく，また，地域と年により繁殖成功率の差が大きいことが今後の個体数の増減にどのように影響していくのかを評価することも困難である．

日本の多様な環境にすむクマタカの生息状況の動向は，クマタカという種の勢いを測るのによい事例になるのではないかと思われる．

クマタカの生態解明への取り組みが始まってからまだ 40 年程度しか経っておらず，その生態はいまだに不明な点が多い．クマタカの野外での寿命はおおよそ 10-20 年程度ではないかと思われるが，個体群としての大きな変動はまだ目に見えておらず，今後の動向が気になるところである．

引用文献

浅井芝樹．2007．クマタカの遺伝的多様性．（山階鳥類研究所，編：保全鳥類学）pp. 57-85．京都大学学術出版会，京都．

浅井芝樹．2008．希少猛禽類の遺伝的多様性．山階鳥類研究所 NEWS, 20 (4)：2-3.

Ferguson-Lees, J. and D. A. Christie. 2001. Raptors of the World. Houghton Mifflin Harcourt, New York.

Greenwood, P. J. 1980. Mating systems, philopatry and dispersal in birds and mammals. Animal Behaviour, 28：1140-1162.

Greenwood, P. J. and P. H. Harvey. 1982. The natal and greeding dispersal of birds. Annual Review of Ecology and Systematics, 13：1-21.

Iida, T. 1999. Predation of Japanese Macaque *Macaca fuscata* by Mountain Hawk Eagle *Spizaetus nipalensis*. Japanese Journal of Ornithology, 47：125-127.

井上剛彦．2000．鈴鹿山脈に生息するクマタカの生態に関する知見．第1回東南アジア猛禽類シンポジウム大会記録集．

井上剛彦．2007．鈴鹿山脈におけるクマタカ幼鳥の分散事例――日本猛禽類研究フォーラム研究活動報告書．日本猛禽類研究フォーラム．

伊藤政明．1987．最後の鷹匠．無明舎出版，秋田．

巌佐 庸・松本忠夫・菊沢喜八郎・日本生態学会（編）．2003．生態学事典．共

立出版,東京.

環境庁.1997.猛禽類保護の進め方——とくにイヌワシ,クマタカ,オオタカについて.環境庁.

環境省.2002.新生物多様性国家戦略——自然の保全と再生のための基本計画.環境省.

環境省.2012.猛禽類保護の進め方(改訂版)——とくにイヌワシ,クマタカ,オオタカについて.環境省.

川口孫治郎.1917.猛禽類の餌食み方.動物学雑誌,29:53-54.

菊田浩二(編).1984.吉野の自然観察の記録 No.1 わが村のクマタカを追って.奈良県吉野郡川上村立川上中学校.

クマタカ生態研究グループ.2000.クマタカ——その保護管理の考え方.クマタカ生態研究グループ.

森本 栄.2006.広島県におけるクマタカ Spizaetus nipalensis orientalis の巣の変更と周辺環境.Strix,24:89-97.

森本 栄・飯田知彦.1992.クマタカ Spizaetus nipalensis の生態と保護について.Strix,11:59-90.

名波義昭・田悟和己・鳥居由季子・柏原 聡.2006.クマタカ Spizaetus nipalensis の狩り場環境の推定.応用生態工学,9:21-30.

西垣外正行・小海途銀治郎・和田貞夫・奥野一男.1971.クマタカの営巣習性について.山階鳥類研究所研究報告,6:286-299.

Newton, I. 1979. Population Ecology of Raptors. T & AD Poyser, London.

日本鳥類保護連盟.2002a.平成13年度希少猛禽類調査報告書(多変量解析).日本鳥類保護連盟,東京.

日本鳥類保護連盟.2002b.平成13年度希少猛禽類生息環境調査(植生調査)報告書.日本鳥類保護連盟.

日本鳥類保護連盟.2004.希少猛禽類調査報告書(クマタカ編).日本鳥類保護連盟.

日本野鳥の会.1976.クマタカ昭和50年度環境庁委託調査 特殊鳥類等調査.日本野鳥の会.

Nurwatha, P. F., Z. Rakhman and W. Raharjaningtrah. 2000. Distribution and population of Sulawesi Hawk-eagle *Spizaetus lanceolatus* in South and Central Sulawesi. Yayasan Pribumi Alam Lestari, Bandung.

Philip, D. W., K. Duffy, D. R. A. McLeod, R. J. Evans, A. M. Maclennan, R. Reid, D. Sexton, J. D. Wilson and A. Douse. 2009. Juvenile disparsal of white tailed eagle in western scotland. Journal of Raptor Research, 43:110-120.

酒井智丈・池田和彦.2009.北海道北西部におけるクマタカ Spizaetus nipalensis の生態基礎情報.日本鳥学会2009年度講演要旨集.

Setiadi, A. P., Z. Rakhman, P. F. Nurwatha, M. Muchtar and W. Raharjaningtrah. 2000. Status, Distribution, Population, Ecology and Conservation Javan Hawk-eagle *Spizaetus bartelsi*, Stresemann 1924 on Southern Part of West Java. Final Report BP/FFI/Birdlife International/YPAL-HINBIO UNPAD, Bandung.

杉山智治・須崎純一・田村正行．2009．山形県におけるクマタカの生息適地推定モデルの構築．景観生態学，13：71-85．
坪川正己．2007．北海道東部におけるクマタカの移動分散事例．Strix，25：133-139．
山﨑　亨・井上剛彦・藤田雅彦・上古代吉四・新谷保徳・一瀬弘道・中川　望・杉本智明．1995．森林性大型猛禽，クマタカの保護プログラムの確立と実践　プロ・ナトゥーラ・ファンド第3期助成成果報告書．

9

イヌワシの繁殖と資源利用

小澤俊樹

9.1 繁殖習性と繁殖状況

(1) 繁殖習性

イヌワシ（*Aquila chrysaetos*）が繁殖に成功するか否かは，産卵前となる秋から冬にかけての時期に親鳥が十分な栄養を摂取できるかどうかで決まると考えられる（福井県自然保護センター，2001）．したがって，十分な食物量が確保できず栄養状態の悪いつがいでは，産卵前に見られる繁殖にかかわる行動のほとんどが見られない．

繁殖するつがいでは，通常10月ごろから営巣地周辺や行動圏外周部付近で監視や誇示行動が行なわれ，次いで営巣地周辺で交尾や造巣などの繁殖行動が見られるようになる．秋に見られる誇示行動の多くは，隣接つがいや侵入個体への警告やなわばり誇示を目的としたものと考えられ，行動圏の外周沿い，または行動圏内の高空を広範囲に移動することや，隣接つがいとの行動圏境界部付近を波状飛行することなどによって行なわれる（重田，1974）．その誇示行動は，隣接つがいの出現時には，いっそう激しくなることが多い．また，このような隣接つがいとの争いの後には，境界部となる稜線上の止まり場に長時間留まる行動がよく観察される．

12月ごろから産卵前となる2月ごろは，上昇気流が発生する前の午前中を中心とした時間に営巣地周辺で造巣や交尾といった繁殖前行動を行ない，上昇気流が出始めると，それを使って高度を上げ，狩りに出かけるといった行動をとることが多い．営巣地周辺での行動は，監視や造巣，交尾が中心で，産卵時期が近づくにつれて交尾の頻度や時間が増す．とくに，産卵前1カ月

ほどに迫った時期の採食できた翌日には，交尾の回数がもっとも多く見られ，営巣地周辺の滞在時間も長くなる．その後，採食できない日が続くと，探餌時間も延びるため営巣地周辺での滞在時間が減り，交尾回数も減ることが多い（小澤，未発表）．

　造巣行動は，基本的に抱卵期までがもっとも頻繁に行なわれるが，育雛期でも行なわれる．おもな巣材は，巣の土台となる部分では1-2 mほどの広葉樹の枝，または地上に落ちている枯れ枝が多い．ときには，4 mほどの非常に長い広葉樹の枝や枯れ枝を持ち込むこともある．土台ができあがるとその上にアカマツやヒノキ，スギ，モミなどの針葉樹の葉付きの枝が持ち込まれる．この青葉のついた針葉樹の枝には，親鳥の選好が見られ，いずれの樹種がある場所でも，ヒノキを中心にもってくるつがいやアカマツを中心にもってくるつがいなどがいる．持ち込んだ枝は，くちばしや脚を使って巣材として組み込まれる．

　造巣終期には産座形成のため，産座に胸を押しつける行動が見られる．筆者の観察では，産卵1カ月ほど前から雄で始まり，最後の1週間程度のみ雌が入って胸を押しつけ，最終的な産座形成を行なう．最後に，産座を囲むようにススキ類やササ類などを持ち込み，それらをくちばしでていねいに折って円形（正しくは多角形）に形づくり，産卵準備はほぼ完了する．

　産卵は，1月中下旬から2月中旬に行なわれることが多いが，1月初旬や3月下旬の場合もある．産卵時間について，岩手県の調査によると，14時台1例，15時台5例，16時台6例，17時台2例と大部分が夕方の時間帯に行なわれたとしている（岩手県環境保健研究センター，2012）．しかし，北陸を中心とした筆者自身による4例の観察では，12時台1例，13時台1例，15時台1例，16時台1例とすべてが午後であったものの，夕方に偏るものではなかった（小澤，未発表）．産卵の直前には，雌が産卵の数時間前に巣に入り，静止状態を保ち，その後，身体を数回から数十回なめらかにうねらせたり，上下させたりする．この上下運動は，おそらく輸卵管内の卵を総排泄孔へ送るものと考えられるが，前傾での立位か産座のまわりを歩きながら行なわれる．その直後，低い姿勢ながら立った状態で卵は産み落とされる．

　産卵後，雌はすぐに抱卵を開始するが，約95時間後につぎの卵を産むことが多い．日本産亜種の一腹卵数は，1-3卵で2卵がもっとも多い（宮城県

文化財保護協会，1984；岩手県環境保健研究センター，2012)．抱卵は，雌雄で交代しながら40–47日間行なわれるが，雌の抱卵時間のほうが雄よりも長い（重田，1974；宮城県文化財保護協会，1984；岩手県環境保健研究センター，2012)．

ふ化した雛は，小さく千切られた肉片を親鳥から受けとって成長する．雛は，約20日齢までは全身綿羽に覆われており，その後徐々に黒色の羽毛が生え始める（中条ほか，1983)．雛が，自己摂食や体温調節が可能となる30–40日齢以降は，親鳥が巣をあける時間が徐々に増え，必要な給餌量が大きく増加する50–60日齢ごろになると，親鳥は雌雄ともに営巣地付近を離れて狩りに出かける．雛は5月中旬から7月初旬ごろに，約70–90日齢で巣立つ（重田，1974；宮城県文化財保護協会，1984；電源開発株式会社，2000；岩手県環境保健研究センター，2012)．

巣立ち後は，個体により違いはあるが，数日から1カ月ほど営巣地周辺に留まり，その後，飛行距離を急激に延ばしていく．筆者の観察では，巣立ち後3日で1km，2週間後には10km以上営巣地から離れている個体を複数例確認している．巣立ち後の幼鳥は，飛行の練習に加え，枯れ木や岩などを拾い，それを落下させては急降下して拾うという，遊びとも思える狩りの練習を自ら行なう．ただし，親からも実際の狩り場で狩りの訓練を受け，技術を身につける．

そして10月から2月ごろに，親鳥から直接的な排他行動を受け，親の行動圏から離れて自立する（塩村，1987)．自立後の幼鳥の移動分散の過程を詳細に追跡できた例はないが，福井県で巣立った個体が約300km離れた福島・新潟県境付近で目撃された例や，岩手県で保護の後，放鳥された個体が152km離れた青森県で再保護された例がある（根本ほか，2004；岩手県環境保健研究センター，2012)．これらの事例からして，相当な距離を移動するものと考えられる．

(2) 繁殖状況

繁殖成功率30年の推移

日本におけるイヌワシの保護を検討する際に，全国のイヌワシの状況，とくに生息数と繁殖成功率を継続して把握することは不可欠である．そこで，

日本イヌワシ研究会では，会発足年の1981年から会の主要事業として生息状況と繁殖状況を毎年調査する「全国イヌワシ生息数・繁殖成功率調査」を継続して行なってきた（日本イヌワシ研究会，1986, 1992, 1997, 2001, 2007）．なお，本調査では，消滅つがいを含まない現存つがい数に対する巣立ち雛数の割合を繁殖成功率として扱っている．

その結果，調査を開始した1981年の繁殖成功率が55.3%ともっとも高く，その後2年間は50%を越える成功率であった．しかし，1984年から1989年までの6年間は，隔年で40%台と30%台とを行き来するようになり，45%を2年連続で越えた1989年，1990年を境に20%台に落ち込んだ．その後1991年以降は，1997年の16.1%，2000年の15.9%を最低とし，1994年の31.2%，2003年の31.3%，2006年の32.3%を最高に，現在までの20年間おおよそ20%前後を推移している（図9.1）．この結果は，個体数が安定しているアメリカ合衆国やスコットランドのハイランド東部などの50%以上という値を著しく下まわる数字であり，日本のイヌワシが窮地に陥っていることを示している（ワトソン，2006）．

繁殖失敗原因

日本イヌワシ研究会は，前述の「全国イヌワシ生息数・繁殖成功率調査」の中で繁殖失敗の原因についても調査している．また，同会では1955年から2000年までの繁殖失敗原因について，会員へのアンケートにより追加調

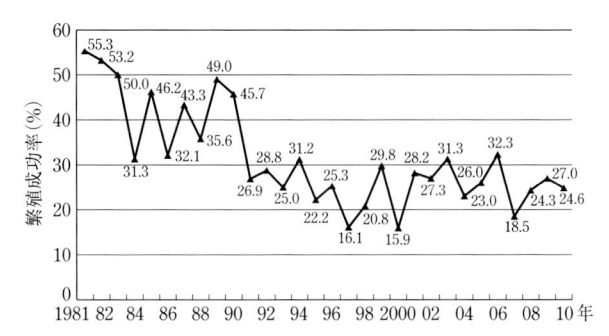

図 9.1 イヌワシの繁殖成功率の年推移．ここでいう繁殖成功率とは，各年のつがいに対する巣立ち雛数の割合（%）（日本イヌワシ研究会オフィシャルサイトより改変）．

表 9.1 繁殖段階別に見るイヌワシの繁殖失敗原因．12都道府県39つがいを対象とし，1件の繁殖失敗事例で複数の要因が関与している19例を含めた160例を繁殖段階別に整理した．事例数には，繁殖失敗の原因特定に至らず推定に留まった事例も含むため，推定事例数はカッコ内に示した（日本イヌワシ研究会，1994より改変）．

繁殖失敗原因			事例数（推定）			
			造巣期	抱卵期	育雛期	合計
自然的要因	個体の生物学的要因	つがい相手不在・交代直後による繁殖断念	2(2)			2(2)
		雌の未成熟	5(1)			5(1)
		未ふ化		7(5)		7(5)
		雛の病気			4(3)	4(3)
		前年幼鳥による繁殖妨害	2	1	1	4
	その他の自然的要因	巣の崩壊・落下	2(1)	4(1)		6(2)
		巣上への多積雪による繁殖（産卵・抱卵・育雛）の放棄	6(5)	1(1)	1(1)	8(7)
		落下物（岩・枝）による個体の死亡		1	1	2
		強風による雛の死亡・落下			2	2
		巣上高不足による繁殖の断念	1			1
		他生物による雛の捕食			1	1
		食物不足	21		3	24
人為的要因		人による営巣地周辺への接近	15(3)	5(2)	9(1)	29(6)
		営巣地周辺における各種建設・改良工事・伐採	14(6)	10(3)	2	26(9)
		営巣地周辺におけるヘリコプター飛行	23		1	24
		営巣地周辺におけるスキー場の営業	12			12
		巣への投石		1		1
		密猟			2	2
		合計	103(18)	30(12)	27(5)	160(35)

査も行なっており，その結果について報告している（日本イヌワシ研究会，1991, 1994, 2003）．とくに1994年の調査では，12都道府県39つがいを対象とし，1件の繁殖失敗事例で複数の要因が関与している19例を含めた160例を繁殖段階別に整理し，報告している（表9.1）．

その結果，造巣期における繁殖失敗原因は，営巣地周辺へのハンターの侵入やヘリコプターによる送電線巡視，食物不足がもっとも多かった．食物不足は，1994年の調査において抱卵期の原因としてはあがらなかったが，育雛期には数例報告された．しかし，筆者の観察地である富山県内の調査では，2000–2012年の間に産卵までは至ったものの繁殖途中で失敗をした10例の繁殖巣のうち，食物不足による抱卵期での放棄が5例，育雛期での放棄が4

例，雄不在による放棄が1例（小澤，2007）認められた．さらに，産卵前の時期に嗉囊（そのう）のふくらみがほとんどの観察日で確認できなかったことや，行動の多くが探餌に偏っていることから，食物不足により産卵に至らなかったと判断したつがいも多数観察された．このことから食物不足による繁殖失敗は，近年急激に増加しているといえる（小澤，未発表）．この食物不足による繁殖失敗は全国的に見ても増加傾向にあるものと推察される．

繁殖失敗原因の背景にある土地利用問題については，第14章でくわしく紹介する．

9.2　個体数の減少

前述した繁殖成功率の低下にともない，個体の消失時における補充が十分になされないことから，イヌワシの個体数は減少している．ここでは，その現状を明らかにしておきたい．

日本イヌワシ研究会には，全国の会員が各地で調査・確認した299のつがいが登録されている．この数は，全国に生息する全つがいには30-40つがい足りないと考えられているものの，国内の大多数のつがいが把握されたものである（日本イヌワシ研究会，未発表）．しかし，近年その個体数は，加速度的に減少している．日本イヌワシ研究会が初めてつがいの消滅を確認したのは，1986年の1つがいであり，その後1996年には10つがいの消滅が確認された（日本イヌワシ研究会，1992, 1997, 2001）．その後，消滅つがい数の合計は，2000年で19つがい，2006年で44つがい，そしてその4年後の2010年には，全登録つがい数の24.7%となる74つがいが消滅していることが明らかとなった（図9.2；日本イヌワシ研究会，2007）．

地域別に見てみると，東北地方と並んで国内有数の生息地である北陸地域でも，顕著な個体数減少が確認されている．1980-1990年代に行なわれた富山県内の調査では，18-27つがい（池田ほか，1990）や20つがい前後（山本，1992）と推定されていたつがい数が，1999年には15つがいとなり，2009年には6つがいにまで激減した（図9.3；小澤，2008a）．富山県に隣接する石川県でも，1980年代に18つがい22地区で生息が確認されていたものが（石川県白山自然保護センター，1983），現在では5つがいに激減して

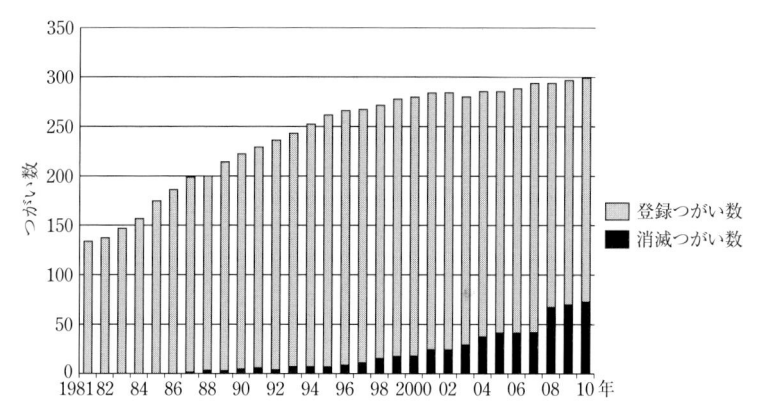

図 9.2 登録つがい数と消滅つがい数の年推移(日本イヌワシ研究会,未発表より作成).

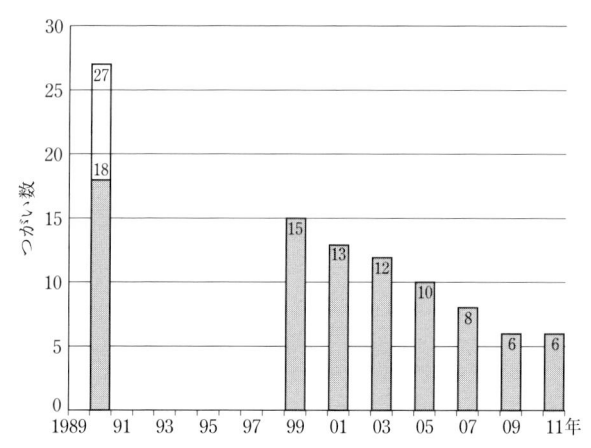

図 9.3 富山県におけるつがい数の年推移.1990 年のつがい数は,筆者未調査となるため池田ほか (1990) の推定つがい数最小 18-最大 27 を引用.

いる(白井,未発表).したがって,富山,石川両県では,生息数が 20-30 年前の 4 分の 1 程度にまで激減しており,全国平均の約 25% 減と比較してもさらに深刻な状況にあるといえる.

9.3 行動圏の分布

（1） 行動圏面積

1987年に13山系43つがいの行動圏について解析した結果，行動圏面積の最小は21 km^2，最大が118 km^{2}と約5倍の差があった．その平均は60.8 km^2（$n=32$）であり，この値に比べ，北上山地や三国山脈などは大きく，白山山系や鈴鹿山脈は小さいなど，地域により差が見られた（日本イヌワシ研究会，1987）．ここでいう行動圏面積とは，1年を通じてつがいが利用する行動範囲の最外郭内部の面積を指している．

個体数が減少する近年においては，全国の調査結果をとりまとめたものはないが，2011年に富山県に生息する全6つがいの行動圏面積が報告されている．その平均値は，168.2 km^2（最小120.3 km^2，最大245 km^2）と1987年の全国平均値とは比較にならないほど拡大している（表9.2）．これは，隣接つがいの消滅後に不在となったつがいの行動圏を利用しているためであるが，消滅つがいの行動圏内へ進出する最大の理由は，自分の行動圏内では十分な食物の確保が困難であるためと考えられる．表9.2に示すとおり，隣接つがいが健在であったころの行動圏面積から2–3倍にも拡大している例さえある．

（2） 標高

イヌワシは，おもに標高の高い奥山を利用する鳥と考えられがちだが，実

表 9.2 富山県内の全6つがいの行動圏面積とその変化（小澤，2011 より改変）．

つがい No.	周辺つがい生息時の行動圏面積 (km^2)	現在の行動圏面積 (km^2)	周辺の消滅つがい数
1	不明	120.3	2
2	56.1	134.8	2
3	不明	142.2	1
4	132.3	152.1	1
5	不明	214.9	2
6	77.8	245.0	3

際には，標高50m程度の沿岸部から標高3000mを越える高山帯まで広く利用している．1つがいの行動圏に含まれる標高は，最低50-900m，最高450-2800mであり，大きな差が見られる（日本イヌワシ研究会，1987）．この差は，各つがいの生息する地形を含む地域差と食物の違いからくるものと考えられる．

9.4 採食習性の特徴

イヌワシは大型であるため，飛行するときには風が必要不可欠となる．風であれば台風並みの強風でも巧みにとらえて利用できる飛行能力をもっているが，無風状態では，羽ばたきながらでないと高度を維持した飛行はできない．そのため，風のある日や地表面が暖められて発生する上昇気流などが上がる時間帯が，イヌワシにとっての活動の中心となる．とくにハンティング時には，獲物の追跡のために限界に近い飛行能力が求められるため，条件のよい風や上昇気流の発生しやすい地形が必要となる．

また，イヌワシはその体の大きさから，北米やヨーロッパなどの生息地で見られるように草原などの開けた環境を好み，低木などが密生する場所での狩りを得意としない．しかし，森林に生息する日本のイヌワシは，多様な生物のすむ森林地帯で獲物を探し出して狩るという，生き抜くための独自の手法を身につけている．

(1) 探餌行動

日本のイヌワシは，以下に示すいくつかの探餌方法を利用して採食する（図9.4）．

①低空飛行探餌

谷部や斜面直上を林冠すれすれに飛行し，直下付近の獲物を探索する探餌方法．大規模な伐採地や草地，広葉樹林帯上空で見られることが多く，同じ高度をほぼ等高線に沿うように移動し，高度を少しずつ上げながら斜面を行き来するように飛行する．同様の行動は稜線上でも見られるが，その際は行き来するのではなく，広範囲を低空でゆっくりと移動したり，停飛と小移動を繰り返しながら探餌することが多い．基本的には自分の目で探すものと思

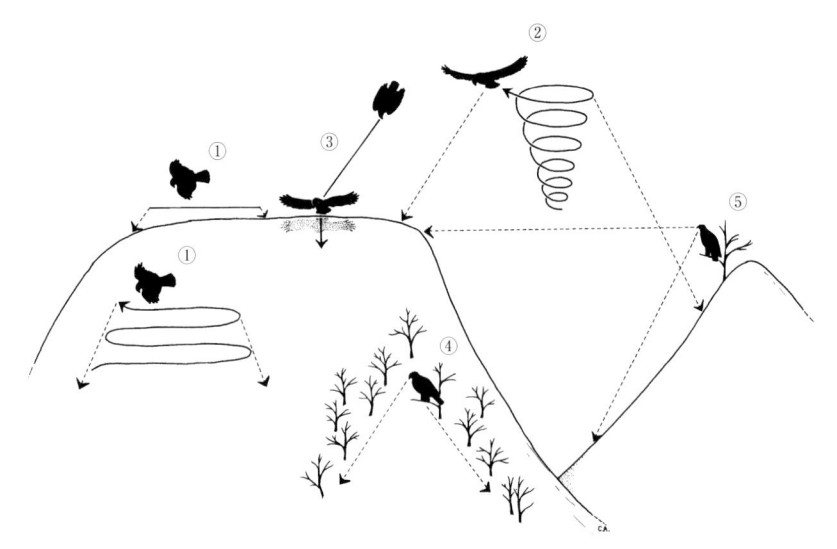

図 9.4　イヌワシに見られるいくつかの探餌方法（イラスト：赤木智香子）．①–⑤の説明は本文参照．

われるが，自分の影を斜面に映すことで対象を驚かせ，動かして見つけるということもあるようである．ノウサギなどの中型哺乳類やヤマドリ，ヘビ類などを捕獲する際にもっとも多く利用する探餌方法の1つである．
②中空–高空飛行探餌
　谷部や斜面，尾根上などで高度を上げながら飛行し，広範囲を探索する探餌方法．あらゆる環境の上空で見られるが，①に比べ広範囲の探索を可能とするため，空中にいるタカ類を含めた大型鳥類なども対象となる．この探餌方法では，数km先の獲物や数百m下方を飛行するタカ類を発見することもある．
③影落とし探餌
　稜線に対し，垂直方向から接近し，稜線裏にさしかかるところで一気に斜面直近まで高度を下げ，大きな影を落として獲物を追い出す探餌方法．おそらく，稜線上に獣道などがある場合や尾根上裏側で日光浴をするヘビ類などを動かし発見することに利用するようである．特定のつがいで，高頻度で見られることがある．

④止まり探餌（斜面）

　伐採地や草地などの上部の林や林縁部に止まり，下方に現れる獲物を探索する方法．中型哺乳類やヘビ類が対象となることが多い．また，冬期に大径木の落葉広葉樹林内でも使用する手法である．

⑤止まり探餌（尾根上）

　見通しの利く高標高部の尾根上などに止まり，広範囲の獲物を探索する方法．周囲の監視を兼ねていることもあるが，②同様，自分より低標高にいる獲物には気づかれにくく，エネルギー消費も少ないため，止まり探餌としてはもっとも高頻度で利用される．この探餌方法は，あらゆる対象種の発見に使われるが，数百 m 下方の川沿いを探餌飛行するトビ（*Milvus migrans*）やミサゴ（*Pandion haliaetus*）などのタカ類発見を目的とすることもある．

（2）　特異な狩りの手法

　イヌワシは，ほかのタカ類同様，地上や樹上，または空中で見つけた獲物に直接襲いかかることや大型哺乳類の死肉を摂食することもある．しかし，以下のように，日本に生息するほかのタカ類ではあまり見られないイヌワシ独特と考えられる狩りの手法がいくつか見られる．

①つがいによる追い出しハンティング

　樹冠のうっぺいした林などから，獲物を開けた環境に追い出して狩る方法．発見した獲物がうっぺいした林内にいる場合や林内などに逃げ込んだ後に見られる行動で，1 羽は低空で急降下を繰り返し，翼を大きく広げてノウサギなどの中型哺乳類の進路を草地や林冠ギャップに向け，少し高空で待ちかまえるもう 1 羽がタイミングを見て襲いかかるという方法である．また，林内からヤマドリなどを飛ばして，襲うときにも見られる．

②つがいによる空中ハンティング

　トビやノスリ（*Buteo buteo*）などを襲うときに使う狩りの方法．行動は①とよく似ており，1 羽が低空で急降下を繰り返し，相手がバランスを崩したり反撃できない体勢になった瞬間に高空のもう 1 羽が襲うという方法である．この空中ハンティングでは，飛行高度に差をつけるような役割分担はせず，つがいの 2 羽または親子 3 羽で交互に襲いかかることもある．

③脅かしハンティング

大型哺乳類を脅かして滑落させ狩る方法．ニホンカモシカなどが崖地や崖上の急斜面を歩行中，高速で接近し，直近で翼を大きく広げて脅し滑落を誘引する．この方法での成功事例を確認したことはないが，実際にこの方法で狩りを試みているところは複数回目撃している．

（3）　個体差

イヌワシには，顔や翼型，そして人を警戒する距離や狩りの方法といったさまざまな面で個体差が見られる．たとえば，ノウサギを捕獲して，毛をむしり摂食を始める際，頭部からの個体，腹部からの個体，耳からの個体と3タイプが確認される．多くの観察例ではないが，同じ個体は同じ部位から摂食し始めることが複数回確認されている．

9.5　食性から見た資源利用

イヌワシの食性については，日本イヌワシ研究会が1984年に行なった北上山地（北部，岩手県），北上山地（南端，宮城県），三国山脈（新潟県），両白山地（石川県），鈴鹿山脈（滋賀県），中国山地（兵庫県）の本州6地域での調査結果が報告されている（表9.3）．解析対象となった資料は，上記6地域22つがいの育雛期（3-7月）に巣に運ばれた餌種を同定したものである．これに巣立ち後の巣内残渣や巣立ち後の幼鳥に運ばれたものを含め，合計1026例（不明を除くと880例）にもおよぶ．

その結果，種の同定ができた880例のうち，突出して多かったのはノウサギの479例（54.4％）である．次いでヤマドリが161例（18.3％），アオダイショウが152例（17.3％）と，この3種で全体の90.0％におよんでいる．その他の種では，シマヘビ21例，テン12例，キジ9例が多い．また，種までの同定に至らなかった22例を除く1004例を綱別に見ると，哺乳類522例（52.0％），爬虫類266例（26.5％），鳥類216例（21.5％）と哺乳類が約半数を占める．ただし，餌内容は地域によってかなり異なり，北上山地（南端）では，ヘビ類が171例中2例（1.2％）ときわめて少ないのに比べ，両白山地では，58例中34例（58.6％）とヘビ類がもっとも多い．また三国山脈で

表 9.3 日本各地におけるイヌワシの餌資源(巣に持ち込まれた餌内容の調査結果にもとづく).6地域22つがいの育雛期に巣に運ばれた餌種を同定したものに,巣立ち後の巣内残渣や巣立ち後の幼鳥に運ばれたものを含め,合計1026の事例にもとづく(日本イヌワシ研究会,1984より改変).

種 名	調 査 地						合計
	北上山地(北部)	北上山地(南端)	三国山脈	両白山地	鈴鹿山脈	中国山地	
ノウサギ	186	140	88	12	19	34	479
テン	7	4				1	12
キツネ	6				1		7
ニホンイタチ	5	1					6
ニホンカモシカ			4		1		5
ホンドアカネズミ	4						4
アナグマ	2				1		3
ニホンリス	2						2
タヌキ		1					1
トウホクヤチネズミ	1						1
種不明哺乳類			2				2
哺乳類合計	213	146	94	12	22	35	522
ヤマドリ	101	21	3	12	4	20	161
キジ	5	1	2			1	9
キジバト	4	1					5
ハシボソガラス	2						2
ツグミ	2						2
カケス						1	1
アオバト						1	1
種不明鳥類	34					1	35
鳥類合計	148	23	5	12	4	24	216
アオダイショウ	78	2	38	16	6	12	152
シマヘビ	17		1	1	1	1	21
ジムグリ				3			3
マムシ				1	1		2
ヤマカガシ				1			1
種不明ヘビ類	41		14	12	15	5	87
爬虫類合計	136	2	53	34	23	18	266
種不明(肉塊)			9	7	3	3	22
合 計	497	171	161	65	52	80	1026

は，鳥類が 152 例中 5 例（3.3%），鈴鹿山脈で 49 例中 4 例（8.2%）と他地域と比べて少ない．

筆者による両白山地に隣接する福井県での調査でも，2000-2002 年の 3 年間に 2 回繁殖成功したある 1 つがいの巣内育雛期に観察された 10 例では，ヘビ類が 6 例（60.0%），ノウサギが 3 例（30.0%），イヌと思われる哺乳類が 1 例（10.0%）と，1980-1983 年に調査が行なわれた両白山地の結果（ヘビ類が 58.6%）と近い結果となった．しかし，10 年後の 2010-2012 年の 3 年間に 2 回繁殖した同つがいの結果では，21 例中ヘビ類が 19 例（残り 2 例は同定不可）と，顕著にヘビ類が増加していた．さらに，2010-2012 年の 3 年間に福井県内で繁殖した 4 つがい 7 回の巣内育雛後期を中心とする調査でも，38 例の餌搬入のうち，種もしくは，綱が同定できた 35 例では，ヘビ類が 26 例（74.3%），ノウサギ 4 例（11.4%），小型哺乳類 2 例（5.7%），鳥類 3 例（8.6%）とヘビ類の割合が非常に高かった（小澤，未発表）．

一方，信越地方のつがいにおける 1988 年以前の餌搬入では，確認された 68 例のうち，哺乳類 50 例（73.5%），タカ類 6 例（8.8%），ヘビ類 2 例（2.9%）と哺乳類が突出して多かったのに対し，2002 年の同つがいの結果では，確認された 16 例中，フクロウが 7 例（43.8%），ノスリ 4 例（25.0%），ノウサギ 3 例（18.8%），トビ 1 例（6.3%），ニホンカモシカ 1 例（6.3%）と，全体の 75.0% をタカ類が占めるという変化が確認されている（樋口ほか，2003）．

さらに，特筆すべき種として，クマタカ（*Nisaetus nipalensis*）やオオタカ（*Accipiter gentilis*）などの中・大型タカ類に対する狩りや摂食も目撃されている（関山，2007；小澤，2008b）．海岸に近い生息地では，ウミネコやオオセグロカモメなどのカモメ類，山間部ではアオサギなどのサギ類といった水鳥が捕食された記録もある（岩手県環境保健研究センター，2012）．また，つがいにより高頻度でニホンジカの幼獣を巣に持ち込むところや，各地で成獣の死体を摂食しているところが目撃されている（小堀・小堀，1998；斉木，1999）．北アルプスでは，ライチョウへの狩りや捕食も目撃されている（北原・鈴木，1986；小澤，未発表）．

このように，イヌワシの餌資源は個体や地域ごとによる違いも含み，多種多様なものにおよぶ．しかし，近年のヘビ類やタカ類，大型哺乳類の食物資

源としての利用の増加は，好適な体サイズでかつ安全な食物と考えられるノウサギとヤマドリの主要2種の減少と関連している可能性が高い．

引用文献

電源開発株式会社．2000．奥只見・大鳥発電所増設工事における環境保全への取り組みの実績――環境報告書（1999年度）．奥只見・大鳥増設建設所．

福井県自然保護センター．2001．希少野生生物種の保存事業（イヌワシ保護対策）調査報告書．福井県．

樋口直人・常田英士・峰岸郁生．2003．イヌワシ営巣地から採取した餌動物の残渣分析と繁殖失敗原因について．日本イヌワシ研究会誌 Aquila chrysaetos, 19：14-23．

池田善英・山本正恵・松村俊幸・太田道人．1990．富山県におけるイヌワシの分布と個体数推定．富山市科学文化センター研究報告，第13号：131-140．

石川県白山自然保護センター．1983．イヌワシの生態（白山の自然誌4）．石川県．

岩手県環境保健研究センター．2012．岩手県のイヌワシ2002-2011年の生息状況報告．岩手県．

北原正宜・鈴木善雄．1986．立山ライチョウ生息環境調査．ライチョウ調査報告書（昭和61年度）：34-36．

小堀脩男・小堀政一郎．1998．ニホンジカの幼獣を捕食したイヌワシ．日本野鳥の会栃木研究報告書 Accipiter, 4：42-44．

宮城県文化財保護協会．1984．翁倉山のイヌワシ．宮城県．

中条正英・山﨑 亨・真崎 健．1983．イヌワシの巣内ビナの羽毛の成長過程について．日本イヌワシ研究会誌 Aquila chrysaetos, 1：26-31．

根本 理・松村俊幸・小澤俊樹・須藤明子・本田智明・杉山喜則．2004．福島・新潟県境地域で確認された翼帯マーカー付イヌワシ若鳥について．日本鳥学会2004年度大会講演要旨集．

日本イヌワシ研究会．1984．日本におけるイヌワシの食性．日本イヌワシ研究会誌 Aquila chrysaetos, 2：1-6．

日本イヌワシ研究会．1986．全国イヌワシ生息数・繁殖成功率調査報告（1981-1985）．日本イヌワシ研究会誌 Aquila chrysaetos, 4：8-16．

日本イヌワシ研究会．1987．ニホンイヌワシの行動圏（1980-86）．日本イヌワシ研究会誌 Aquila chrysaetos, 5：1-9．

日本イヌワシ研究会．1991．開発行為等がイヌワシの生息および繁殖に及ぼす影響．日本イヌワシ研究会誌 Aquila chrysaetos, 8：1-9．

日本イヌワシ研究会．1992．全国イヌワシ生息数・繁殖成功率調査報告（1981-1990）．日本イヌワシ研究会誌 Aquila chrysaetos, 9：1-11．

日本イヌワシ研究会．1994．イヌワシにおける繁殖失敗の原因．日本イヌワシ研究会誌 Aquila chrysaetos, 10：1-10．

日本イヌワシ研究会．1997．全国イヌワシ生息数・繁殖成功率調査報告（1981-1995）．日本イヌワシ研究会誌 Aquila chrysaetos, 13：1-8．

日本イヌワシ研究会．2001．全国イヌワシ生息数・繁殖成功率調査報告（1996-2000）．日本イヌワシ研究会誌 Aquila chrysaetos，17：1-9.

日本イヌワシ研究会．2003．イヌワシにおける繁殖失敗の原因（1994-2000）．日本イヌワシ研究会誌 Aquila chrysaetos，19：1-13.

日本イヌワシ研究会．2007．全国イヌワシ生息数・繁殖成功率調査報告（2001-2005）．日本イヌワシ研究会誌 Aquila chrysaetos，21：1-7.

小澤俊樹．2007．野外で観察されたイヌワシ雌単独による産卵．日本イヌワシ研究会誌 Aquila chrysaetos，21：8-11.

小澤俊樹．2008a．富山県におけるイヌワシ *Aquila chrysaetos* 生息数とその危機的状況．日本イヌワシ研究会誌 Aquila chrysaetos，22：1-9.

小澤俊樹．2008b．イヌワシ *Aquila chrysaetos* による狩りを目的としたクマタカ *Spizaetus nipalensis* への襲撃．日本イヌワシ研究会誌 Aquila chrysaetos，22：32-35.

小澤俊樹．2011．富山県におけるイヌワシ *Aquila chrysaetos* のペア数減少に伴う行動圏の拡大．日本イヌワシ研究会誌 Aquila chrysaetos，23・24：51-54.

斉木　孝．1999．ニホンジカの死肉を食したイヌワシの観察例．日本イヌワシ研究会誌 Aquila chrysaetos，15：10-13.

関山房兵．2007．イヌワシの四季．文一総合出版，東京．

重田芳夫．1974．東中国山地のイヌワシ．東中国山地自然環境調査報告書：106-140．

塩村　功．1987．イヌワシ巣立ち幼鳥の仔別れ時期について．日本イヌワシ研究会誌 Aquila chrysaetos，5：10-12.

ワトソン，J.（山岸　哲・浅井荒樹訳）．2006．イヌワシの生態と保全．文一総合出版，東京．

山本正恵．1992．富山県におけるイヌワシの生息・繁殖状況．日本イヌワシ研究会誌 Aquila chrysaetos，9：27-31.

III
渡り

10
日本のタカの渡り

久野公啓

　渡りゆくタカを眺めるのは，とにかく楽しい．渡りの時期，岬や山頂の観察地で待っていれば，居ながらにしてたくさんのタカを間近に見ることができる．ときには数十，数百の群れとなって頭上を旋回し，あるいはめずらしいタカが目の前を横切るかもしれない．そんなタカの渡り観察に魅せられた人々が，春と秋，世界のあちこちで空を見上げる．通過するタカを数えて記録すれば，その積み重ねがタカの生息状況を知るうえでの重要な手がかりをもたらしてくれるだろう．見る楽しさに加え，調べる楽しさを味わう人も多く，各国の渡りスポットでは精力的なカウント調査が実施されている．タカたちはいくつもの国境を越えて移動し，それを見つめる人と人も国境を越えてつながっていく．

　日本でも，40年ほど前から渡るタカのカウント調査が始まり，その調査地は年々増加している．近年は，インターネットを通じて国内外の調査結果をほぼリアルタイムで入手でき，蓄積された膨大な情報へのアクセスが可能だ．また，人工衛星を使った追跡システムや，レーダーを使った渡り調査が実用化されたことで，われわれの知見は，目視ではとうていとらえられない部分にまでおよんでいる．

　一方，多くのタカ類が個体数を減らしており，残念ながら，渡り観察地でも「タカが減った」という声が聞かれる．また，増加しつつある風力発電施設は，渡り鳥に大きな影響をおよぼしかねない構造物なので，風力エネルギーを安全に利用するためのタカの渡り調査も各地で始まっている．

　この章では，筆者が長年かかわってきたカウント調査の結果を中心に，日本のタカを「渡り」の面から概観してみる．今後，展開されるさまざまな渡

り研究に役立つ情報を提供できれば幸いである．

なお，本章では，慣例にしたがってハヤブサ類についてもタカ類と合わせて論じることとする．

10.1　渡り鳥から見た日本の地理的特性

鳥の渡りを解説した本の多くに，世界の渡り鳥の主要な移動経路を記した地図が掲載されており，これらの図には日本列島に重なる形の経路が描かれている（図10.1）．日本中が渡り鳥のホットスポットというわけだ．渡り鳥の中には，むろんタカ類も含まれる．上昇気流を利用するなど，タカ類の航行法には独特のものがあるが，かれらにとって，日本はどのような地理的特性をもっているのだろうか．

（1）　島国としての日本

日本は，ユーラシア大陸の東縁に沿って並んだ大小の島々からなる島国だ．島の数は6852個ともいわれている（高田，2012）．飛び石状の島々の連なりは国境の外へも続き，北海道のすぐ北側にはサハリンがあり，北東側は千島列島，カムチャツカ半島，アリューシャン列島を経て，アラスカまでたどることができる．九州の北には朝鮮半島が大陸から突き出し，沖縄の南は，台

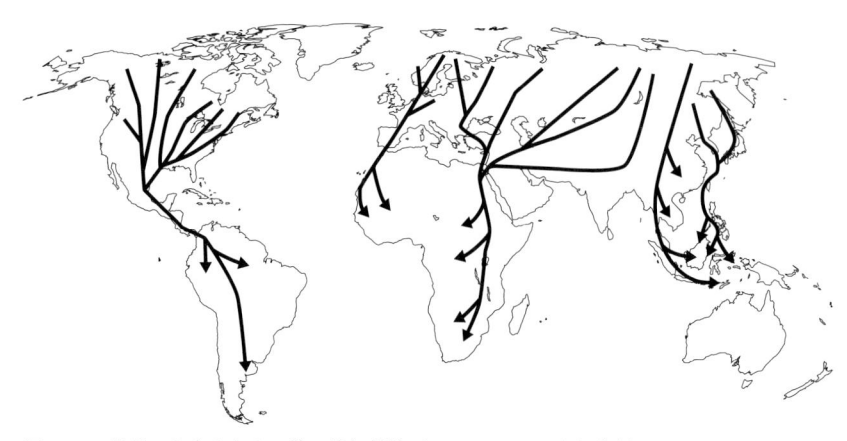

図 10.1　世界のおもなタカの秋の渡り経路（Bildstein，2006より改変）．

湾，フィリピン諸島，マレー諸島を経由してオーストラリアへとつながっている．これほど見事に島々が連なる地形は，地球上ほかにはない．島々は太古の昔から渡り鳥たちに上昇気流，中継地，避難場所，ランドマークを提供し，鳥たちは島の存在をたよりに，それぞれの渡りの習性を身につけてきたものと思われる．

（2） 日本の気候と渡り鳥

日本列島の多くの部分が温帯域に位置していることは，この国の渡り鳥について考えるうえでたいへん重要である．温帯は四季の変化がはっきりしているのが特徴で，春になれば休眠していた生物がいっせいに活動を再開し，植物が芽吹き，それを昆虫たちが食べ，昆虫は鳥の雛の食物となる．たくさんの生きものがいっせいに生まれ育つ季節が，毎年一度，必ずやってくることは，多くの夏鳥が日本に飛来する最大の理由である．タカ類のくらしぶりに目を向けると，食物となる生きものの発生時期に合わせて，巧みに雛を育てあげることがよくわかるが，これは渡りをする種に限ったことではない．

日本列島は南北に長いので，北部と南部との気候の違いは大きい．気象庁観測地のサクラ（ヒカンザクラを除く）の開花日の平年値は，もっとも早い高知では3月22日，もっとも遅い釧路では5月17日で，2カ月近いずれがある（気象庁ホームページより）．これは，ツミ（*Accipiter gularis*）などの小型のタカでは産卵から巣立ちまでの期間に相当する日数である．北海道や高山地帯では，昆虫や爬虫類，両生類が活動できる期間が短い．したがって，これらをおもな食物とするタカには不適な環境で，事実，北海道でのサシバ（*Butastur indicus*）の繁殖例はごくわずかだ．一方，沖縄地方では昆虫や爬虫類が真冬にも活動するので，サシバの越冬が可能となる．

（3） 暖流の恵み

海に目を向けると，南からの暖流が本州を包み込むように流れていることに気づく．この海流は日本の気候に大きく影響している．海面からたっぷりと水分を供給された空気は，陸地に雨や雪を降らせて豊かな森林を育む．また，暖流の影響で同緯度の他地域よりも気温の高い場所も多い．

暖流は渡り鳥たちに特別な恩恵をもたらす．温かい海面に冷たい空気が接

すると，さまざまなタイプの空気の対流が生まれ，シーサーマル（sea thermal）と呼ばれる上向きの気流も発生する．シーサーマルは，陸地上に発生するサーマル（上昇気塊）よりも規模が小さい傾向があるものの，昼夜関係なく発生するという特性をもつ．

筆者は，秋の渡りの時期，長崎県福江島で電波発信機を装着したハチクマ（*Pernis ptilorhynchus*）を観察したことがある．北西方向に飛去したハチクマは数分で視認できなくなったが，その後2時間にわたって断続的に電波を受信できた．電波の強弱の変化から読み取れたハチクマの移動の様子は，1分程度続く旋回をほぼ5分間隔で繰り返しながら遠ざかっていく，というものだった．ハチクマはシーサーマルを利用した帆翔と直線的な搏翔とを交えながら，東シナ海の上を移動していったのだろう．

人工衛星を使ったハチクマの追跡調査では，かれらが夜間も東シナ海上を飛び続けた事例が記録されている（第12章参照）．こうした移動は夜間にも発生し続けるシーサーマルに支えられていると思われる（Yamaguchi *et al.*, 2012）．

（4） 中継地としての日本

日本付近では偏西風によって大気が西から東へと流れる．とくに春と秋の渡りの時期は，高気圧と低気圧が西から交互に進んできて，天気が周期的に変わることが多い．日本人にとってあたりまえのこの現象は，中緯度地方特有のものである．日本では，降雨によってタカの移動が妨げられることもしばしばだ．長距離移動をするタカには，移動経路上に，休息や採食のできる中継地が欠かせない．しかし，多くの人口を抱える日本の国土は，人の手によって徹底的に利用されてきた．平坦地は市街地や農地としてことごとく開発され，森の姿は植林などによって本来のものから大きく変わってしまった．どうやら，今の日本は渡り鳥にとって居心地のよい場所ではなさそうである．移動性のタカ類を保全するには，渡り中継地の環境を良好に維持，あるいは改善していく必要がある．渡り鳥のくらしも念頭に国土のデザインを考える．そんな国でありたいものだ．

10.2　日本を渡るおもなタカ類

　日本に生息するタカの中で，イヌワシ（*Aquila chrysaetos*），クマタカ（*Nisaetus nipalensis*），カンムリワシ（*Spilornis cheela*）の 3 種のみが，どの個体群も年間を通して繁殖地で生活する，いわゆる留鳥だ．その他のタカは，少なくとも一部の個体群は冬に繁殖地を離れ，ほかの地域へと移動する渡り鳥である．

（1）　サシバ，ハチクマ，アカハラダカ

　渡るタカの中でもっともよく知られているのが，サシバとハチクマである．この 2 種には，昆虫や両生類，爬虫類といった，低温によって活動が鈍るタイプの生きものを多く捕食する共通点があり，日本では繁殖しないアカハラダカ（*Accipiter soloensis*）もこれらに似た食性をもつ．3 種とも，秋にはすべての個体が繁殖地を離れ，長距離の移動をする．サシバには南西諸島で冬を過ごすものがいるが，ほかの 2 種は国内で越冬しない．この 3 種はいずれも，秋は比較的短い期間に多くの個体が集中して渡る傾向がある．大きな群れでダイナミックに移動する様子が各地で観察され，人々の関心を集めているタカ類である．

　朝鮮半島などで繁殖したアカハラダカは，秋に対馬，九州西部，南西諸島を南下していく．これらの地域でアカハラダカの渡りが初めて確認されたのは，30 年ほど前であり，比較的最近のことである．それまで「迷鳥」とされてきたアカハラダカが，じつは毎年，大群となって日本を通過していたのだ．1995 年 9 月 25 日には，対馬の内山峠で 33 万羽ものアカハラダカがカウントされている（信州ワシタカ類渡り調査研究グループ，2003）．

　アカハラダカの渡りには，まだ不明な点が多い．各地のカウント調査の結果には年によるばらつきが多く，このタカを目視でとらえることのむずかしさが想起される．また，春に観察される個体数は，秋に比べてたいへん少ない．春は大きな群れになりにくいことが，発見をむずかしくしているのだろうか．あるいは，南西諸島などを通らずに大陸を北上する個体が多いのかもしれない．

（2） ノスリ，ハイタカなど

小型哺乳類や小型鳥類をおもな食物とするタカには，年間を通して日本で見られる種が多いが，渡りシーズンには移動する様子を観察できる．ノスリ（*Buteo buteo*），ハイタカ（*Accipiter nisus*），オオタカ（*Accipiter gentilis*）などが，その代表的な種である．

次節で述べるように，ノスリは近年，渡りスポットで見られる個体数に増加傾向が見られるタカである．本州中部以北で普通に繁殖し，北方の個体群は冬に南下する．環境省自然環境局・東京大学大学院（2008, 2009, 2010）によると，冬期に秋田県，三重県，山口県，石川県で捕獲して衛星追跡したノスリ16羽が，夏にはサハリン（10羽），北海道（3羽），東北地方北部（3羽）まで移動している．

青森県龍飛崎では，春に北海道へと移動するたくさんのノスリが観察される．この岬では，春の渡りシーズンに1万羽ほどのノスリがカウントされており，2000年4月2日には4360羽が記録された（久野，2000）．同じ時期に下北半島を北上するノスリも少なくないと思われるが，十分な調査は実施されていない．下北半島の東端に位置する尻屋崎では，津軽海峡の対岸に見える北海道恵山岬ではなく，北東方向に飛去するノスリが観察される．そのまま飛び続ければ，ノスリは日高地方に上陸するはずで，海峡を越える際に最短コースを選ばない点で興味深い．

秋に本州で見られる移動中のハイタカには，北日本から南下するグループと，中国地方から東進するグループがある．後者は朝鮮半島を南下してきたものではないかと考えられる．本州中部などでは渡りの時期にこれらが正面からすれちがい，両方向からの渡りが同時に見られる観察地も少なくない．本州西端の一角を占める山口県角島では，春に日本海へと飛去するたくさんのハイタカを見ることができる（久野，2008）．

（3） 北方から飛来するタカ

日本よりも北のシベリアなどの地域で繁殖し，日本で越冬するタカには，オオワシ（*Haliaeetus pelagicus*），オジロワシ（*Haliaeetus albicilla*），ケアシノスリ（*Buteo lagopus*），ハイイロチュウヒ（*Circus cyaneus*）などがあ

る．いずれも北日本に飛来するものが多く，日本が越冬地の南限域となっている（森岡ほか，1995）．

（4） トビの移動

通常「留鳥」とされるトビ（*Milvus migrans*）も，長距離移動をした例が報告されている．岩見（2011）によると，北海道十勝地方で標識されたトビの1羽が，山梨県と青森県で確認されている．筆者は1997年8月14日に龍飛崎で，北海道へと移動する230羽のトビを観察したが，その89%が幼鳥であった．この時期に北海道のどこかに好適な採食場所が出現するのを知っていて，そこを目指しての移動であろう．また，筆者は同地で4月に北海道から南下してくるトビの成鳥群をたびたび記録している．独特の食性や集合性をもつトビは，ほかのタカ類にない移動習性をもっているのかもしれない．

10.3　カウント調査の結果

（1） 白樺峠のタカの渡り

調査地の概要

長野県松本市の白樺峠は，長野，岐阜県境にそびえる乗鞍岳の東山麓に位置し，松本市鈴蘭地区と奈川地区を結ぶ林道が通っている．ここでまず留意してほしいのは，タカが「峠を越えて渡る」わけではない点である．観察場所が白樺峠に近いために「白樺峠のタカの渡り」と呼ばれているが，北東から南西へと移動するタカたちは，峠としての地形とまったく関係なく通過していく．

1989年の秋，この峠から歩いて20分ほどの見晴らしのよい伐開地で，タカの渡りが「発見」された．1991年からは，「信州ワシタカ類渡り調査研究グループ」が秋の渡りシーズンを通したカウント調査を実施しており，筆者は当初からこれに参加している（図10.2）．

白樺峠定点調査地（36°06′30″N，137°40′10″E）は，1990年前後に植林された若いカラマツ林内にある．そのため，周囲のカラマツの成長によって，調査開始当初に比べると視界が悪化している．今後も調査を継続していくには，

図 10.2 白樺峠を渡るサシバ．上昇気流をとらえ旋回を繰り返す群れ（2011年9月24日撮影）．

立木の買い取り，伐採が必要である．なお，この調査地は一般の観察者を受け入れられるほどのスペースがないため，600 m ほど離れた場所に「たか見の広場」を整備して，一般観察者への便宜を図っている．

調査方法

調査期間は8月下旬から11月中旬で，9月1日から11月3日までの期間は毎日，カウントを続けている．当地では，夜明けと同時にタカが通過するケースは少ないので，朝，十分明るくなってから調査を開始し，夕方近くに終了する．1日の調査時間は最長で11時間ほどである．調査員は通常2人から10人程度で，サシバの渡りがピークを迎える時期には，さらに人数が増えることもある．各自，8倍程度の双眼鏡と，三脚にセットした30倍程度の双眼鏡を使用する．

調査範囲はとくに限定せず，見えたタカはすべて数えるため，10 km 以上離れたところを飛ぶタカを数えることも少なくない．種の識別はもちろん，可能なものは年齢や性別なども記録している．

広域調査

信州ワシタカ類渡り調査研究グループは，定点調査と並行して，長野県全域を対象にタカの移動経路に関する調査も実施してきたが，白樺峠と同等数のタカが通過する場所は見つかっていない．白樺峠は，地形や気流などの要因によって移動するタカが集中しやすい場所にあるようだ．白樺峠の調査地は，梓川がつくる深い谷を見下ろす斜面にあるが，この谷は，北アルプスの南端でちょうどタカが進行する方角へと切れ込んでいる．壮大で急峻な北アルプスの地形がタカの移動経路に大きく影響しているようだが，北アルプスの主稜線を越えていくタカの観察例も少なくない．

当グループは，白樺峠周辺でのタカの移動の様子を把握するための調査も実施している．定点調査地を中心にタカの移動経路に直交する形で延長 20 km の調査ラインを設定し，このライン上に 2 km 間隔で調査員を配置することで，幅 20 km の地域を通過するすべてのタカの捕捉を目指すものである．この調査はこれまでに計 12 回，実施されたが，定点調査地からのカウント数の，対象地域全体での通過数に対する比率は，日によって最小 24% から最大 71% までの変化があり，総計では 50% に留まっている．また，この調査地域の外側でもタカの渡りは観察されている．以上のことから，定点調査ではとらえられていないタカも，相当数がこの地域を通過していると考えられる．

定点調査の結果

白樺峠定点調査地では，1991 年から 2012 年までに 1335 日の調査が実施され，13 種のタカ類と 4 種のハヤブサ類，総数 300414 羽の通過を記録している（表 10.1）．タカの種構成をみると，サシバ（60%），ハチクマ（16%），ノスリ（14%），ツミ（*Accipiter gularis*）（8%）の 4 種が多くを占めており，この 4 種で全体の 98% を占めている．これら 4 種の，5 日ごとの日平均通過個体数を図 10.3 に示す．サシバとハチクマは，ノスリやツミよりも早い

表 10.1 白樺峠定点調査による種ごとの年平均通過個体数. 2003年から2012年までの10年間の平均 (信州ワシタカ類渡り調査研究グループ, 未発表).

	種 名	学 名	個体数
タカ目	ミサゴ	Pandion haliaetus	43
	ハチクマ	Pernis ptilorhynchus	2326
	トビ	Milvus migrans	73
	オオワシ	Haliaeetus pelagicus	0.1
	オオタカ	Accipiter gentilis	78
	アカハラダカ	Accipiter soloensis	0.8
	ツミ	Accipiter gularis	1354
	ハイタカ	Accipiter nisus	75
	ケアシノスリ	Buteo lagopus	0.1
	ノスリ	Buteo buteo	2634
	サシバ	Butastur indicus	8658
	ハイイロチュウヒ	Circus cyaneus	0.5
	チュウヒ	Circus spilonotus	4
ハヤブサ目	ハヤブサ	Falco peregrinus	25
	チゴハヤブサ	Falco subbuteo	38
	コチョウゲンボウ	Falco columbarius	0.9
	チョウゲンボウ	Falco tinnunculus	4
	種不明		56

時期に通過していることがわかる.

2003年から2012年の10シーズンにおける, 日付ごとの総計による解析では, サシバとハチクマは, それぞれ9月15日から9月28日の14日間でカウント総数の80%が通過していたのに対し, ノスリでは80%が通過するのに30日 (10月4日から11月2日), ツミでは33日 (9月26日から10月28日) を要していた. サシバとハチクマは短期間に多くの個体が集中して渡るタイプのタカで, 両種は同じ時期に通過のピークがある. ノスリとツミは, 前2種に比べ通過時期が長く, ノスリのほうがツミよりもやや遅い時期に通過のピークがある.

(2) 白樺峠と伊良湖岬——サシバとノスリの通過個体数の変化

近年, 日本各地でサシバの減少傾向が明らかにされている (Kawakami and Higuchi, 2003; Ueta et al., 2006; 野中ほか, 2012). 一方, 白樺峠では

10.3 カウント調査の結果

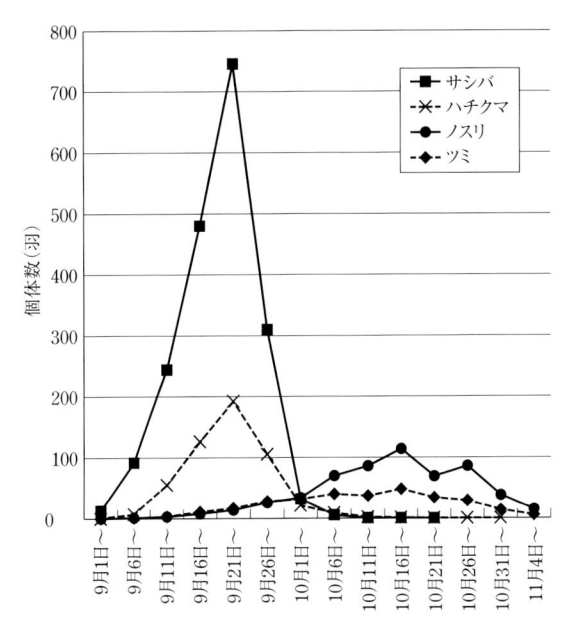

図 10.3 長野県白樺峠におけるサシバ, ハチクマ, ノスリ, ツミの5日ごとの日平均通過個体数. 2003年から2012年までの10年間の平均（信州ワシタカ類渡り調査研究グループ, 未発表）.

ノスリの通過個体数が増加傾向にある（信州ワシタカ類渡り調査研究グループ, 未発表）. ここでは, 白樺峠と愛知県伊良湖岬における, この2種の通過個体数の動向の違いを示す.

伊良湖岬は渥美半島先端の岬である. この半島は豊橋市から西南西, つまり秋の渡りの進行方向に突き出ており, 伊良湖岬はサシバなど多くの渡り鳥が通過する場所として知られ, サシバの渡りがピークを迎える10月上旬は観察者でにぎわう. 伊良湖岬と白樺峠は180 kmほど離れており, その位置関係から, 通常, 白樺峠を通過したタカが同じシーズンに伊良湖岬を通過することはない. サシバの衛星追跡の結果を見ると, 東北地方の日本海側で繁殖した個体は白樺峠のある本州中央部を, 東北地方の太平洋側や関東地方で繁殖したサシバは, 伊良湖岬を含む太平洋沿岸を移動する傾向が見て取れる（環境省自然環境局・東京大学大学院, 2008, 2009, 2010; 第12章参照）.

伊良湖岬の調査

伊良湖岬は日本で最初にタカの渡りのカウント調査がスタートした場所の1つで，1974年，辻　淳夫氏によって始められた（辻，1986）．1990年以後は「伊良湖岬の渡り鳥を記録する会」に引き継がれ，毎年，秋の定点調査が続けられている．伊良湖岬をもっとも多く通過するタカはサシバで，タカ総数（ハヤブサ類を含む）の86%を占める．サシバが伊良湖岬を通過する時期は白樺峠よりも遅く，10月上旬にピークを迎える年が多い．また，白樺峠では成鳥が72%を占めるのに対し伊良湖岬では成鳥が52%であり，両地点を通過するサシバの年齢構成には違いが見られる（タカの渡り全国集会in信州実行委員会，2000；伊良湖岬の渡り鳥を記録する会，2000）．

伊良湖岬と白樺峠，サシバの違いはなにを示すのか

図10.4は，白樺峠と伊良湖岬におけるサシバとノスリの通過個体数の変動を5年移動平均の推移によって示している．両地点とも，調査日数の少ない初期の数年間の記録は採用していない．

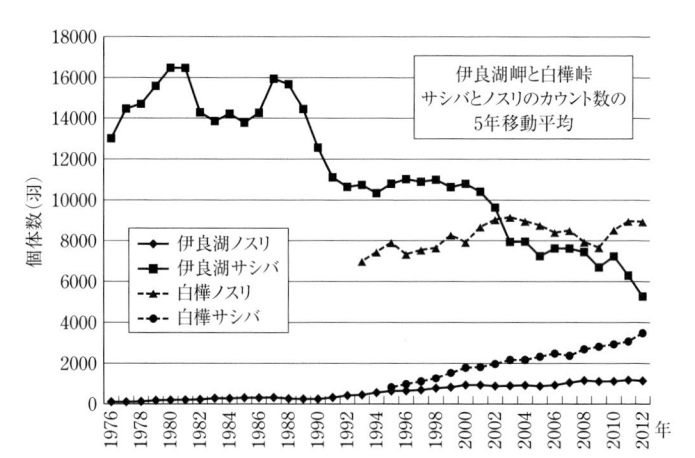

図10.4　伊良湖岬と白樺峠の秋におけるサシバとノスリの通過個体数の年変化．伊良湖岬，白樺峠ともに，各年のサシバとノスリの通過総数の5年移動平均．それぞれ最初と最後の2年の値は，3年あるいは4年分を平均している（伊良湖岬の渡り鳥を記録する会，未発表；信州ワシタカ類渡り調査研究グループ，未発表）．

まず目を引くのは，伊良湖岬のサシバの減少ぶりだ．この25年ほどの間に，3分の1程度にまで減っている．1990年ごろまでは個体数に大きな変動が見られるが，その原因として調査精度のバラツキが考えられる．辻氏が主体となって調査を実施していた当時は，調査員の数が少なく，使用する光学機器の質も低かった．筆者はそのころの伊良湖岬の調査にも参加しているが，今にして思えば，見落としが懸念される場面も少なくなかった．サシバの通過数は1990年前後の急激な減少の後，いったん変動が落ち着く時期がある．ところが，この10年ほどでまた大きく減少し，現在に至っている．

 この図は，サシバの減少をもたらした要因が1つではないことを想像させるが，野中ほか（2012）はサシバが減少した要因として，開発行為と耕作放棄，捕食者による影響をあげている．一方，白樺峠ではサシバの通過数に減少傾向は見られず，むしろ，増加傾向すらうかがわれる．東（2004）は，サシバの生息地の減少は，東北，北陸地方よりも関東・関西地方で顕著としている．通過するサシバの個体数動向が伊良湖岬と白樺峠で大きく違うのは，それぞれを通過する個体群の繁殖環境が異なる様相で変化してきたからであろう．かれらの繁殖地でいったいなにが起っているのだろう．これ以上サシバを減少させないためには，繁殖地域ごとの現況を早急に明らかにしていく必要がある．

 近年，静岡市で新たなサシバの渡りスポットが発見され，注目を集めている．その調査結果は意外なもので，伊良湖岬ではサシバの通過個体がまだ少ない9月下旬，白樺峠とほぼ同じタイミングで，たくさんのサシバが静岡を通過することを示している．静岡を通過した後，これらのサシバは伊良湖岬より北側のどこかを西進するようだが，まだ不明な点が多い．今後の調査に期待したい．

 ノスリの通過個体数は，伊良湖岬，白樺峠，両地点とも直線的に増加し続けている様子が読み取れ，たいへん興味深い．白樺峠では伊良湖岬よりも顕著な増加が見られるが，それぞれ通過するノスリがどこからきて，どこまで移動するのかはわかっていない．

10.4 2008年1月のケアシノスリの侵入

(1) 侵入とは

　渡り鳥の多くは，特定の繁殖地と特定の越冬地とを定期的に往復する．たとえば，ハチクマは1万kmもの移動をはさんで，毎年ほぼ同じ場所での繁殖と越冬を繰り返すことが衛星追跡によって明らかにされた（第12章参照）．また，鹿児島県薩摩川内市に20シーズン続けて飛来したカラフトワシ（所崎，2012）や，長野県諏訪湖に14シーズン飛来したオオワシの例（信濃毎日新聞，2012）もある．

　一方，食物資源量などの環境条件の急激な変化に合わせ，年によって繁殖地や越冬地を大きく移す鳥もいる．このような移動を「侵入」と呼び，通常の「渡り」と区別されるが，同一種内でも個体群によって「侵入」を起こす頻度が異なる．しばしば「侵入」を行なう鳥は高緯度地域で繁殖するものに多く，特定の樹種の実を利用するアトリ類やレンジャク類，小型哺乳類を主食とするフクロウ類やタカ類がその代表である．日本のタカ類の中では，ハイイロチュウヒやケアシノスリなどが含まれる．

　ハイイロチュウヒやケアシノスリのおもな獲物となるレミング類およびクビワレミング類は，3-5年周期で大発生を繰り返すことが知られており，その個体数密度の振幅は200倍から，ときに1000倍にもなる（Wiklund et al., 1999）．そのため，獲物が乏しい年は，タカは少ない数の雛しか育てられず，さらに獲物が減少すればほかの地域へと移動して繁殖する．ケアシノスリでは繁殖地を2700 km以上も移動した例が知られ，特定の越冬地への執着性も弱い（Newton, 2008）．こうした習性により，これらのタカの越冬地での生息密度は年による変動が大きい．

(2) 2008年のケアシノスリ大侵入

　ケアシノスリは，ユーラシア大陸と北米大陸の北極を取り巻く高緯度地域で繁殖し，冬には北緯40-55度ほどの帯状の地域で越冬する．日本では北海道などの北日本では普通に見られるが，本州中部から西の地域では数少ない冬鳥である（森岡ほか，1995）．北日本以外における国内越冬数は2-3羽程

度の年が多いと思われる．ところが，2008年の1月初め，西日本や北陸地方などに前代未聞というべき多数のケアシノスリが飛来した．

飛来の様子

この冬のケアシノスリに関する記録は，野鳥カメラマンのブログや，各地の野鳥愛好団体の会報などに数多く残されており，その動向を知るための手がかりが得られる．これらの情報を参考に飛来の様子を概観してみよう．

2007–2008年シーズンの冬は，大量飛来の前から西日本でのケアシノスリの記録がめだち，11月下旬に高知県，12月上旬には岡山県で成鳥が撮影されている．「異変」を示す最初の記録として，12月30日，新潟県長岡市での4羽の観察例（山田，2008）があげられ，翌31日には石川県邑知潟で5羽以上が目撃された（日本野鳥の会石川支部，2008, 2009）．1月1日には，石川県（2カ所），福井県，新潟県で，それぞれ1羽の報告が見られる（柳町，2008；山田，2008）．2日には「30羽以上」という信じがたい情報が滋賀県から発信された（日本野鳥の会滋賀，2008）．この記録は南へと移動する個体を数えたもので，滋賀県を通過したケアシノスリは，その後，近畿地方や，東海地方へと分散した可能性が高い．同日，石川県，兵庫県，島根県，愛知県でも複数個体が観察され，その翌日には，北陸地方，中国地方，関西地方，東海地方などで，それまで日本で記録されたことのない生息密度でケアシノスリが観察されている．

12月の終わりごろに，まず少数のケアシノスリが北陸地方に飛来した後，1月1日，あるいは2日に多数が飛来．その後，好みに合う環境を探しながら移動し，やがて広い農耕地やアシ原などに定着していったようだ．

図10.5は，各都府県の越冬期の飛来数をまとめたものである．筆者は，この冬のケアシノスリの総飛来数（北海道を除く）を350–400羽程度と推定している．また，幼鳥がその大半を占めたことも特筆すべき点で，成鳥の飛来は5羽以下と推測される．

どこからきたのか

では，これらのケアシノスリはどこから飛来し，そのときの気象条件はどのようなものだったのか．ユーラシア大陸東部におけるケアシノスリの越冬

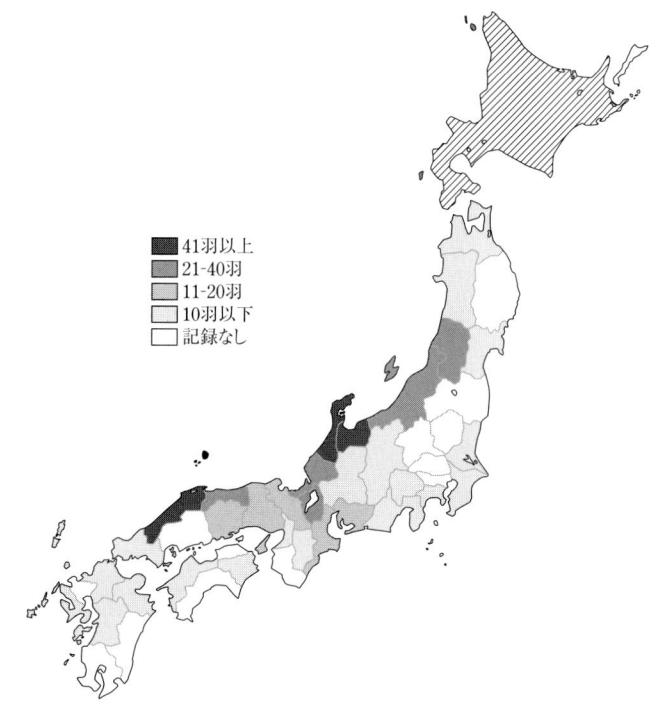

図 10.5 2008 年 1 月から 3 月における都府県ごとのケアシノスリの飛来数（北海道を除く）．収集，精査した 100 を越えるブログ上の情報，各地の愛好団体による会報，個人情報によって，各都府県を，1 日に記録された最多個体数によって色分けしてある．この冬，北海道への飛来状況は例年並みであったらしく，ケアシノスリの「異変」を伝える資料は見つからないので，この図では個体数による色分けをしていない．

地のうち，日本にもっとも近いのは，朝鮮半島のつけ根からウラジオストクやハバロフスク周辺を含む地域である．ウラジオストク近郊で車を使った越冬個体数調査の結果として，6 km で 3 羽，別の日の 10 km で 7 羽という報告がある（パノフ，1990）．後に示す筆者の河北潟での調査結果と比較すると，この地域での生息密度の高さがうかがわれる．

今回のケアシノスリが，この地域から移動してきたことを前提に，日本への移動経路を考えてみると，北海道を経由，朝鮮半島を経由，日本海を越えて飛来，の 3 つの可能性があげられる．図 10.5 からは，日本海を直接，越

えてきたケアシノスリが，北陸地方や中国地方の日本海側に上陸した可能性が強く感じられる．北海道を経由して南下すれば，北日本や東日本での越冬数がもっと多くなるだろうし，朝鮮半島経由で飛来したのなら，飛来数の中心地はもっと西になりそうだ．ただし，対馬でも複数個体の観察例があることから，朝鮮半島経由で飛来したものも少しはあったと考えるのが妥当だろう．

飛来時の気象条件

当時，ケアシノスリの移動を促したのはなにであったのか．1986–1987年の冬にドイツ南部で記録されたケアシノスリの大規模な侵入は，中央ヨーロッパ東部における積雪と低温によって引き起こされたとされる（Dobler et al., 1991）．そこで，2008年正月前後の天候の記録を調べてみた．図10.6に2008年1月1日午前9時の日本付近の雲の衛星画像（可視）と天気図を示す．日本付近は典型的な冬型気圧配置で，この冬，初めての本格的な寒波到来となった．強い寒気の流入は，12月30日から1月2日まで続き，この間，各地で山岳事故が相次いだ（気象業務支援センター，2008, 2009）．衛星画像には日本海に厳冬期特有の帯状の雲が写っており，日本海上の風の様子が見て取れる．雲の連なりは，朝鮮半島の付け根から北陸地方へと到達する強い風が吹き出していることを物語っている（荒川，2011）．

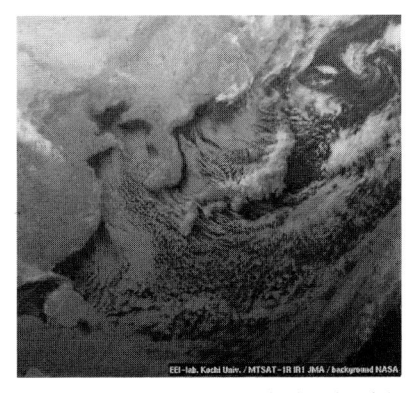

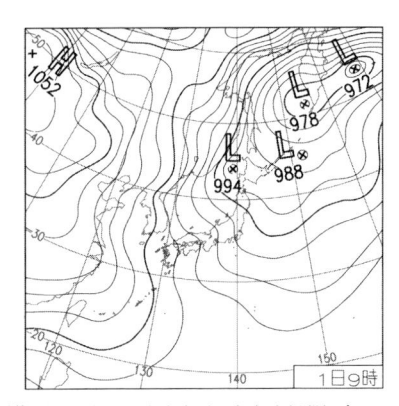

図 **10.6** 2008年1月1日，午前9時の衛星画像（高知大学・東京大学・気象庁提供）と，天気図（気象庁提供）．西高東低の典型的な冬型の気圧配置であったことがわかる．

日本に飛来したケアシノスリがどこを出発したのかはわからないが，ここには，日本からもっとも近いケアシノスリの越冬地域であるロシア沿海地方における当時の気象の概要を書き記しておく．Weather Underground 社のウェブページによると，ウラジオストクの 2007 年末から 2008 年始までの気温は，10 日間以上，例年より高い状態で推移しており，平年並みに戻ったのは 1 月 2 日以後である．ハバロフスクとハルピンの気温も同様の傾向で推移した．ウラジオストクでは 12 月 28 日から 29 日にかけて降水が記録されているが，降水量と降雪日数の平年値から推測すると，このときの積雪は特別深いものではなかったと考えられる．以上のように，この時期の沿海地方の気象記録からはケアシノスリに移動を促しそうな特別な気象要素は見出せない．2008 年 1 月中旬，中国中南部は，100 年に一度とも表現される記録的な大寒波に襲われたが，これは，ケアシノスリが日本に飛来した後のことであり，その関連を明らかにするのはむずかしい．

2007 年の夏，シベリアのどこかでレミングが大発生し，多数のケアシノスリの幼鳥が巣立ったのではないか．そして 12 月，その幼鳥たちが過ごしていた地域に起きたなんらかの事象により，かれらは移動の衝動に駆られ，日本へと飛来した．その顛末をぜひともくわしく知りたいところだが，日本の周辺には，タカの観察記録など，われわれの欲する情報を得がたい地域が大きく広がっている．

飛来後の移動の様子

各地の観察情報を見ると，1 月 10 日から 15 日ごろにもっとも多くの個体数を記録した地域が多い．図 10.7 に，筆者が石川県河北潟で実施した，車で移動しながらのラインセンサスでの，調査日ごとの記録個体数を示す．1 月中旬に最多を記録した後，ケアシノスリは徐々に減少していった．ほかの場所でも，これと似た形で個体数が減少したようで，多くの個体がいっせいに移動したことを示唆する観察例はない．

1 月下旬に三重県で 3 羽，3 月上旬に山口県で 1 羽のケアシノスリ（すべて幼鳥）に衛星追跡用送信機が装着され，追跡調査が実施された．山口県の個体は，3 月下旬までに朝鮮半島へと移動，その後，ロシア北東部の北緯 68 度，東経 166 度付近まで移動して夏を過ごしている．9 月中旬には秋の渡り

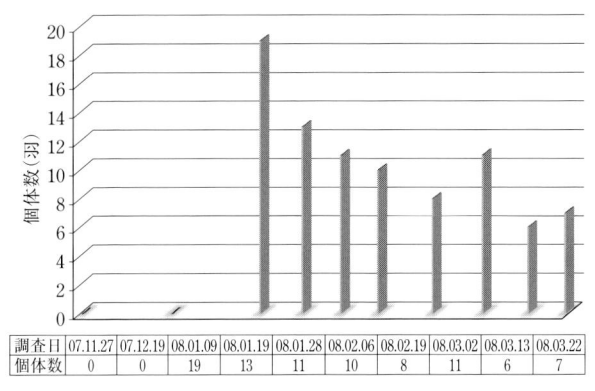

調査日	07.11.27	07.12.19	08.01.09	08.01.19	08.01.28	08.02.06	08.02.19	08.03.02	08.03.13	08.03.22
個体数	0	0	19	13	11	10	8	11	6	7

図 10.7　2007–2008 年冬の河北潟干拓地における越冬ケアシノスリのカウント数．干拓地とその周辺を車で移動しながらのロードセンサスによる．各日の車の走行距離は約 80 km．

を開始し，ウラジオストクの西方の，ロシア，中国，北朝鮮の 3 国の国境が接する地域に移動して越冬した．三重県の 3 羽は，3 月下旬から 4 月中旬に春の渡りを開始し，いずれも本州を北上して北海道北部まで追跡された．2 羽はここで追跡が途絶えてしまったが，1 羽は日本海を越えて大陸に移動し，アムール川河口近くまで追跡されている（環境省自然環境局・東京大学大学院，2008, 2009, 2010）．

　青森県龍飛崎における 2008 年春の渡りのカウント調査では，北海道へと渡る 47 個体のケアシノスリが記録された（久野ほか，未発表）．2002 年から 2013 年までに同調査で記録されたケアシノスリの通過個体数の合計は，2008 年を除くと 13 羽に留まる．うち 2007 年の 4 羽がシーズン最多で，1 羽も記録されないシーズンが 4 回ある．

　2008–2009 年の冬，ケアシノスリの飛来数は例年並みか，若干多い程度で，前年に越冬した個体が再び飛来した証拠は見つからない．2008 年 1 月に見られたケアシノスリの「侵入」は，まさに教科書どおりの現象であった．

引用文献

荒川正一．2011．局地風のいろいろ　3 訂版．成山堂書店，東京．
東　淳樹．2004．サシバとその生息地の保全に関する地域生態学的研究．我孫子

市鳥の博物館調査研究報告，12：1-119.

Bildstein, K. L. 2006. Migrating Raptors of the World : Their Ecology and Conservation. Cornel University Press, New York.

Dobler, V. G., R. Schneider and A. Schweis. 1991. Influx of Rough-legged Buzzards (*Buteo lagopus*) into southwestern Germany (Baden-Wurttemberg) in the winter 1986/87. Vogelwarte, 36：1-18.

伊良湖岬の渡り鳥を記録する会．2000．伊良湖岬のタカの渡り――1974-1999年（タカの渡り全国集会in信州2000実行委員会，編：タカの渡り2000）pp. 90-106．信州ワシタカ類渡り調査研究グループ，豊科．

岩見恭子．2011．トビ．バードリサーチニュース，8(10)：4-5.

環境省自然環境局・東京大学大学院．2008．渡り経路による衝突影響分析業務報告書（平成19年度）．環境省．

環境省自然環境局・東京大学大学院．2009．渡り経路による衝突影響分析業務報告書（平成20年度）．環境省．

環境省自然環境局・東京大学大学院．2010．渡り経路による衝突影響分析業務報告書（平成21年度）．環境省．

川上和人．2005．サシバが空から消える時．バーダー，19(6)：30-33.

Kawakami, K. and H. Higuchi. 2003. Population trend estimation of three threatened bird species in Japanese rural forests : the Japanese Night Heron *Gorsachius goisagi*, Goshawk *Accipiter gentilis* and Grey-faced Buzzard *Butastur indicus*. Journal of the Yamashina Institute for Ornithology, 35：19-29.

気象業務支援センター．2008．気象年鑑2008年版．気象業務支援センター，東京．

気象業務支援センター．2009．気象年鑑2009年版．気象業務支援センター，東京．

久野公啓．2000．龍飛崎の渡り 春――1995-2000年（タカの渡り全国集会in信州2000実行委員会，編：タカの渡り2000）pp. 90-106．信州ワシタカ類渡り調査研究グループ，豊科．

久野公啓．2008．タカの渡りを楽しむ本．文一総合出版，東京．

森岡照明・叶内拓哉・川田　隆・山形則男．1995．日本のワシタカ類．文一総合出版，東京．

Newton, I. 2008. The Migration Ecology of Birds. Elsevier, Oxford.

日本野鳥の会石川支部．2008．石川野鳥年鑑2007．日本野鳥の会石川支部，石川．

日本野鳥の会石川支部．2009．石川野鳥年鑑2008．日本野鳥の会石川支部，石川．

日本野鳥の会滋賀．2008．におのうみNo. 12．日本野鳥の会滋賀，守山．

野中　純・植田睦之・東　淳樹・大畑孝二．2012．アンケート調査によるサシバの生息状況（2005-2007）．Strix，28：25-36.

パノフ，E. N．1990．南ウスリーの鳥類1．極東鳥類研究会，帯広．

信濃毎日新聞社．2012．信濃毎日新聞2012年12月29日．信濃毎日新聞社，長

野.
信州ワシタカ類渡り調査研究グループ．2003．タカの渡り観察ガイドブック．文一総合出版，東京．
高田利幸．2012．日本の国土と産業データ．小峰書店，東京．
タカの渡り全国集会 in 信州 2000 実行委員会（編）．2000．タカの渡り 2000．信州ワシタカ類渡り調査研究グループ，豊科．
所崎　聡．2012．鹿児島のカラフトワシの今昔．バーダー，26(12)：28–29.
辻　淳夫．1986．伊良湖岬での 10 年．アニマ，14(13)：18–21.
Ueta, M., R. Kurosawa and H. Matsuno. 2006. Habitat loss and decline of Grey-faced Buzzards (*Butastur indicus*) in Tokyo：JAPAN. Journal of Raptor Research, 40：52–56.
Wiklund, Christer G., A. Angerbjörn, E. Isakson, N. Kjellén and M. Tannerfeldt. 1999. Lemming Predators on the Siberian Tundra. Ambio, 28：281–286.
山田　清．2008．今冬（07-08）のケアシノスリ飛来状況．野鳥新潟 No. 143：4–5. 新潟県野鳥愛護会，新発田市．
Yamaguchi, N., Y. Arisawa, Y. Shimada and H. Higuchi. 2012. Real-time weather analysis reveals the adaptability of direct sea-crossing by raptors. Journal of Ethology, 30：1–10.
柳町邦光．2008．北国からのお年玉．つぐみ No. 149．日本野鳥の会福井県支部，南条．

11
極東地域における オオワシとオジロワシの渡り

植田睦之・楠木憲一

　北海道の厳冬期，道東を中心とした湖沼や海岸では多くのオジロワシ（*Haliaeetus albicilla*）とオオワシ（*H. pelagicus*）を見ることができる．日本でこれだけ大型のワシ類を見られる場所はほかにはない．このワシたちを観察しているといくつもの疑問がわいてくる．なぜこのワシたちはこの地域に集まってくるのだろうか．どこからどういう経路を通って渡ってくるのだろうか．そしてどのような気象条件のときに渡ってくるのだろうか……．この章では，これらのことを明らかにするために，筆者らがアメリカやロシアの研究者と一緒に行なってきた調査の結果についてご紹介する．

11.1　オオワシの分布と渡り経路

　オオワシは全長 85–94 cm の魚食性のワシである（図 11.1）．白い尾や肩の羽が美しく，海外からくるバードウォッチャーがもっとも見たがる鳥の 1 つである．もう 1 つめだつのが黄色い巨大なくちばしである．オオワシの秋から冬にかけての主要な食物はサケ・マス類だが，この強力なくちばしにより，くちばしが小さいオジロワシよりも効率的に皮の硬いサケを摂食できることがわかっている（Ladyguin, 2000）．

　日本でオオワシが多く見られるようになるのは，1 月から 2 月にかけての厳冬期である．この時期はちょうど流氷が接岸する時期であり，また，流氷上にいるところを観察されることが多いため，かつては，オオワシは流氷に乗って北海道にやってくるとも考えられていた．しかし人工衛星を使った渡り経路の追跡や，渡り時の定点調査により，実際の渡り経路がわかってきた．

図 11.1 宗谷岬を渡っていくオオワシ.

　われわれは1995年と1996年に環境省の日ロオオワシ共同調査として越冬地の北海道から，1997-1999年にはNECからの支援を受けて繁殖地のロシアから，オオワシにアルゴスシステム用の送信機を装着し，衛星追跡を行なった．衛星追跡は送信機が発する電波を人工衛星が受けることによりワシの位置を特定する仕組みで（樋口，2005），一度送信機をワシにつけてしまえば，送信機の電池寿命が尽きるまで，ワシが世界中のどこに移動してもその位置を知ることができる．

　送信機を装着したワシの動きから，オオワシがどのように日本に渡ってくるのかが明らかになった（図11.2）．秋が深まるとともに，オオワシはオホーツク海沿岸を南下してくる．そこからサハリンを下り，10月下旬から11月に宗谷岬から北海道に飛来するのだが，ワシは北海道に留まることなく，北海道を素通りして国後・択捉島へと移動してしまう（McGrady *et al.*, 2003）．そして国後・択捉島にしばらく滞在した後，厳冬期になり，流氷がくるころになると再び北海道へ飛来する．羅臼や風蓮湖など北海道内を移動しながら越冬し，春になると宗谷岬へと向かい，秋の逆コースをたどるよう

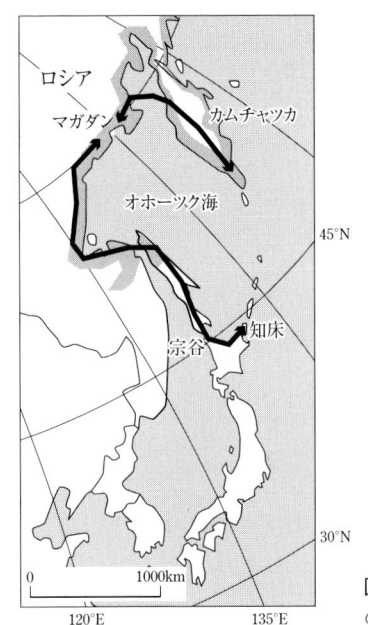

図 11.2 衛星追跡により明らかになったオオワシの渡り経路. 網かけ部分が繁殖域を示す.

にして繁殖地へと帰っていく (Ueta et al., 2000).

このような渡りをするのは，オホーツク海北部のマガダンより西の地域で繁殖するオオワシで，マガダンより東の地域で繁殖するオオワシは日本ではなく，カムチャツカ方面へと移動し，越冬する (McGrady et al., 2003).

日本で越冬するワシの多くは，秋に北海道を素通りしていたが，なぜ，北海道を素通りして国後・択捉島へと移動してしまうのだろうか．衛星追跡したワシが行った場所をヘリコプターを使って上空から調査したところ，ワシはサケ・マス類の産卵場所のある河川や湖に群れで滞在していることがわかった (Masterov et al., 2003). 北海道の河川の多くには簗が設置され，サケ・マス類が遡上できなくなっている．そのため，多くのワシは食物の少ない北海道に留まらず，サケ・マス類の多い国後・択捉島に移動すると考えられる．そして厳寒期には，サケ・マス類の遡上が少なくなり，また雪や氷により覆われ，利用しにくくなる反面，北海道道東の風蓮湖などでは氷下漁が始まり，羅臼などでのスケトウダラ漁もさかんになり，そこからこぼれ落ちたり，捨てられたりする魚が増え，ワシがそれらを食物として利用できるよ

うになる．そこで，国後・択捉島を離れ，北海道に飛来するものと思われる．

初冬期に国後・択捉島に向かわず北海道に滞在しているワシ類も少数いる．これらのワシもやはりサケ・マス類への依存度が高いようである．北海道のオホーツク海沿いの河川をめぐってサケの死体の数とオオワシおよびオジロワシの生息状況との関係を調べてみると，ワシ類の数はサケ・マス類の死体がたくさんある川ほど多かった（植田ほか，1999）．さらに近年は，山間部のシカ猟から出る残滓を求めて初冬期から山間部に飛来するワシ類も出てきている．そして残滓に残る鉛弾の破片（現在はシカ猟への鉛弾の使用は禁止されている）を食べることで，鉛中毒の問題が生じている（Kurosawa, 2000）．

11.2 オジロワシの分布と渡り経路

オジロワシはオオワシと同じ海ワシだが，全長 70–90 cm とひとまわり小型のワシである（図 11.3）．食物はオオワシと同様に魚類を獲るが，鳥類も

図 11.3 宗谷岬を渡っていくオジロワシ．

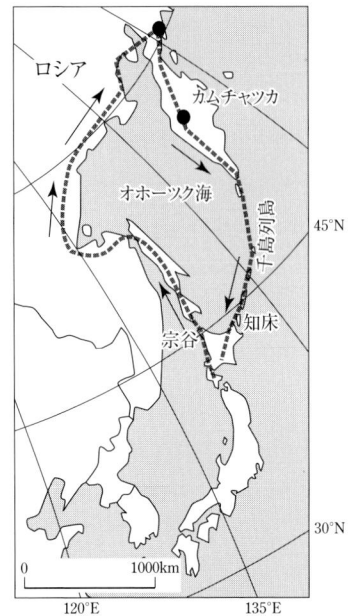

図 11.4 衛星追跡により明らかになったオジロワシの渡り経路．●は追跡したワシがそれぞれ繁殖期を過ごした場所を示す（Ueta et al., 1998 より改変）．

多く獲るなど，よりジェネラリスト的な習性をもっている．そのためか分布も広く，旧北区全域に広く分布していて，日本では越冬にくるもののほかに北海道で留鳥として繁殖しているものもいる．

　われわれは2羽のみだが，オジロワシの成鳥にも衛星用の送信機を装着し追跡を行なった．その結果，同じ経路を春と秋で往復するオオワシと異なり，オジロワシは春と秋で渡りの経路が違うことがわかった（図11.4）．オジロワシの春の渡りはオオワシと同じく，宗谷岬からサハリンを北上して繁殖地へ向かう．追跡したオジロワシはオホーツク海をまわりこむようにして，カムチャッカまで北上し，そこで繁殖した．ところが秋になるとオジロワシは春の経路を引き返すのではなく，オホーツク海を1周するようにしてカムチャッカを南下し，千島列島沿いに北海道を目指し，オオワシと同様に国後・択捉島にしばらく滞在した後に，北海道へと渡ってきた．

　調査した個体は2羽だけだが，宗谷岬で春はオジロワシがサハリンへと渡っていくのが観察されるのに対して，秋の調査ではほとんど観察されない（伊藤，1991）．このことも春と秋の渡りの経路が違っていることを裏付けて

いる.しかし多くのオジロワシが同様の渡りを行なっているのかを知るためには,さらなる調査が必要である.

11.3 年齢や季節によって異なる渡り

衛星追跡調査でわかるのは,渡り経路だけではない.一度にどれくらい移動するのか,中継地でどれくらい休息するのかなどといった渡りのパターンも明らかにすることができる.

オジロワシの春と秋の経時的な移動状況を見てみると,曲線の傾きが春では大きく,秋では小さいことがわかる(図 11.5).つまり,春のほうが速く渡り,秋のほうがゆっくり渡っていることになる.では,どうやって渡りの速度を変えているのだろうか.単純化して大別すると,一度に渡る距離を変える方法,中継地滞在時間を変える方法の2つが考えられる.そこで,一度の渡り距離,中継地の滞在日数を春と秋で比べてみると,追跡した2羽の

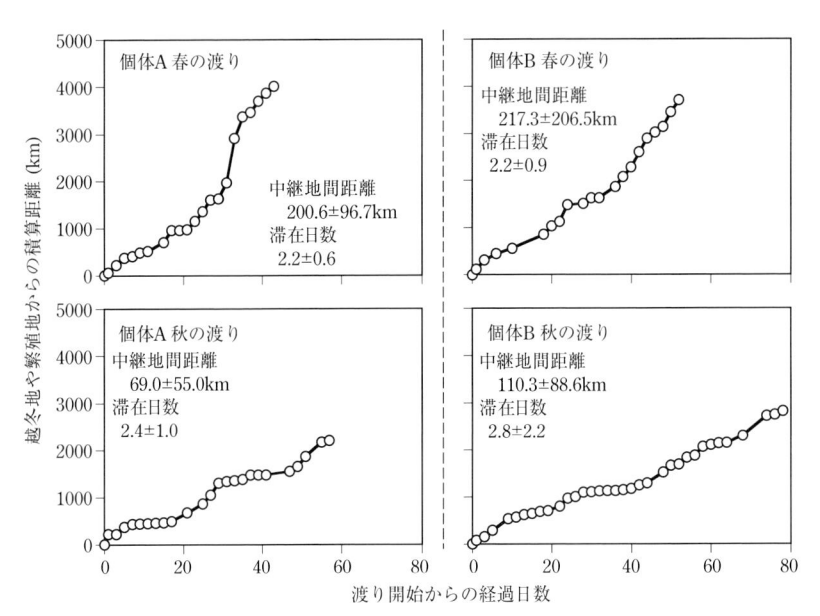

図 11.5 オジロワシの渡り開始からの日数と積算移動距離との関係(数値は平均±標準偏差).

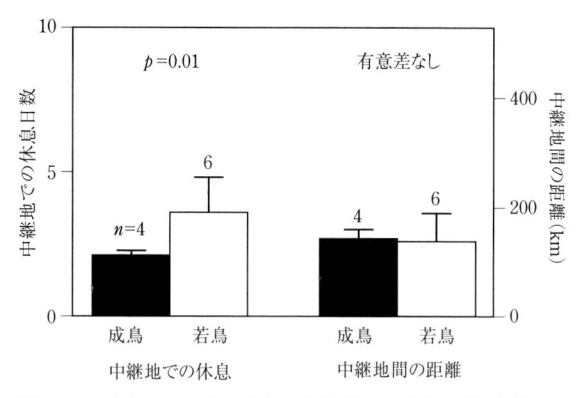

図 11.6 オオワシの春の渡りの中継地での休息日数（平均±標準偏差）と，中継地間の距離の成鳥と若鳥での比較（Ueta and Higuchi, 2002 より改変）．

オジロワシはどちらも有意に秋の渡りのほうが1回に渡る距離が短いのに対して，中継地での滞在日数には春秋間で有意な違いはなかった．つまり，オジロワシは，一度に長距離を渡らないことで秋はゆっくり渡っていることになる．

春と秋で渡り速度が違う理由としては，春は繁殖のために早く渡る必要がある可能性と，オジロワシの場合は春と秋では渡り経路が違うため，その違いが影響している可能性の2つが考えられる．もし，繁殖のために早く渡っているとすると，春と秋だけではなく，春の繁殖に関与する成鳥と関与しない若鳥でも同様に渡りパターンに違いが出ると考えられる．そこで，春のオオワシの渡りについて，成鳥と若鳥の渡りパターンを比較してみると，中継地間の距離は成鳥 141 ± 17 km，若鳥 136 ± 52 km と有意な差は見られないが，中継地での滞在日数は成鳥 1.1 ± 0.1 日に対して，若鳥は 1.9 ± 0.6 日と有意に長いことがわかった（図 11.6）．

以上のことは，繁殖のために早く渡る必要がない場合は，ワシは渡りの危険を避けるためにゆっくり渡ることを示唆している．しかしオジロワシは一度に渡る距離を短くすることで渡りの危険を小さくし，オオワシは中継地でゆっくり休むことで渡りの危険を小さくするといった種による差が認められた．なぜこのような違いが起きるのかはわからない．おそらく渡り経路の中

継地の分布や食物の量などが，どのように渡るかを決めているのだろう．たとえば，オジロワシの秋の渡りでは，点々と島が連なる千島列島を渡る．千島列島は島間の距離は比較的狭く，一度に長距離を渡る必要はない反面，ワシにとって危険な海上を横切るので，一度に長距離を移動し，体力を消耗した状態で海を飛ぶより，小刻みに補給しながら渡ったほうが安全といったことがあるのかもしれない．また，秋の渡りは産卵のために遡上するサケという食物資源があるが，春の渡りの時期はまだ雪に覆われている場所が多く，食物資源は局所的にしかない．そのような場合は，食物のある場所を見つけたらその場所に長期滞在するのがよいのかもしれない．今後，多くの種，場所で春と秋，成鳥と若鳥の渡りパターンの情報が蓄積してくれば，ワシ類がどのように渡ることで安全に渡ろうとしているのかが明らかになってくるだろう．

11.4 定点調査から見えるオオワシとオジロワシの渡り

ここまで，衛星追跡をもとにしたオオワシとオジロワシ各個体の大スケールでの渡り行動について見てきたが，つぎに定点での観察によりわかってきた渡りと天候の関係や飛翔行動などについてみていきたい．

（1）オオワシの渡り

北海道のオオワシの秋の渡りは10月に始まり，11月にピークを迎え，その後も越冬期間を通して続く．知床半島で1999年と2000年に1カ月にわたり観察したところ，成鳥が早く渡り，その後に若鳥の渡りが続くことがわかってきた（図11.7）．

秋期のオオワシは，サハリンから宗谷岬付近に到達した後，オホーツク海の海岸線を南下して知床半島を通過し，国後・択捉島へと渡る．日本海側を南下していく経路も，オホーツク海沿岸よりかなり渡り数は少ないものの存在する．オホーツク沿岸の複数地点で調査した結果からは，朝早くにサハリンから宗谷岬に到達したオオワシの中には，一気にオホーツク海沿岸を南下し，北海道に滞在することなしに国後・択捉島へと移動する個体もいることがわかった．

第 11 章 極東地域におけるオオワシとオジロワシの渡り

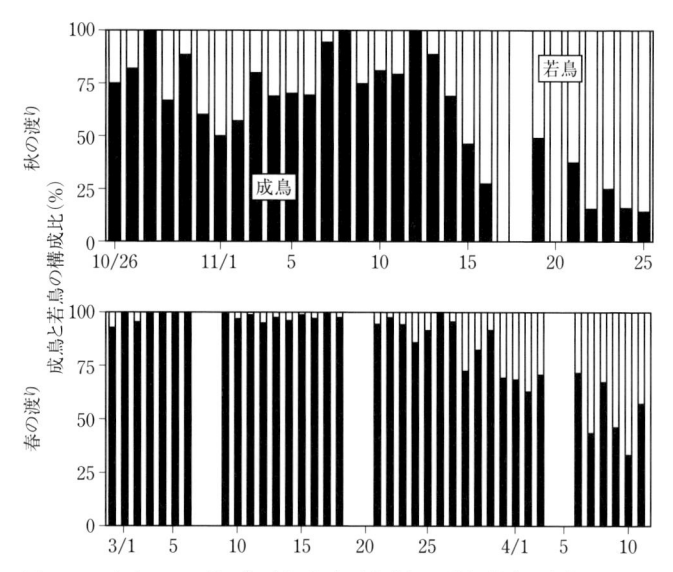

図 11.7 オオワシの秋（知床）と春（宗谷）の渡り調査で記録された成鳥/若鳥比の季節変化.

　オオワシの渡り時の飛行行動を観察すると，サハリンから宗谷に向かう個体は海上を羽ばたいて 50 m 以下の低い高度を飛んでくる．そして宗谷に到達した後は，熱サーマルなどの上昇気流を使って飛行高度を高く保つようになる．平坦な海岸線の続く宗谷から知床半島にかけての海岸線では，上昇気流のある場所で上昇した後に滑空し，また上昇気流のある場所で上昇するといったことを繰り返しながら南下する．この場合の飛行高度はかなり高く，200 m を超える高さを飛んでいるものがほとんどで，レーダーで観測した結果では，1000 m を超える高さを通過していくものもめずらしくない．知床半島や日本海側のように海岸が段丘状になった場所では，風が斜面にぶつかってできる斜面上昇風を利用して滑空しながら渡っているものが多い．その場合，平地で上昇気流を利用している場合よりも低い 100-200 m 程度の高さを飛んでいる（植田ほか，2010）．
　知床半島での 2 年間の調査をもとに，オオワシの渡り数の多い日の特徴を見てみると，晴れの日も吹雪いている日にも渡っており，天候に共通点は見られないが，北から北西の風が強く吹いている点が共通している．多くのワ

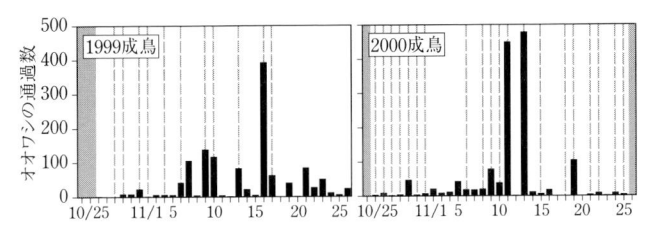

図 11.8 知床半島での秋の渡り調査で記録されたオオワシ成鳥の個体数．点線のある日は，北から北西の風が吹いていた日を示す（植田ほか，2004 より改変）．

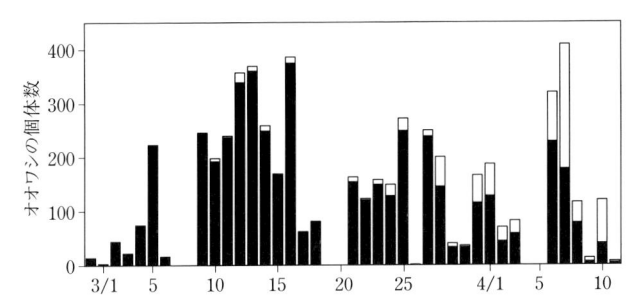

図 11.9 宗谷岬での春の渡り調査で記録されたオオワシの個体数．■は成鳥，□は若鳥．

シが渡る日には，必ず北西の風が強く吹いている（図 11.8）．この風は，サハリンから宗谷に渡る際にも，宗谷から知床半島にかけての海岸線を渡る際にも追い風となり，海岸段丘が続く知床半島では，斜面上昇風の生じる風向である．したがって，エネルギーを使わずに渡ることのできる北から北西の風の吹く日を選んで，多くのワシは渡るのだと考えられる．こうした風を利用した飛行は渡り期だけではなく，越冬期にも見られ（植田・福田，2010），体重の重いワシ類が飛行するうえでの風の重要性がうかがえる．

　春の渡りは 2 月下旬から始まる．3 月に入ると，宗谷岬付近からサハリンへ向かって渡るオオワシの数も増えてきて，3 月中に大きな渡りのピークがあり，多い日には 400 羽を超すオオワシが渡っていく（図 11.9）．多くはオホーツク海沿岸を北上してくると考えられているが，その経路はよくわかっていない．また秋に渡り経路として使われる日本海沿岸はほとんど渡らず，内陸の天塩川沿いを北上してくるものが多い．秋の渡り時は北西風が多く，

日本海沿岸の段丘で生じる斜面上昇風を利用して渡ることができるのに対し，春の渡り時は斜面上昇風が生じるような風がほとんど吹かないため，渡り経路が違っている可能性がある．宗谷付近でワシの動きを見ていても，オホーツクの海岸線に近いところを北上してくるものと，内陸方面から宗谷丘陵の中央部を通って出現してくるものがあり，これらの経路を裏付けている．

　渡りの初期に見られる個体はほとんどが成鳥である．しかし，3月下旬になると成鳥の割合が少なくなり，若鳥の数が増え，4月上旬には成鳥と若鳥の割合は逆転する（図11.7）．衛星追跡の項でも述べたように，成鳥が繁殖のために早く渡るためにこのようなパターンが見られるものと考えられる．オオワシの渡りはその後も続き，5月になっても少ないながら渡りは続く．

　オオワシの春の渡りを北海道北部の宗谷岬周辺で調査した結果，2011年には31日間の調査で5778羽，2012年には43日間で6158羽の渡りを確認した．この値はこれまで考えられていた北海道周辺の越冬数2183（オジロワシ・オオワシ合同調査グループ，1996）-2600（植田ほか，2004）よりかなり多い．5000羽を越えるこの値には後述するように，一度渡ったものの，引き返してくる個体を気づかずに重複して数え，過大評価した値となっている可能性が少なからずある．しかし，調査地から見えない海上を通過しているワシも多くいるだろうことや，調査終了後にも多くの若鳥が通過していくことを考えると，過小評価した値でもあり，これらをあわせて考えると，少なくとも，これまで考えられていたよりもかなり多いオオワシが北海道周辺で越冬しているとはいえるだろう．

　宗谷で調査をしていると，吹雪が続いて渡りがまったく見られない日がかなりある．そのような日には，宗谷の南側に位置する萌間山周辺の大きな樹に止まったままで動かないオオワシを多く見ることができる．そして雪が止み，わずかな時間でも明るい空が広がると，オオワシはつぎつぎに渡りを開始する．宗谷の近くまでやってきたオオワシたちは，渡り可能な気象条件になるのを雪の降る中でじっと耐えながら待っているのだと考えられる．この点は，天気に関係なく渡りを行なっていた知床半島での秋の渡りとは異なっている．ワシ類はある程度目視に頼った飛行を行なっており，陸路を飛ぶ秋の渡りでは吹雪で視界が悪くても問題ないのに対して，宗谷から海を横切ってサハリンに向かう場合には，ある程度の視界が確保できない場合は渡りを

行なわないのかもしれない．

　風向についても，春の渡りは秋と異なっている．秋には北から北西の風が吹いた日に集中して渡りが記録されたが，春の渡りでは特定の風の日に渡りが集中するという傾向は認められなかった．3割近い日が吹雪などで渡りができないという気象条件の悪さとともに，成鳥の春の渡りは繁殖のために早く渡る必要があるということにも起因していると考えられる．そのため，気象条件のよい日には熱サーマルを使って高く上昇した後，滑空しながら海上に出ていくが，多くはあまりよくない気象条件の中を300 m以下の低い高度で，羽ばたきの中に短い滑翔を交えながら渡っていく．北西の強い風が吹いている日は，頭はサハリン方向の北に向いているものの，横風に流されて東方向へと飛んでいくものもいる．こうした条件の悪い日には，一度渡りを開始したものの引き返してくる個体も多い．全渡り個体のうち，少なくとも7.7%は途中で引き返してくる．同程度の海上距離を渡る愛媛県高茂岬の秋のサシバの渡りにおいては引き返し個体が少ないことと比較すると，大きな差がある．このことから，春の渡りにおいては宗谷海峡の厳しい気象条件がオオワシの大きな障害になっていることが推測される．

　引き返し個体の割合を成鳥と若鳥との間で比較すると，若鳥のほうが約1.5倍多い．繁殖のために渡りを急ぐ成鳥は，海上の条件が多少悪くても無理して渡るのに対し，若鳥は無理せず引き返してくるために，こうした差が生じる可能性がある．ただし，成鳥よりも長い次列風切りをもっている未換羽の幼鳥の飛行特性で，引き返しが多くなっていることも考えられる．若鳥を1歳鳥，2歳鳥など，より細かく年齢判定をし，比較することができれば，この引き返しの多さが，繁殖するかどうかに起因しているのか，それとも形態や経験，飛翔能力などに起因しているのかを明らかにすることができるかもしれない．

　東風が吹き，オホーツクの海岸線に流氷が漂着して数日留まることがある．このときには沖合遠くまで広がる流氷原をなでるように，低く渡っていく多数のオオワシを見ることができる．疲れると流氷の上で短時間休息して再度飛行することを繰り返して渡っていく．波にあたる風により発生する小さな斜面上昇風を利用している海鳥のダイナミックソアリングのように，オオワシも，流氷に風があたって発生する小さな上昇風や，冷たい流氷原の空気と

海水面の暖かい空気との温度差により発生する上昇風を利用しているのかもしれない．

（2） オジロワシの渡り

衛星追跡の項でも述べたように，オジロワシの秋の渡りは限られた個体でしかわかっていない．春の渡りの時期に宗谷岬で観察していると，オオワシに混じってオジロワシもサハリンに向かって飛去していく．2011 年には 31 日間の調査で 989 羽，2012 年には 43 日間で 1713 羽の渡りを確認した．その渡り時期や飛去していくコース，渡り飛翔もオオワシとかなり似通っていた．

オジロワシでは，4 月に入っても渡り数が多い（図 11.10）．5 月の上旬にもまだ渡りが観察されており，渡りの期間が長いようである．なぜ，このように長い渡りの期間をもっているのかはわからない．しかし，オジロワシの分布域の広さがこの長い渡りにつながっている可能性が考えられる．オジロワシの繁殖域の南限にあたる北海道では，オジロワシは 3 月にはすでに繁殖活動を開始している．北海道に近いサハリンなどから越冬にきている個体は，繁殖のために 3 月には渡ると考えられるが，カムチャツカなど北の地域から越冬にきている個体は，繁殖開始時期が遅く，それにともない遅く渡るのだろう．このように個体によって繁殖時期に大きな差があるために，長い渡り期間になるのかもしれない．

飛行行動についてもオオワシと差がある．帆翔時，オオワシはやや安定感

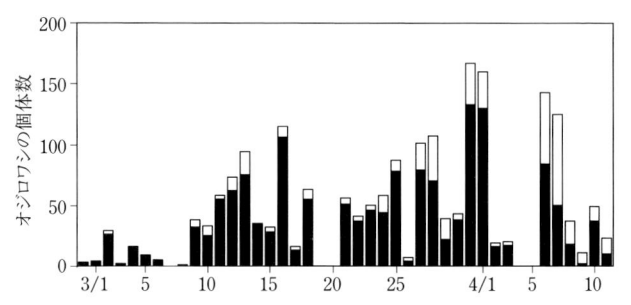

図 11.10　宗谷岬での春の渡り調査で記録されたオジロワシの個体数．■は成鳥，□は若鳥．

に乏しいところがあり，ふらつくことが多いが，オジロワシのほうは安定してゆったりと飛行する．これは両種の翼の形状の違いによるものではないかと思われる．この安定感の差は，宗谷からサハリンへと海上を渡る際に横風が強くなってきたときの飛行に強く影響すると考えられ，オオワシが途中で渡りを止めて引き返してくるような気象状況でも，オジロワシは渡り続けることがある．

11.5　ワシ類の保全に向けて

　現在，ワシたちの渡り経路にたくさんの風車が建設されている．これまでに32羽のオジロワシと1羽のオオワシが風車にぶつかって死亡したのが確認されている（くわしくは第16章参照）．越冬個体や留鳥個体のようにその場所で採食している個体と比べ，渡っている個体の飛行高度は高く，衝突の危険性はそれほど高くないと考えられているが（植田ほか，2010），それでも宗谷岬周辺のように海を越えてくる場所や段丘の切れ目では飛行高度が低くなり，衝突が起きることが危惧されている（植田ほか，2010）．また，渡りの中継地のそばや天候の悪いときにも衝突の危険は高いだろう．風車とワシとの衝突の問題は，まだ新しい課題で，よくわかっていないことも多い．しかし，衝突が起きやすい地形的特性や，気象特性が明らかになり始めている．こうした情報をもとに，ワシと風車との共存が図れるようにしていく必要がある．

　オオワシとオジロワシの渡りパターンから明らかになったように，中継地で休息し，エネルギー補給をすることは，安全に渡るうえで重要である．北海道ではこの渡り期の食物が不足しているのではないかと危惧される．北海道で越冬するオオワシやオジロワシは食物を人為的な資源に大きく依存している．ワシ類の大規模な越冬地である道東の湖沼では，凍結した湖に穴をあけ，網を入れて魚を獲る氷下漁の際に商品価値のないものとして捨てられる魚をワシは利用している．羅臼では，スケトウダラ漁からこぼれる魚や，観光目的の給餌などに依存して越冬している（中川，1999；白木，1999）．また，近年ではエゾシカ猟や有害鳥獣駆除で出るエゾシカの死体に依存している個体が多くなり，死体に残存する銃弾の破片を一緒に食べてしまうことに

より鉛中毒死が生じている（中川，1999；Kurosawa, 2000）．ここまでにあげた越冬期の食物のうち，渡り期に利用できるのはエゾシカの死体程度である．

　これまでの調査により，ワシ類は秋の渡り期から越冬初期にかけてサケ・マス類の遡上後の死体に依存していることがわかっている．厳冬期は積雪凍結によりこれらの食物が利用しにくくなるが，春期に融雪が始まると，再びワシ類はこれらの死体を利用することが可能になり，春の渡り期にも重要な食物になる．北海道の河川の多くには簗が設置され，サケ・マス類が遡上できなくなっているが，簗を外し遡上できるようにした河川も増えてきている．こうした河川がワシの渡り経路上に増えてくれば，渡りの中継地として機能し，また，越冬地としても重要な場所となってくるのではないかと考えられる．

引用文献

樋口広芳．2005．鳥たちの旅——渡り鳥の衛星追跡．日本放送出版協会，東京．

伊藤正美．1991．宗谷岬におけるオオワシとオジロワシの渡り状況．環境庁特殊鳥類調査：45-49．環境庁．

Kurosawa, N. 2000. Lead poisoning in Steller's Sea Eagles and White-tailed Sea Eagles. In (Ueta, M. and M. J. McGrady, eds.) First Symposium on Steller's and White-tailed Sea Eagles in East Asia. pp. 107-109. Wild Bird Society of Japan, Tokyo.

Ladyguin, A. 2000. The morphology of the bill apparatus in the Steller's Sea Eagle. In (Ueta, M. and M. J. McGrady, eds.) First Symposium on Steller's and White-tailed Sea Eagles in East Asia. pp. 1-10. Wild Bird Society of Japan, Tokyo.

Masterov, V. B., V. B. Zykov and M. Ueta. 2003. Wintering of White-tailed and Steller's Sea Eagles at southern Kuril Islands in 1998-99. In (Helander, B., M. Marquiss and W. Bowerman, eds.) SEA EAGLE 2000. Proceedings from an international conference at Björkö, Sweden, 13-17 September 2000. pp. 203-210. Swedish Society for Nature Conservation/SNF & Åtta.45 Tryckeri AB, Stockholm.

McGrady, M. J., M. Ueta, E. R. Potapov, I. Utekhina, V. Masterov, A. Ladyguine, V. Zykov, J. Cibor, M. Fuller and W. S. Seegar. 2003. Movements by juvenile and immature Steller's Sea Eagles tracked via satellite. Ibis, 145：318-328.

中川　元．1999．オオワシ．（斜里町知床博物館，編：知床の鳥類）pp. 178-219. 北海道新聞社，札幌市．

オジロワシ・オオワシ合同調査グループ．1996．北海道と本州北部におけるオオ

ワシとオジロワシの越冬数の年変動. 平成7年度環境庁希少野生動植物種生息状況調査報告書:1-9. 日本野鳥の会.

白木彩子. 1999. オジロワシ.(斜里町知床博物館,編:知床の鳥類)pp. 126-177. 北海道新聞社,札幌市.

Ueta, M., F. Sato, E. G. Lobkov and N. Mita. 1998. Migration route of White-tailed Sea Eagles *Haliaeetus albicilla* in northeastern Asia. Ibis, 140:684-686.

植田睦之・小板正俊・福井和二. 1999. 秋期のオオワシとオジロワシの分布に影響する要因. Strix, 17:25-29.

Ueta, M., F. Sato, H. Nakagawa and N. Mita. 2000. Migration routes and differences of migration schedule between adult and young Steller's Sea Eagles *Haliaeetus pelagicus*. Ibis, 142:35-39.

Ueta, M. and H. Higuchi. 2002. Difference in migration pattern between adult and immature birds using satellites. Auk, 119:832-835.

植田睦之・福田佳弘・松本 経・中川 元. 2004. 知床半島におけるオオワシの渡りと気象状況. Strix, 22:71-80.

植田睦之・福田佳弘. 2010. オジロワシおよびオオワシの海岸飛行頻度と気象状況との関係. Bird Research, 6:S21-S26.

植田睦之・福田佳弘・高田令子. 2010. オジロワシおよびオオワシの飛行行動の違い. Bird Research, 6:A43-A52.

12
サシバとハチクマの渡り経路選択

山口典之・樋口広芳

12.1 渡るタカの代表格，サシバとハチクマ

　日本国内で見られるワシ，タカ，ハヤブサ類の多くは，繁殖期と非繁殖期に異なる地域を利用し，それらの間を季節的に移動する渡りを行なう．春と秋の渡りの時期には，天候や観察場所などの条件がよければ，ときには何種もの，そして数千羽もの猛禽類が優雅，勇壮に飛ぶさまを観察することができるとあって，「タカの渡り」は，各地のバードウォッチャーを惹きつけてやまない．

　サシバ（*Butastur indicus*）とハチクマ（*Pernis ptilorhynchus*）は，そのような渡りの中心となる，日本を渡る猛禽類の代表格といえるだろう．両種とも国内の広い範囲で繁殖するため，日本各所で渡りを観察することができる．また，両種ともに，多数の個体が一緒に旋回上昇し，見応えのある「タカ柱」をつくることなども大きな魅力の1つである．

　本章ではこの2種，サシバとハチクマに焦点を絞り，その渡り経路はどのようなものか，渡り経路の選択と移動パターンにどのような環境要因が影響するのかについて，おもに人工衛星を利用した遠隔追跡により得られた研究成果をもとに記述する．

12.2 衛星追跡により明らかになった渡り経路

　渡る個体をじっくり観察していると，その移動方向，種の構成，年齢，性別，移動個体数などが，観察場所，時期，天候などにより大なり小なり異なっていることに気づく．そしてかれらは，どこからきてどこにいくのか，な

ぜいま，ここで観察されたのかといったことに興味がわく．おそらくそのようなことが動機となり，タカの渡りをただ観察するだけでなく，サシバとハチクマ，そして同時に観察されるそのほかのタカ類の渡りを定量的に観察・記録し，個体数や移動方向，観察時期などに関するデータを蓄積するという，きわめて意義深い調査が各地で実施されている（第10章参照）．これらのデータは，ある地点で観察される個体数の平均やばらつきの時間的変動，調査地点間での傾向の違い，国内の主要な渡り経路の推定などについて知るうえでたいへん有用である．

　タカの渡りを深く理解するためのもう1つのアプローチとして，遠隔追跡法がある．この手法では，ある個体に小型の電波送信機やデータロガーを装着し，機器を装着した個体の位置情報や周辺気温などの環境条件を把握する．位置の特定には，一般によく知られている全地球測位システム（global positioning system；GPS）のほかに，送信機が発する電波を人工衛星に搭載された関連機器が受信し，そのドップラーシフトを利用して位置を推定するアルゴスシステム，日の出・日の入り，正午時刻を利用したジオロケーターなどの手法が使われている（樋口，2005, 2012；日本バイオロギング研究会，2009）．また，ある地域を通過する渡り鳥の移動軌跡やおよその数量を知るために，レーダーが効果的に利用されている（例：NPO法人バードリサーチ「レーダーを使った渡り鳥調査」；http://www.bird-research.jp/1_katsudo/index_rader.html）．観測者から数kmおよび短時間（10分程度）の範囲であれば，測距儀（セオドライト）を使って飛行高度を含めた三次元の位置情報を計測することができる（島田，2002；島田ほか，2003）．そのほかに，送信機が発する電波や超音波を直接八木アンテナなどで受信し，送信機の位置を推定する手法がある．ヨーロッパハチクイ（*Merops apiaster*）において，渡り開始のタイミングや移動時の飛行形態（羽ばたきや帆翔）に気象条件がおよぼす影響を調査した研究では，車上に搭載した八木アンテナやGPSシステム（これで車の位置を把握する）などを用いて追跡が行なわれている（Sapir *et al.*, 2011）．しかし，長距離移動を追跡する，取り扱う空間スケールの大きな調査・研究にはこの手法は適さないだろう．

　これらの手法のうち，サシバとハチクマの渡りは，人工衛星を利用したアルゴスシステム（以下，衛星追跡）によりくわしく調べられている．日本に

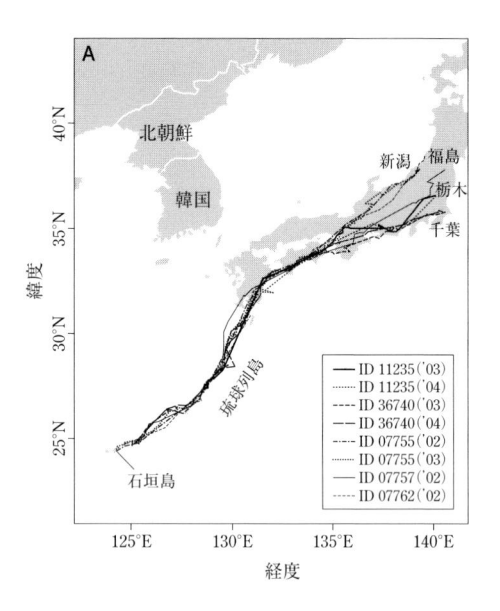

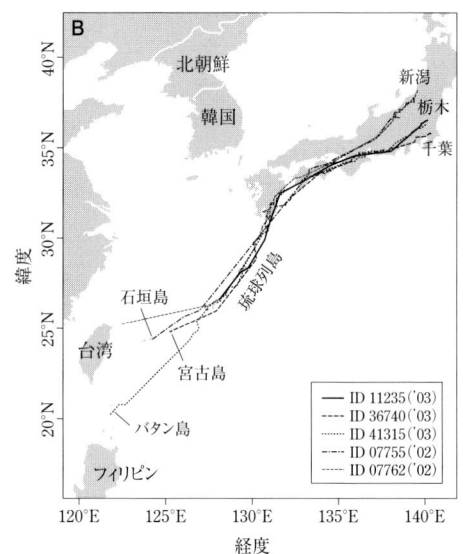

図 12.1 2002-2004 年にかけて，石垣島と宮古島から衛星追跡されたサシバの春の渡り経路（A），および秋の渡り経路（B）（Yamaguchi and Higuchi, 2008 より）.

おけるサシバの衛星追跡は，2002，2003年に南西諸島の石垣島および宮古島で越冬している7個体で実施されている．これらの個体は，3月中旬から4月上旬に渡りを開始し，琉球列島沿いに北上，九州の大隅半島側から宮崎県を縦断した．その後進路を東北東にとり，四国に移動，同南部を横断しつつ多くの個体が香川県や徳島県東部から淡路島を通過している．この付近までは，各個体の移動経路が非常に類似していたが，大阪湾上空で移動経路が大きく2つに分かれている．1つは紀伊半島を横断し，伊勢湾方面に抜ける経路，もう1つは琵琶湖西方の山々をたどるように，京都中東部から滋賀，福井方向に抜け，日本海側に向かう経路である．前者を移動した個体は，本州太平洋側を移動し，最終的に千葉県，栃木県，福島県に到着した．後者を移動した個体は，新潟県を縦断し，同県北東部で渡りを終えている（Yamaguchi and Higuchi, 2008；図12.1A）．追跡個体のうち3個体では，つぎの春の渡りまで継続して追跡されている．翌年春の渡り経路および到着地は前年のそれときわめて類似しており，石垣島と新潟県を往復した1個体については，出発日と到着日が前年のそれと数日しか違っていなかった（樋口，2005）．

2003, 2004年の秋の渡りは上記個体のうち5個体で追跡された．渡りの開始時期は8月下旬から10月上旬であった．渡り経路は，ほとんどの個体で，春の経路をたどるものであった．ただし，新潟県と栃木県で春の渡りを終えた個体には，最終的に台湾北部およびフィリピンのバタン島まで移動したものがあった（図12.1B）．その後，2008年までの12個体の追跡記録をまとめた結果でも，本州からの秋の渡り経路は基本的に2003, 2004年までのものと変わっていない（樋口，2012）．

サシバの秋の渡りは九州からも追跡されている．（福岡県などの）九州北部で繁殖するサシバは，秋，九州を抜けて南西諸島沿いに南下し，石垣島や西表島を越えてさらに南方へと渡る．この経路をたどる個体は，どれも終着地となる越冬地はフィリピンである．途中，台湾には立ち寄らない．これらの鳥の春の渡り経路は秋とは大きく異なる．限られた個体での追跡結果であるが，フィリピンの北の海上に出たサシバは，秋とは違って南西諸島には向かわずに台湾を目指す．台湾に入った鳥たちは，中部あるいは北部から進路を西側にとり，海上を越えて大陸へと渡る．残念ながら，その後，日本にど

のようにして戻ってくるかは確かめられていない（樋口，2012）．

　サシバでは，各個体にいったん決まった渡り経路と移動時期，および繁殖地は，あまり変化しない可能性があるが，今後さらに追跡例数を増やすことで，集団の傾向やばらつきをさらによく理解する必要がある．渡り途中に追跡個体が共通して長期間滞在する「中継地」ともいえる場所は，春秋ともに認めらていない．

　サシバの衛星追跡は台湾でも実施されている．台湾猛禽研究会は，2008年10月および2009年3月に台湾で捕獲したサシバ5個体を衛星追跡した（http://www.raptor.org.tw/research/satellite.htm）．2008年秋に追跡された個体の一部は，フィリピンで越冬した．2009年春には，5個体中1個体は山東半島付近に，3個体は朝鮮民主主義人民共和国と中国を分ける長白山脈付近に到達した．九州北部から追跡しフィリピンで越冬した個体と同様，春の渡りでは，フィリピンからルソン海峡を横断して台湾を経由し，台湾海峡を横断した．その後は中国内陸部を北上して朝鮮半島基部に到達することが示唆されている．ただし，これらの追跡結果については，現在のところ概要図がウェブサイトで公開されているのみで，詳細はわからない．

　ハチクマの衛星追跡は，2003年以降，長野県松本市・安曇野市，山形県西置賜郡，青森県黒石市で6月から9月に捕獲された40個体以上で実施されている．本種の国外での移動を含む渡り経路の全容については，Yamaguchi et al.（2008），Higuchi（2012），樋口（2012）などに詳細にまとめられているため，本章では国内の渡り経路について以下にくわしく記述する．

　追跡個体は9月中旬から10月上旬に秋の渡りを開始した．近畿地方までは，より北方から追跡された個体の移動経路が，南方のそれを包含することが多かった（図12.2）．もっとも北からの追跡となる，青森県からのハチクマの多くがたどった経路は，横手盆地の北方から西側に沿って南下し，鳥海山付近を経由，月山，旭岳，飯豊山などを擁する朝日山地や飯豊山地をさらに南下するものであった．その後の経路は山形県から追跡した個体の多くがたどった経路と重複する．飯豊山付近からは，山形，新潟，福島県境付近の越後山脈沿いに移動，苗場山，白根山，四阿山などが連なる山地から長野県安曇野方向に抜け，タカの渡り観察地として有名な白樺峠付近を南西に進む．

　長野県から追跡した個体の主要経路はここから重複する．岐阜県では濃尾

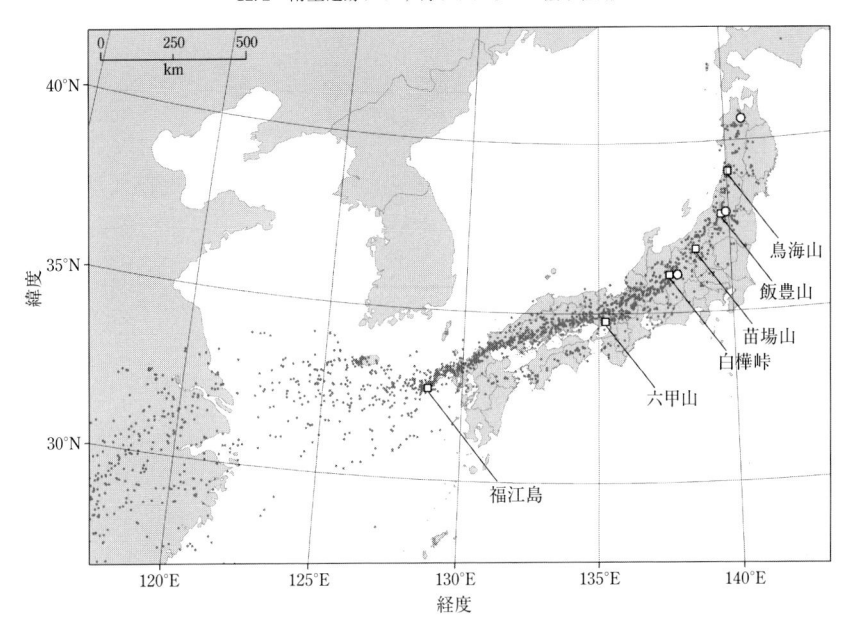

図 12.2　2003-2008 年にかけて，青森県，山形県，長野県から衛星追跡したハチクマから日本国内および東シナ海で得られた測位点の分布．黒色の丸印が測位点．○は捕獲地点を，□は本文中に出てくる代表的なランドマークを示す．

平野すぐ北の山域を西進し，伊吹山地に移動した．滋賀県で得られた測位点の数は少なく，主要経路は不明であるが，琵琶湖東側の鈴鹿山脈から京都盆地方向に向かい，六甲山地方向に移動している可能性がある．中国地方では瀬戸内海沿岸の平野部背後にひかえる低山，高原をほぼ真西に進んだ．その後は関門海峡から九州に入り，福岡県・佐賀県北部の山地を西に進んだ後，松浦半島から五島列島福江島に向かって南西に移動する．ほとんどの追跡個体は，福江島から東シナ海を横断し，中国揚子江河口周辺へと渡った．

このような経路のほかに，長野県白樺峠付近から北陸方向に移動し，中国山地中央部を西進する経路をたどった個体や，山形県からほぼ真南に移動し，栃木県中央部，山梨県北部，長野県南部などを経由し，愛知県に移動する個体も少数ながら存在した．

中国に到達した個体は，中国内陸部を南西に移動し，トンキン湾沿岸に到達．そこからベトナムのハノイ方向に西進した後，再び南西に進み，マレー

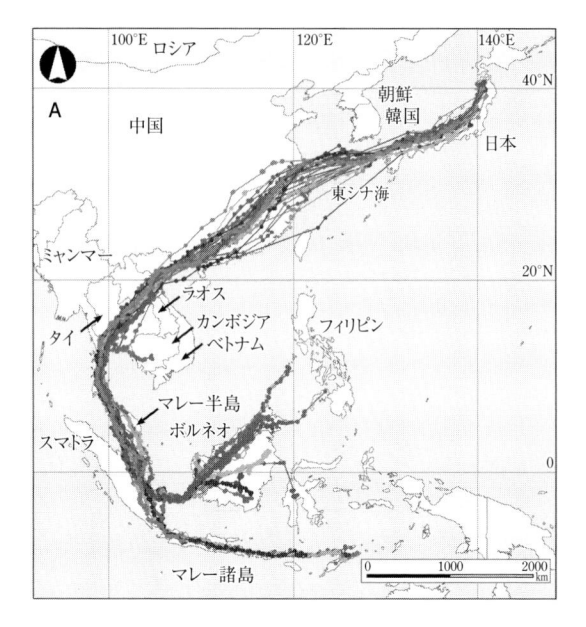

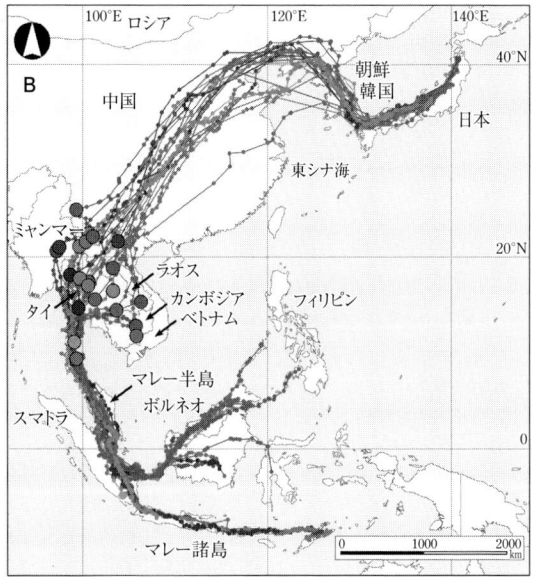

図 12.3　2003-2008 年にかけて，青森県，山形県，長野県から衛星追跡されたハチクマの秋（A）・春（B）の渡り経路の全容（樋口，2012 より）．

半島を縦断した後，一部は大スンダ，小スンダ列島の島々で越冬した．ほかの個体はスマトラ島パレンバン付近から進路を東にとり，カリマタ海峡を横断した．これらの個体はカリマンタン島やフィリピンのミンダナオ島などで越冬している（図12.3A）．

春の渡りは2月中旬から3月に開始するが，日本に到達するのは早くても5月上旬である．ほとんどの個体は朝鮮半島南岸から対馬海峡を縦断し，長崎県の松浦半島や，佐賀県，福岡県北部から日本に入る（図12.3B）．同一個体から得られる測位点数が秋の渡りより少ないため，その後の詳細な国内経路の記述は困難であるが，基本的には秋の渡り経路と同様の経路を移動している可能性が高い．春の渡りの到着地は，ほとんどの場合，前年の繁殖期に長期滞在した地域（多くは捕獲地点周辺）であった．

12.3 渡り経路の類似点・相違点

追跡したサシバとハチクマの国内の渡り経路には，春，秋ともに，近畿，中部地方について類似点が多かった（図12.1，図12.2参照）．両種ともに旋回上昇と滑空飛行を主とし，羽ばたき飛行を織り交ぜる飛び方で長距離移動を行なうため，数百km程度のスケールで進行方向が類似していれば，上昇流をつくる地形に沿った経路を共通して選択すると思われる．大阪湾から西で両種の渡り経路が異なるのは，サシバの渡り経路が鹿児島県の大隅半島方向に延び，ハチクマのそれが九州北部に向かっているためと考えられる．たとえば，秋に大隅半島まで移動するサシバにとっては，中国地方を西進し，九州北部で進路を南に変えるより，四国を横断したほうが移動距離は短くなると思われる．一方，秋の渡りで五島列島を目指すハチクマにとっては，中国地方瀬戸内海側を西進するほうが距離を節約できる．

日本で繁殖するサシバとハチクマでとくに異なるのは，広い海域に対してどのような渡り経路をとるかである．本州から秋の渡りを追跡したサシバは，大隅半島から南下して琉球列島を島伝いに移動し，越冬地である石垣島や台湾，フィリピンのバタン島に到達する．九州北部で繁殖するサシバについても，琉球列島，南西諸島沿いに南下し，台湾を経由せずにフィリピンまで移動した．一方，ハチクマは秋に東シナ海を横断した後，大陸を南下した．大

スンダ，小スンダ列島で越冬した個体はマレー半島から島伝いに南下したが，一部の個体は南シナ海を大きく迂回してカリマンタン島やフィリピンの島々で越冬した．フィリピン周辺まで移動するには，サシバのように島伝いを南下するほうが移動距離を短くできるし，それに応じて，移動にかかる時間も短くなるかもしれない．しかしながら，追跡したハチクマで，島伝いの渡り経路をとる個体はまったくいなかった．

春の渡りでは，ハチクマは南シナ海だけでなく，東シナ海についても大きく迂回し，日本に到達する．一方，石垣島や宮古島で越冬したサシバは，琉球列島沿いに北上し，九州に到達する．ただし，上述したように，九州北部で繁殖し，フィリピンで越冬したサシバは，春の渡りでは台湾海峡を縦断し，中国に到達する．台湾猛禽類研究会が実施した追跡結果とあわせて考えると，九州北部で繁殖する個体群については，春は中国大陸を北上し，朝鮮半島から対馬海峡を横断する経路をたどり，春と秋の渡り経路が大きく異なる環状の渡り経路を選択しているのかもしれない．そうだとすると，中国内陸部を北上した後，朝鮮半島を南下して九州に到達する部分は，ハチクマの渡り経路と類似したものになるだろう．

石垣島，宮古島で越冬するサシバが琉球列島沿いに北上する一方，フィリピンで越冬するサシバは台湾島から先島諸島に向かわず，大陸に移動する理由として，先島諸島西方海域の気象条件がサシバの海洋横断にとって好ましくないことが考えられる（Sugasawa et al., 2011）．ハチクマが島伝いの渡り経路を選択しない理由としては，食性や体サイズなどの可能性が指摘されているが，はっきりしたことはまだわかっていない（樋口，2012）．

12.4　気象条件が移動経路におよぼす効果

サシバ，ハチクマともに，とくに長距離を移動する際，帆翔で高度を獲得した後，滑空により特定方向に高度を下げながら移動する．このような飛行方法をとれば，羽ばたきに必要なエネルギーを節約でき，少ない脂肪蓄積でより遠くまで移動することが可能になる．場合によっては，途中で採食はもちろん休息すらできない広い海域を直接横断することも，可能となることがある（後述）．ただし，帆翔で高度を獲得するためには上昇流などの風が必

要である．そして，滑空の際にはある程度の追い風が目的方向への移動距離をより延ばしてくれるだろう．つまり，帆翔と滑空という方法で移動する個体の移動経路や，いつ，どこまで飛ぶかといった移動パターンは，上昇流や水平方向の風況（風向，風力の時間的，空間的変化）と密接に関連するものになると考えられる．

渡っているハチクマの移動経路や移動パターンに風況が大きく影響することを示した例として，Yamaguchi et al.（2012）があげられる．この研究では，東シナ海とその周辺地域に焦点をあて，海洋上空の上昇流強度，風況（風向と風力），推定降雨域と衛星追跡個体の移動パターンの関係を調査した．その結果，東シナ海域上空には，秋に上昇流がよく発生し，しかも追い風となる北東風が安定的に卓越している一方，春は風向きが安定しないことがわかった．そして，追跡個体の移動パターン（いつ海洋横断を開始するか，横断中の進路や海洋横断後どこに到達するか）は，時間的，空間的に変動する風況や上昇流強度，降雨域と強く関係していた（関連動画：http://www.momo-p.com/showdetail-e.php?movieid=momo110822oh01a, http://www.momo-p.com/showdetail-e.php?movieid=momo110822oh05a）．このような，気象条件と密接に関係した移動経路と移動パターンは，陸域上空でも，そして類似した飛行様式をとるサシバにも見られると考えるのが自然であろう．

数百 km のスケールを移動中の個体が実際に経験する気象条件がどのようなものかについては，近年発展しているメソ数値予報モデルなどのメソスケールの気象モデルで詳細に知ることができる．このモデルを利用すれば，たとえば 2009 年以降の日本周辺域であれば，5 km 格子の精度で 3 時間ごとの風，気温，相対湿度の情報を得られる．渡り経路や移動パターンと気象条件の関係を理解するために，このような広範囲かつ高解像度の気象データはたいへん有用であり，渡り経路や移動パターンと気象条件の関係についての研究で利用され始めている（Sapir et al., 2011；Bohrer et al., 2012；Ainslie et al., 2013）．

サシバの帆翔と滑空による移動と気象条件の関係を調査した例として，島田（2002）と島田ほか（2003）がある．この研究では，測距儀（セオドライト）を用い，和歌山県和歌山市および兵庫県淡路島で，1991 年と 1997 年の秋にそれぞれサシバ 81 例と 16 例をはじめ，ハチクマ，ノスリなどについて

飛行軌跡を追跡し，垂直成分も含む三次元の軌跡を2秒ごとに記録した．また，得られたデータから，飛翔速度や帆翔による上昇高度，滑空比といった，帆翔と滑空による移動の特徴とその効率を知るために不可欠な情報を種ごとに計算した．その結果，サシバの飛翔最高高度は午前8時ごろは500 m以下だったものから徐々に上昇し，11時ごろには900 mを越えるものもあり，その後は徐々に低くなること，滑空比（滑空距離÷滑空高度）は7.8 mであったことなどを報告している．さらに，局地気象モデルANEMOSにより調査地周辺の上昇流域を推定し，サシバなどが帆翔を行なった地点と上昇流発生域がよく対応していることを確かめている．

測距儀の使用には習熟度が求められ，追跡時間に約10分という制約があるという問題はあるが，追跡のために個体を捕獲する必要がないというのは大きな利点である．また，この研究で行なわれたような，三次元方向に関して精度の高い飛行軌跡を把握し，局地気象モデルで得られた気象条件との関係を探るという手法は，渡り途中のタカ類の局所移動パターンを調査するうえではかなり有用であろう．サシバで行なわれたような局所，短期レベルでの気象と移動，そしてハチクマで行なわれたような地域，季節レベルでの気象と移動に関する研究をさらに蓄積，統合すれば，両種の国内外での移動経路や移動パターンをさらによく理解できると思われる．

12.5 今後の展開

サシバやハチクマの国内外の渡り経路や移動パターンに関する知見は着実に蓄積されているが，渡り行動の全容を把握するには至っていない．九州で繁殖するサシバ個体群は本州のそれとは遺伝的に異なっている可能性が指摘されており（長井ほか，2009），これらの春秋の渡り経路や移動パターンは本州のそれとは大きく異なっているかもしれない．出発地や到達地，渡り中に経験する環境条件は個体ごとに異なるため，渡り行動の研究を進めるうえでも，個体レベルでの追跡をさらに進めることが必要である．しかし，衛星追跡には多額の費用がかかる．データロガーは比較的安価であるが，標識個体から機器を回収する必要がある．海外では第2世代携帯電話規格（GSM）などを利用して無線でデータを遠隔回収する手法が使われ始めているが，日

本にはGSM地上設備がないことをはじめ，いくつかの理由からこの手法を利用することができない．国内で行なわれる遠隔追跡研究に，もう一歩の技術進歩と実用化への道が拓かれることが待たれる（東ほか，2012；時田ほか，2012；矢澤ほか，2012）．

　主要経路の特定や個体レベルでの移動パターンを把握するために，今後も遠隔追跡研究は必須であるが，サシバやハチクマの渡り経路の全貌を把握するにあたり，国内外のあらゆる繁殖地から追跡を実施することは現実的でないだろう．ある程度の数の追跡個体から得られた渡り経路と地形や気象条件の関係をほかの地域に外挿する形で，時間とともに三次元方向で変化する「渡りの道」を大スケールで（たとえば日本地図上に）描くことができるかもしれない．それには，気象モデル，地理情報システム（GIS），鳥類の飛行に関する力学，統計モデルなどに関する知識が必要となるだろう．参考になる研究例として，フランスから衛星追跡したナベコウの越冬中の測位点を用いて，アフリカ中央部の同種の越冬域を予測するという挑戦的な取り組みがある（Jiguet *et al.*, 2011）．この研究では，地理情報と測位点の空間分布の関係をニッチモデリングという手法で解析することで，越冬域の予測（外挿）を行なっている．

　渡っている各個体の渡り経路や移動パターンに気象が与える影響は，最終的には個体の生存や繁殖成功といった適応度に現れるだろう．移動個体の適応度を実測し，それを渡り途中のさまざまなタイミングで経験した気象条件と関連づけることはむずかしいが，さまざまな移動エピソードごとに，移動の際のエネルギーコストや死亡リスクなどの適応度と関連した成分と気象条件の関係を評価することは可能かもしれない．たとえば，局所的に発生する上昇流などを資源と考え，コンドル（*Vultur gryphus*）が帆翔と滑空によりどのように移動するのが経済的か予測し，実際に見られる移動と比較する研究が行なわれている（Shepard *et al.*, 2011）．また，風に流されたときの死亡リスクを考慮して，サシバが陸域を多く含む遠まわりな経路と，島伝いに移動する近道とで，ある気象条件のときにどちらの移動経路をとるべきか，シミュレーションにより評価した研究も行なわれている（Sugasawa *et al.*, 2011）．気象のような「時間的，空間的にすぐ近くの状態は予測しやすいが，遠くなるにつれて予測がむずかしくなる」という特徴をもち，ときに大きく

変動する環境要因に対してどのような移動戦略が適応的なのか，局所移動から長距離移動までの複数スケールで探るのもおもしろいだろう．衛星追跡などの手法を用いた渡り鳥の移動に関する研究は，これまで移動パターンを記載的に報告する研究が多かったが，今後は進化生態学，行動生態学的な視点からの研究が期待される．

引用文献

Ainslie, B., N. Alexander, N. Johnston, J. Bradley, A. C. Pomeroy, P. L. Jackson and K. A. Otter. 2013. Predicting spatial patterns of eagle migration using a mesoscale atmospheric model : a case study associated with a mountain-ridge wind development. International Journal of Biometeorology. Published online.

東　淳樹・瀬川典久・高橋広和・西　千秋・時田賢一・矢澤正人・玉置晴朗．2012．GPS-TX を用いたハシブトガラスの行動追跡．日本鳥学会 2012 年度大会講演要旨．

Bohrer, G., D. Brandes, J. T. Mandel, K. L. Bildstein, T. A. Miller, M. Lanzone, T. Katzner, C. Maisonneuve and J. A. Tremblay. 2012. Estimating updraft velocity components over large spatial scales : contrasting migration strategies of golden eagles and turkey vultures. Ecology Letters, 15 : 96–103.

樋口広芳．2005．鳥たちの旅──渡り鳥の衛星追跡．日本放送出版協会，東京．

樋口広芳．2012．鳥類の渡りを追う──衛星追跡と放射能汚染．科学，82 : 876–882.

Higuchi, H. 2012. Bird migration and the conservation of the global environment. Journal of Ornithology, 153 : 3–14.

Jiguet, F., B. Barbet-Massin and D. Chevallier. 2011. Predictive distribution models applied to satellite tracks : modeling the western African winter range of European migrant Black Storks *Ciconia nigra*. Journal of Ornithology, 152 : 111–118.

長井和哉・東　淳樹・伊関文隆・樋口広芳．2009．ミトコンドリア DNA コントロール領域の解析から見えてきたサシバの遺伝的構造（予報）．日本生態学会第 56 回大会講演要旨．

日本バイオロギング研究会（編）．2009．バイオロギング──最新科学で説明する動物生態学．京都通信社，京都．

Sapir, N., N. Horvitz, M. Wikelski, R. Avissar, Y. Mahrer and R. Nathan. 2011. Migration by soaring or flapping : numerical atmospheric simulations reveal that turbulence kinetic energy dictates bee-eater flight mode. Proceedings of the Royal Society B : Biological Sciences, 278 : 3380–3386.

Shepard, E. L. C., S. A. Lambertucci, D. Vallmitjana and R. P. Wilson. 2011. Energy beyond food : foraging theory informs time spent in thermals by a large soaring bird. PLoS ONE, 11 : e27375.

島田泰夫. 2002. 鳥類の飛翔ルートを追跡する——セオドライトによる猛禽類の飛翔軌跡の調査. 「野生生物と交通」研究発表会講演論文集, 1: 19–26.

島田泰夫・前山貴和・小坂克巳. 2003. 鳥類の飛翔ルートを追跡する（セオドライトによる飛翔追跡）——II. 淡路島におけるサシバの渡りについて. 「野生生物と交通」研究発表会講演論文集, 2: 29–36.

Sugasawa, S., N. Yamaguchi and H. Higuchi. 2011. The effect of weather condition on the migration route of Grey-faced Buzzards breeding in Japan. BOU Proceedings: The Ecology & Conservation of Migratory Birds. http://www.bou.org.uk/bouproc-net/migratory-birds/sugasawa.pdf

時田賢一・高橋広和・東　淳樹・前嶋美紀・瀬川典久・樋口広芳・玉置晴朗. 2012. 電波を利用した鳥類の位置を知る観察装置の開発と実用化のその後. 日本鳥学会2012年度大会講演要旨.

Yamaguchi, N. and H. Higuchi. 2008. Migration of birds in East Asia with reference to the spread of avian influenza. Global Environmental Research, 12: 41–54.

Yamaguchi, N., K.-I. Tokita, A. Uematsu, K. Kuno, M. Saeki, E. Hiraoka, K. Uchida, M. Hotta, F. Nakayama, M. Takahashi, H. Nakamura and H. Higuchi. 2008. The large-scale detoured migration route and the shifting pattern of migration in Oriental honey-buzzards breeding in Japan. Journal of Zoology, 276: 54–62.

Yamaguchi, N., Y. Arisawa, Y. Shimada and H. Higuchi. 2012. Real-time weather analysis reveals the adaptability of direct sea-crossing by raptors. Journal of Ethology, 30: 1–10.

矢澤正人・時田賢一・高橋正和・東　淳樹・前嶋美紀・瀬川典久・玉置晴朗. 2012. 鳥類に装着するGPS-TXの測位精度評価. 日本鳥学会2012年度大会講演要旨.

IV

保全と管理

13
里山環境における
サシバの生息地管理

東　淳樹

　岩手の長い冬が終わり，水田から雪が消える4月上旬，毎年，筆者は期待と不安を抱えながら調査地に出かける．前年の営巣地付近の木の梢や電柱の上をよく見渡す．サシバ（*Butastur indicus*）の姿を確認できたときには，久しぶりの友との再会であるかのごとく，緊張していた顔の筋肉がゆるみ，気分が高揚している自分に気づく．

　筆者はこれまで，千葉県と岩手県で繁殖地のサシバのくらしぶりを見てきた．そこはどちらも谷津田のある農村地域である．谷津田は地域により谷戸や谷地などと呼ばれているが，いずれも台地や丘陵地を樹枝状に開析する谷底低地につくられた水田のことをいう．谷津田は台地や丘陵地の林のすそからにじみ出てくる湧水が豊富なために，大規模な土木工事をしなくても灌漑用水や飲料水を容易に得ることができる．そのため，古くから水田耕作が営まれ，そのまわりには集落が発達し，人々の生活の舞台となってきた（白井，1993）．

　環境省は，集落を取り巻く二次林と，それらと混在する農地，ため池，草原などで構成される地域を里地里山と定義し，その面積は，二次メッシュ（10 km四方）レベルで国土の約4割程度を占めるとしている．また，メッシュ内に絶滅危惧種が5種以上生育・生息するRDB種集中地域が，植物では55%，動物では49%，サシバでは65%が里地里山の範囲と一致した（環境省HP）．

　近年，サシバの繁殖地や繁殖地における生息数の減少が指摘されてきている（Kawakami and Higuchi, 2003；東，2004；環境省，2004；Ueta *et al.*, 2006；野中ほか，2012）．それを受け，環境省鳥類レッドリスト（2006）で

は，絶滅危惧 II 類（VU）に指定された．

本章では，日本野鳥の会の支部およびサンクチュアリ，日本オオタカネットワークとバードリサーチの会員などに対して実施した 2 回のアンケート調査（東，2004；野中ほか，2012）などから，日本におけるサシバの繁殖地や繁殖数の減少の原因を考察する．そして，各地で実施され始めたサシバの保全への取り組み事例を紹介し，保全への課題を提示したい．なお本章では，里地里山のなかの農地に谷津田が含まれ，サシバの好適な繁殖地となっている場所を里山と呼ぶ．

13.1 サシバの保全上の問題点

(1) 日本におけるサシバの生息数は減っているのか

サシバの主要な渡りの中継地であり，1973 年以降，秋の渡りの期間中に精力的な調査が実施されている宮古諸島の伊良部島と宮古島におけるサシバの観察数の年変動を図 13.1 に示す．日本に生息するサシバが，すべて宮古諸島を通過することはないし，通過したすべての個体がカウントされているわけではないが，サシバのメインの渡りのルートが南西諸島を経由することや，本島以北での越冬数はさほど多くないことから，この値は，日本におけ

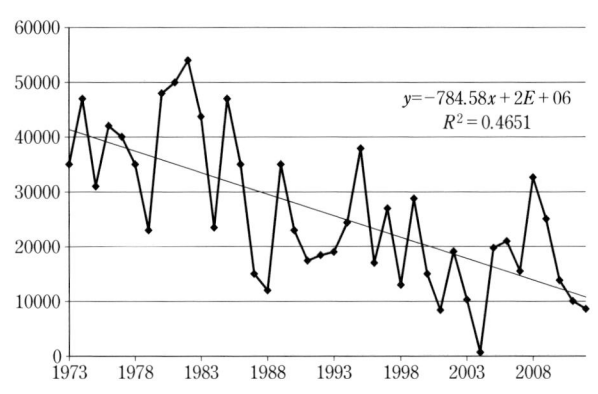

図 13.1 沖縄県宮古島におけるサシバの秋の渡りの飛来観察数の年変動（Kawakami and Higuchi, 2003 にその後の記録を加えて作図．資料は宮古野鳥の会および沖縄県自然保護課から提供）．

回帰式: $y = -784.58x + 2E+06$, $R^2 = 0.4651$

るサシバの生息個体群の大きさを代表していると考えられる（Kawakami and Higuchi, 2003）．

図13.1によると，観察個体数の年変動は大きいものの，全体的に減少傾向があることが読み取れる．しかし，図をよく見ると，1985年ごろまではほぼ横ばい傾向であったのが，それ以降，減少傾向に転じている．このことは，森下・樋口（1999）が，全国各地の探鳥会の鳥種出現記録の解析により，サシバの減少傾向が示された地点では出現確率が0.5となる「半減期」が1980年代であったことを示したこととも一致している．

サシバはなぜ減少したのか．日本における多くの夏鳥の減少時期が1980年代に集中している1つの原因として，多くの夏鳥の越冬地となっている東南アジアの大規模な森林伐採の影響が考えられている（森下・樋口，1999）．しかし，サシバの越冬地である石垣島では，越冬環境に必ずしも広大な森林を必要としていない（樋口ほか，2000）．このことから，サシバの減少の原因を越冬地だけに求めることはできない（森下・樋口，1999）．

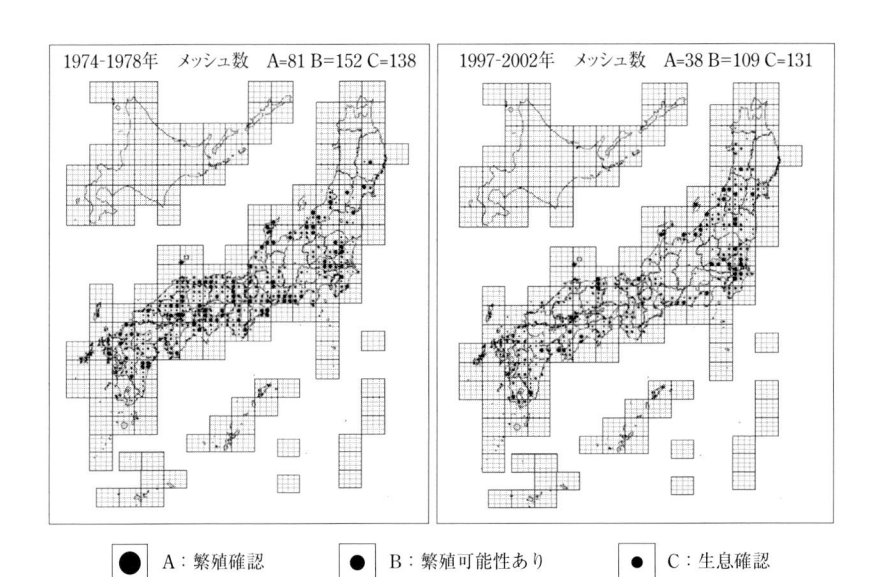

図13.2　1970年代と2000年前後におけるサシバの繁殖分布．三次メッシュ（約1km×1km）単位で収集されたデータを集計し，分布図は二次メッシュ（約10km×10km）を区画単位で表現している（環境省，2004より作成）．

自然環境保全基礎調査鳥類繁殖分布調査によると，繁殖が確認または可能性のある三次メッシュは，1974-1978 年で 233 メッシュだったのに対し，1997-2002 年には 147 メッシュとなり，とくに関東以西での減少傾向が強いことが見て取れる（図 13.2）．

（2） サシバの繁殖地の土地所有と保護区の指定状況および地勢

1995-1997 年に日本各地で繁殖したサシバの記録についてまとめたアンケート調査の結果によると，調査対象となった繁殖地数 96 のうち 87% は民有地で，74% は国立公園や鳥獣保護区などのいかなる保護区にも指定されていなかった（東，2004）．サシバの繁殖地の多くは丘陵地であり，標高 200 m 以下の低標高の繁殖地が全体の 76.6% を占める（野中ほか，2012）．これらのことから，サシバの繁殖地は，人間の生活圏と大きく重複するため，保護区になりにくく，高い開発圧を受けやすい環境であることが予想される．

アンケート調査の別の結果（東，2004）では，有効回答が得られた 30 都府県 108 地点のうち，20 都府県 42% の地域が開発による繁殖への影響があるとされている．具体的には，宅地開発，道路・鉄道工事，ダム建設工事などがあげられ，要因のすべてが繁殖地の破壊または消滅にかかわっており，繁殖に対する直接的な影響をおよぼすものである．

（3） サシバの減少時期とその要因

東（2004）のアンケート調査を受け，それから 10 年後のサシバの状況変化を知る目的で，過去から現在までのサシバの生息状況と，2005-2007 年に日本各地で繁殖したサシバの記録についてアンケート調査が実施された（野中ほか，2012）．

図 13.3 は，そのアンケート調査の結果にもとづき，1977 年から 2007 年までを 3 つの年代に区分したときのサシバの生息数の減少要因とその割合を示したものである．年代によって減少要因は異なるが，ここでも開発の影響があげられており，とくに 1988-1997 年の減少要因として高い割合を占めている．また，1997 年までは減少要因に水田の圃場整備の影響が一定割合含まれていたのに対し，1998 年以降はそれがなくなり，水田の耕作放棄の影響の割合が増加している．

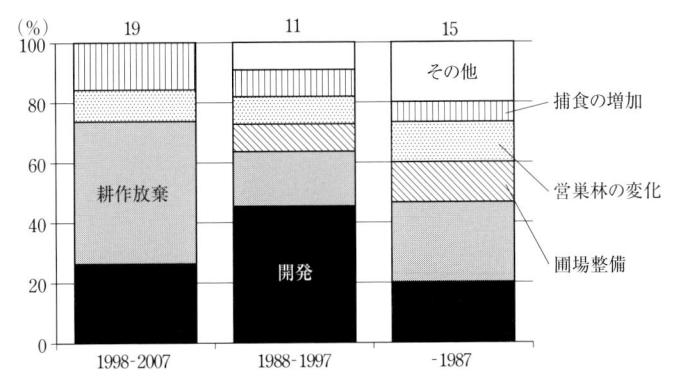

図 13.3 時期ごとのサシバの減少要因. 各棒の上の数字は対象となった地点の数. アンケート調査の結果にもとづく（野中ほか, 2012 より改変）.

　このように，サシバは圃場が整備されても，逆に耕作放棄されても生息に悪影響を受けることから，生息地として圃場の状態が重要であることがわかる．圃場整備の影響について少しくわしくみると，サシバの繁殖地となっている場所は，水路形態が素掘水路のある整備前の圃場を含む地点が多い（東, 2004）．サシバは，昆虫類から小型哺乳類まで里山の多様な小動物を食物として利用する．とくに，カエル類やヘビ・トカゲ類などの両生・爬虫類の利用割合が高い（第 5 章参照）．圃場における水路の護岸は，水田と水路の生態的ネットワークの分断を招くことで，カエル類の生息地としての機能を奪い（Fujioka and Lane, 1997；長谷川, 1998；東・武内, 1999），カエル類の減少を通して捕食者であるヘビ類の生息数にも影響する（長谷川, 1995）．したがって，カエル類やヘビ類を主要な食物としているサシバにとって，圃場における水路形態が素掘であることは重要であることがうかがえる．

　では，水田の耕作放棄はサシバの生息にどんな影響をおよぼすのだろうか．サシバの採食行動は，行動圏内の立木，杭や電柱などに止まり，そこで待ち伏せし，地面，あるいは樹木の葉面などにいる小動物を探して，一定時間の探索で見つからなければ，違う止まり場所に移動して待ち伏せ，獲物が見つかるとそれを襲う待ち伏せ探索型である（東ほか, 1998）．

　採食地点の大半が地面なので，地面の状況，とくに草の茂り具合が採食の可否に影響をおよぼす．千葉県での調査では，サシバが採食した地面の草丈

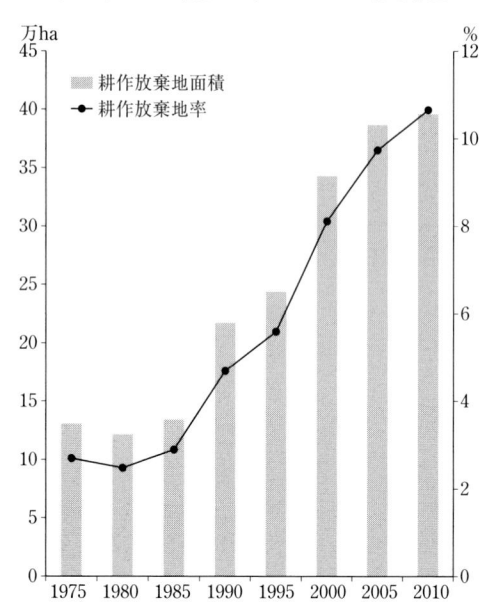

図 13.4 日本における耕作放棄地面積と耕作放棄率の推移．「耕作放棄地」とは，農林業センサスにおいて「以前耕地であったもので，過去1年以上作物を栽培せず，しかもこの数年の間に再び耕作する考えのない土地」と定義されている統計上の用語．耕作放棄地面積率は，耕作放棄地面積÷(経営耕地面積＋耕作放棄地面積×100)（農林水産省，2011より改変）．

（平均±標準誤差）は 12.9±2.8 cm（範囲は 0-60）で，対照地点のそれよりも有意に低かった（東，2004）．採食環境の地面の草丈は，水田，畦，土手では5月上旬から6月上旬にかけて20 cm程度以下なのに対し，耕作放棄田では5月上旬の段階ですでに60 cm程度に達していることから（東，2004），耕作放棄地は採食環境として不適であるということがいえる．

また，耕作放棄によって水田への水の供給がなくなると水たまりの消失や乾燥化が進み，カエル類の生息地としての機能を失う．それにともないヘビ類の生息数も減少する．したがって，耕作放棄は食物資源の面からもサシバの採食地としての機能を低下させてしまう．

耕作放棄地の面積は年々増加している（図13.4）．とくに，サシバの好適

な繁殖地である中山間の谷津田は，農業生産条件の不利性と，農業者の高齢化も相まって，平地の水田よりも耕作放棄が急速に進行してきている．そのような耕作放棄地には，シカやイノシシ，サルなどが誘因される．それにより全国各地で獣害被害が発生し社会問題となってきている（梶ほか，2013）．サシバの保全と獣害被害の抑制の観点からは，水田には稲が作付けされ，定期的に畔の草刈りがなされる従来の農地管理の継続が必要といえるだろう．

上記以外の減少要因として考えられるのは，他種による捕食や生息地の競合などの影響である．図13.3によると，年代が進むにつれて，捕食者による捕食の影響が増加してきている．捕食者としてはカラス類とオオタカがあげられている．オオタカはときにサシバの成鳥を襲うこともあるが，オオタカもカラス類も巣内または巣立ち直後の雛を捕食する場合が多い．カラス類は卵も捕食する．

オオタカは，近年の生息数および生息箇所数の回復傾向から，2006年の環境省鳥類レッドリストの見直しの際に，絶滅危惧Ⅱ類（VU）から準絶滅危惧（NT）となった．それ自体は喜ばしい出来事ではあるが，埼玉県の里山では，かつてのサシバの繁殖地が，オオタカのそれへと置き換わってきているらしい（内田　博，私信）．カラス類やオオタカ以外でも，ノスリやトビの影響が考えられる．この2種はサシバを捕食することはまれであるが，サシバよりも繁殖開始時期が若干早い．そのため，景観的にはサシバの好適な繁殖地であっても，そこでノスリやトビが繁殖している場合には，サシバはその付近では繁殖しないことが多いように思われる．

13.2　サシバ保全のための取り組み

サシバは里山に生息する昆虫類から小型哺乳類までのあらゆる小動物を食物とすることから，生物多様性の高い里山の象徴種として，各地でその保全活動が行なわれるようになった．ここでは，産，官，学，民など，多様な主体によるいくつかの事例について紹介する．

（1）「サシバのすめる森づくり」――愛知県豊田市の事例

1990年，愛知県豊田市は，中心市街地から西に約4kmのところに位置す

る丘陵地に 28.8 ha の豊田市自然観察の森を開設した（以下，観察の森）．その指定管理者として日本野鳥の会が管理運営することになった．この観察の森周辺にも良好な里山環境が広がっていることから，豊田市は，その環境を保全するために，土地所有者と賃貸借契約を結ぶ事業を 2003 年度から始め，現在では 153.3 ha が管理地域となっている．

　この事業の保全計画の中で保全目標種に選ばれたのがサシバであった．2004 年に観察の森周辺地域で観察されていたつがいと思われるサシバ 2 羽が，その翌 2005 年には同じ場所で観察できなかったことから，サシバとその生息地の保全活動が始まった．名付けて，「サシバのすめる森づくり」である（大畑，2011）．これは，観察の森にかかわる行政，NGO，ボランティア，研究者などさまざまなセクターが，日本野鳥の会のレンジャーのコーディネートのもとに行なっている事業である．サシバの姿が観察の森周辺地域から消えた原因は，休耕している水田が多かったとはいえ，2004 年にはまだ耕作水田がわずかに残されていたが，翌年にはその地域内の水田がすべて耕作放棄されたことだと考えられた．

　そこで，サシバの食物であるカエルやヘビを増やすために，休耕田にしている土地所有者に了解を得て，休耕田に水を張り，カエルの産卵場所づくりが始められた．2009 年度までに約 1.3 ha が整備されている．サシバの食物資源の指標としてニホンアカガエルの卵塊数の調査が 2004 年以降実施されており，整備前の 2004 年には 727 個だったのが，2012 年の水張り休耕田では 4516 個と増加傾向が見られている．この地域内では，2013 年までにサシバの繁殖は確認されていないものの，2006 年以降，狩場としての利用が確認されており（大畑孝二，私信），保全活動の効果が現れているといえる．

（2）「サシバの里」と「サシバ保全のためのゾーニング」
　　　──栃木県市貝町の事例

　栃木県市貝町とその周辺地域は，100 km^2 あたり 138 つがいのサシバが繁殖する（オオタカ保護基金，2012）高密度繁殖地域である．市貝町は，2011 年 6 月に地域ブランドとして「サシバの里」を商標登録している．その後，サシバをモチーフにしたゆるキャラ作成，道の駅「サシバの里」が 2014 年度に開設予定など，まちづくりに「サシバ」が用いられている．NPO 法人

13.2 サシバ保全のための取り組み

オオタカ保護基金は，市貝町や地域住民と協働で，「サシバの里」づくりを実践しており，農業との共存を目指した保全プランとして，「サシバ保全のためのゾーニング」が提案されている（オオタカ保護基金，2012）．

そこでは，3つのゾーニングが示されている．Aエリアは，谷の奥部の小規模な谷津田がある地域である．この地域は農道などの整備がされておらず，耕作機械を入れにくいため耕作放棄田がめだつ．潜在的にはサシバの生息適地であるが，耕作放棄の進行で生息不適地となってきている．そこで，この地域では，保全団体が土地所有者と賃貸借などをし，市民とともに草刈りや耕耘，水張り休耕田の造成など湿地的な環境を維持し「生きものエリア」として保全・管理する．

Bエリアは，谷の中央部の中規模な谷津田がある地域である．この地域は，農業の生産効率はやや悪いが，小規模な農道が整備され，耕作機械も入り，稲作は継続されている．サシバの生息環境として良好に維持されているが，耕作者の年齢層が高く，今後の農業の継続が危惧されている．そこで，この地域では，サシバや里山の生きもののすむ安心で安全な環境で生産された米などの付加価値の高い農産物を生産する．保全団体は，市民（消費者）と生産者をつなぐ役割を担い，生産物の販売にも積極的にかかわる．これらのことから，この地域は「農業と生きものの共存エリア」とされている．

3つめのCエリアは，河川沿いの広い水田である．この地域は，農業の生産効率が高く，今後も水田耕作の継続が期待できる一方で，サシバの生息密度が低く，生きものの生息環境としての質が高くない．そこで，できるだけ生態系に配慮しながら農業を優先する「農業エリア」とされている．

NPO法人オオタカ保護基金は，上記の保全プランにもとづいて，2010年から「生きものエリア」モデル事業を開始している．事業地は2007年から耕作放棄されている約0.4 haの谷津田である．この場所を土地所有者から借り受け，耕作放棄された谷津田の復元と草地の管理を行ない，サシバの食物となる両生・爬虫類の生息環境を創出・維持するとともに，谷津田環境に特徴的な動植物の生息・生育環境を保全することが活動の目的である．2回の現地ワークショップで保全方針を作成し，2011年11月以降，月に1〜2回程度の管理作業が実施された．その結果，谷津田環境に依存する多くの生きものが戻り，サシバの採食行動も観察されてきた．サシバの保全に貢献して

いる活動といえるだろう．

（3）「サシバのふるさと畔田谷津」——千葉県佐倉市の事例

千葉県佐倉市畔田谷津は，超高層マンション群で知られるユーカリが丘というニュータウンの南東約2kmにある．都市近郊では貴重となった里山である．畔田谷津は，幅50-100m，長さが約3km，下総台地に刻まれた谷津田である．1990年代後半，ここには2-3つがいのサシバが繁殖していた．しかし，下流から約600mの範囲は，一面のヨシ原にヤナギなどの木本が侵入している耕作放棄地となっており，サシバの採食地利用をほとんど見ることはなかった．

佐倉市は，この地域一帯を（仮称）佐倉西部自然公園予定地として，2006年に先述の放棄された谷津田を購入し，市と市民が協働で「畔田谷津ワークショップ」を立ち上げ，自然再生を進めている（佐倉市HP）．当ワークショップは，「サシバのふるさと畔田谷津」を管理目標に掲げ，サシバの食物動物と採食環境に注目し，畔や水路の復元による放棄水田の再生と草刈りを実施している．その成果として，トウキョウダルマガエルやニホンアカガエルなどのカエル類の大幅な増加が認められ，サシバの採食地利用が頻繁に観察されるようになった．当ワークショップでは，従来型の人の利便性を追求する公園の概念を転換し，生物多様性を高めることを最優先とする公園づくりを目指している（美濃和，2011）．サシバを頂点とした里山生態系の保全につながる公園整備となることが求められている．

（4）「休耕田の草刈りと杭の設置でサシバを誘致」
　　　——岩手県花巻市東和町の事例

前記のとおり，サシバの採食行動は待伏せ探索型であり，採食には止まり木の有無と地面の状況，とくに草の茂り具合が採食の可否に影響をおよぼす．したがって，サシバの採食地として好適な環境とは，行動圏内に止まり木が数多く存在しており，周辺の草地の草丈が低い状態の環境といえる．このことから，サシバが生息地として利用しそうな環境に止まり木を設置し，定期的な草刈りによってその周辺の草丈を低い状況にすれば，サシバの生息地の質を上げることができるのではないかと考えられる．このような観点から，

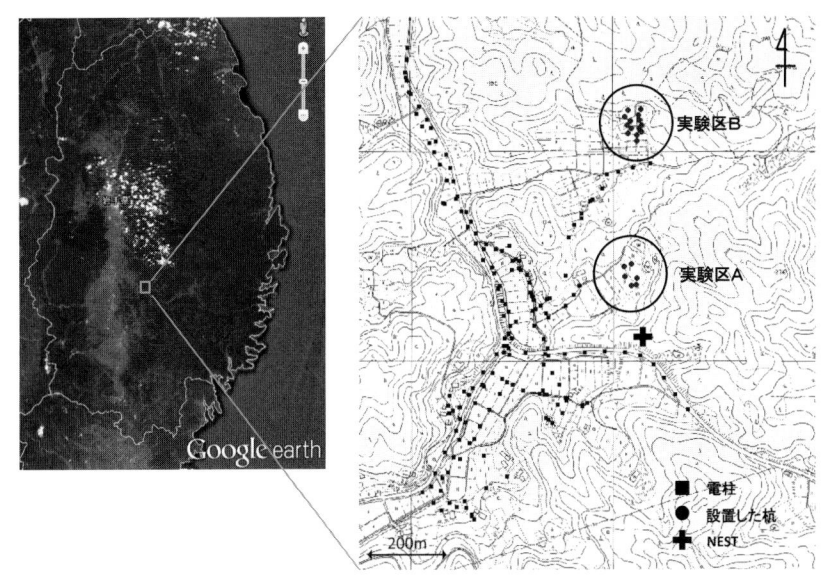

図 13.5 サシバ誘致のために休耕田に杭を立て草刈りを実施した調査地と 2010 年の営巣地の位置（東ほか，2011 より改変）．

岩手大学農学部保全生物学研究室では独自の生息地管理の試みを実施した（東ほか，2011）．

調査地として，岩手県花巻市東和町のサシバの生息地を設定した．ここは，サシバの太平洋側の繁殖北限域であり，研究室で調査を開始した 2007 年以降，サシバの繁殖が継続して確認されている．2008 年と 2009 年に研究室の定点観察による行動調査により，調査地周辺の空間利用の状況が把握されている．

概要を述べると，土地所有者にお借りした調査地内の非耕作水田に 2 つの実験区（計 90 a）を設置した．どちらも乾いた休耕田になっており，サシバの繁殖期間には草が茂り，採食地としての機能は低いと考えられた．実験区 A（20 a）には 6 本，実験区 B（70 a）には 14 本の杭をそれぞれ設置した．杭には高さ 4 m の果樹栽培用の支柱を使用した．2010 年の営巣木と両実験区における杭の設置の位置を図 13.5 に示す．実験区 A は巣から約 150 m と近く，サシバの行動圏に含まれてはいたが，2008 年，2009 年ともに，採食

地利用はほとんどなかった．一方，実験区Bは巣から約500 m離れており，2008年，2009年ともに，行動圏には含まれていなかったため，採食地利用もなかった．杭の設置後，2010年5月30日から7月11日までの期間に定点観察によるサシバの行動調査を8日間実施した．また，実験区の草丈がつねに20 cm以下に維持されるように，杭の設置以降9月末まで刈払い機を用いて随時草刈りを実施した．

その結果，杭を設置する以前には電柱と電線が止まり木として70%以上利用されていたのに対して，杭を設置した2010年には，電柱と電線の利用は約40%に減少し，杭は約40%利用された．また，杭に止まった個体による頻繁な採食行動が確認された．ただし，杭を利用した実験区はAのみで，Bでは一度も採食地利用は確認されなかった．実験区Bは，巣からの位置が遠く，近隣にノスリが営巣しており，この場所がノスリの行動圏内に含まれていた．実験区Bがサシバの採食地として利用されなかったのは，これらのことが原因である可能性が考えられる．

以上のことから，非耕作水田における杭の設置とその周辺の草刈りは，サシバの採食地利用を促す効果があるといえる．また，杭の設置や草刈りは，土地所有者の理解が得られれば，農家でなくても実施することができる作業である．しかし，実験区Bのように，巣からの距離が離れている場合や，近隣に他種のタカ類が繁殖している場合には，杭を設置し草刈りを実施しても，サシバを誘致することはむずかしい．したがって，保全対策を有効にするためには，サシバの採食地利用状況などの事前調査のうえで，場所の選定をすることが必要であろう．

（5） その他の事例

千葉県野田市の南部に位置する江川地区は，県西北部ではめずらしくなった大規模な谷津田が残されている．ここで予定されていた区画整理事業が断念されたことによる無秩序な埋め立てなどの自然破壊を防ぐため，市と自然保護団体が2003年発行の「自然環境保護対策基本計画」を修正し，市が農地取得の可能な農業生産法人を設立して農的活用を図ることとなった．また，近隣の船形地区においても，2005年度中に，地区内の農業者が担い手としての認定農業者になるために農業生産法人化しなければならなくなった．こ

のような背景のもと，今までの船形地区の生産調整事業を引き継ぐとともに，江川地区においては自然保護を優先した農業経営をしていくために，新たな農業生産法人が設立された（野田自然共生ファーム HP）．

江川地区は全体約 90 ha を市の基本計画にもとづき 5 つにゾーニングされており，その中の保全樹林地エリア（斜面林）ではサシバが毎年営巣している．また，約 22 ha の保全管理エリアでは，耕作放棄地を復田し，水路を復元したことにより，カエル類の生息数が大幅に増加している．サシバの止まり木として，水田の各所に立てられたモウソウチクでは，それに止まり，狩りをする姿が頻繁に観察されている（木全，2010）．

この地区は，サシバの渡りの経路にもなっており，利根運河の生態系を守る会などの自然保護団体の協力でタカ渡りの観察会などが実施されており，地区住民の間では，年々サシバに関する関心が高まってきている（木全，2010）．

これまで紹介してきた事例のほかにも，おもに関東を中心にサシバの生息地の保全活動が実施されている．埼玉県飯能市では，NPO 法人が谷津田を買取り保全するという，全国的にもめずらしい土地の取得により，谷津田再生事業が実施されている（市川，2010）．

茨城県大子町の八溝自然たんけんたいでは，「サシバのすめる里山づくり」をテーマに，田んぼでの生きもの調査や，サシバの観察の仕方などを壁紙新聞や冊子にまとめるなど，環境保全・自然体験活動を通じて地域の自然を大切にする子どもの育成を図っている（こどもエコクラブ，2010）．

神奈川県小田原市では，日本野鳥の会神奈川支部を中心に，小田原市でかつてサシバが繁殖していた耕作放棄地の棚田を整備し，サシバを呼び戻そうという活動が 2009 年から始まっている．毎月約 35 a の草刈りを実施し，2011 年に 1 羽の飛来が確認されている（頼，2011）．

長野県木島平村では，NPO 法人 RAPOSA により，サシバの生息調査と生態研究が行なわれている．当会では，地元住民とともに里山環境の整備をすることで，農村本来の姿に戻していく活動により，人と生物が共存ともに発展できる関係を構築し，「農村文化と生物多様性」のモデルケースとなることを目指している（NPO 法人 RAPOSA HP）．

越冬地での状況についても触れておきたい．先述の宮古野鳥の会による宮

古島でのサシバの飛来数調査は，1973年から始まり現在も継続されている．また，1977年以降，沖縄県では10月を「サシバ保護月間」と定め，密猟の摘発や保護活動が進められている．地元で長年サシバの保護活動に携わってきている久貝・仲地（2010）の記述から，越冬地でサシバが保護対象となる鳥類であるという認識が住民に浸透するまでの経過を見てみたい．

1990年代ごろまでは，宮古島ではほぼ毎年のように「ツギャ」というサシバの捕獲小屋が見つかり，密猟者が横行していた．そこで，伊良部中学校が県の環境教育モデル校となり，サシバの密猟問題への取り組みを開始した．それを皮切りに，1993年に旧伊良部教育委員会と県による「第1回サシバは友だちフォーラム」が開催された．1994年には旧伊良部町内の小中学校を中心にして「サシバは友だち連絡協議会」が結成され，「第2回サシバは友だちフォーラム」が実施されている．1995年，1996年には愛知県蒲郡市の小学校の参加を得て，「サシバは友だちサミット」が開かれ，サシバ保護の気運が急速に高まった．2000年以降，毎年10月には学校を中心に，PTA，母親の会，生徒会，地域の有識者，ボランティア，宮古野鳥の会，地方自治体，それに警察がしっかり連携し，サシバの保護活動を続けており，現在に至っている．

これらの事例のように，繁殖地をはじめとして，近年各地でサシバやその生息地保全のための活動が実施されてきている．それは，サシバが里山の生態系を指標する上位種であることが着目され，里山の保全活動のシンボルとなってきたからであろう．また，越冬地では密猟の防止，飛来数の推移確認という観点から，長年サシバの保全活動が続けられてきている．このような活動が全国的に拡大していくことは，サシバの保全にとっては望ましい傾向である．今後は，繁殖地と越冬地での情報交換や共同研究を通じて，サシバの年間を通じての生態解明とその保全を進めていくことが求められるであろう．

13.3 保全に向けた今後の課題

（1） 繁殖地として里山環境を利用しないサシバの生態の解明

　サシバは里山の象徴種であることに異を唱える人はいないだろう．とりわけ谷津田は，サシバの繁殖地として好適環境とされている．野中ほか（2012）によるサシバの繁殖地の環境について回答のあった全国114地点での解析では，関東，中部，関西では，繁殖地の環境に谷津を含む地点が半数以上を占めていた．しかしその一方で，東北，中国，四国では30％台，九州に至ってはそれが10％を下まわっており，これらの地域では繁殖地点に樹林地帯や畑作地帯を多く含んでいる．これまで記載された報告は少ないが，新潟県（紀國ほか，2010）や石川県（今森ほか，2012）では，クマタカやイヌワシが繁殖するような，あるいは繁殖している山岳地帯でサシバの繁殖が確認されている．滋賀県では谷津での繁殖地点が減少してきている一方で，山岳地帯での繁殖が増えつつあるという（山﨑　亨，私信）．筆者もまた，岩手県雫石町の国有林内のブナ林とカラマツ林でそれぞれサシバの営巣を確認している．

　谷津や水田もない山の中で，なにを捕食して繁殖しているのだろうか．谷津や水田を多く含む環境である「里サシバ」と比較して，山岳地帯で繁殖する「山サシバ」の営巣密度は低いと予想される．しかし，サシバの繁殖地の環境が里山だけではないことは留意しておく必要がある．今後，山岳地帯での繁殖生態の解明が望まれる．

（2） 日本におけるサシバの遺伝的多様性と遺伝的構造

　サシバは，環境省鳥類レッドリスト（2006）の絶滅危惧II類（VU）に定められたものの，保全上必要となる遺伝的多様性や，それぞれの地域で繁殖する個体の遺伝的なつながりについてなどは不明なままである．

　そこで現在，筆者らはミトコンドリアDNAの制御領域（control region）の塩基配列をもとに，その塩基置換率を指標としてサシバの遺伝的構造と遺伝的多様性の調査・推定を行なっている（Nagai *et al.*, 2010）．全国各地で繁殖していたサシバの羽毛を捕獲時または巣の下で収集し，それからDNA

を抽出し，PCRにより制御領域を増幅させ，ダイレクトシーケンス法により塩基配列を決定した．現在までに57個体からDNAを抽出し，ミトコンドリアDNA制御領域437塩基対を調べた結果，20のハプロタイプが検出された．

地域ごとの遺伝的多様性を調べたところ，繁殖北限分布域である岩手県内では12個体から6の，福岡県内では17個体から12のハプロタイプがそれぞれ検出され，全個体のハプロタイプ多様度（HD）は0.88であった．この指標に絶対的な評価基準はない（Asai et al., 2006）が，希少鳥類とされているシマフクロウ，タンチョウ，ライチョウ，イヌワシのハプロタイプ多様度はいずれも0.4以下だった（小池・松井，2003）のに対し，普通種とされるハマシギ，キョウジョシギ，アトリがいずれも0.8以上であった（Asai et al., 2006）．このことから推察すると，サシバの場合，解析個体数が十分とはいえないものの，現時点では種を維持する程度に遺伝的多様性は保たれていると考えられる．

また，得られた塩基配列のデータにもとづく系統解析やネットワーク解析を行なったところ，サシバの遺伝的構造は，全国的に検出される遺伝型と，奈良県以西の西日本で検出される遺伝型の2つのグループに分かれる傾向にあることがわかってきた．九州北部で繁殖する個体は，繁殖地の周辺に水田があっても，水田を採食地としてあまり利用せず，電柱に止まっている姿をみることは少ない（伊関文隆，私信）．これらの2グループ間の遺伝的距離は近いため，集団として分化しているわけではないが，西日本型に分類される個体群は，全国型とは異なる行動・生態を有する可能性があるのかもしれない．

しかし，これまでに収集できた羽毛は，サンプル数の不足と収集地域の偏りがある．今後は，解析する地域数や個体数を増やし，より詳細な遺伝的構造の解析を進める必要がある．また，遺伝的解析とあわせて，衛星追跡などによる渡りの経路，幼鳥の分散などといった生態学的な知見の蓄積が期待される．

（3） 今後のサシバの保全措置に向けて

サシバが環境省鳥類レッドリスト（2006）により絶滅危惧Ⅱ類（VU）に

定められてから，環境影響評価法などにもとづく環境アセスメント手続きの各段階における猛禽類の調査の際に，サシバの調査が実施される例が増えている．

　このような調査で保全措置の指針となるのが，環境省自然環境局野生生物課が発行する「猛禽類保護の進め方」である．2012（平成 24）年 12 月に 16 年ぶりに改訂版が発行されたが，残念ながら改訂版でもイヌワシ，クマタカ，オオタカの従来の 3 種についてのみまとめられており，サシバについての保全措置の考え方と調査方法は，オオタカの項目の最後にコラム的に掲載されているだけである（環境省自然環境局野生生物課，2012）．

　サシバは，オオタカと同様に里山をおもな生息地としているタカ類であるため，開発などにともなう土地改変の影響を受けやすい種であるといえる．それにもかかわらず，「猛禽類保護の進め方（改訂版）」にサシバが上記 3 種と同列に掲載されなかった理由として，サシバの生態や保全措置に関する知見が十分に集積されてきていないことがあげられる．とくに西日本での調査および知見の集積が遅れている．

　そこで，まず着手しなければならないことは，全国的な繁殖分布地点の把握と環境解析である．生息分布は，保全情報としてはもっとも基本的なものである．これまでに，環境省の第 6 回自然環境保全基礎調査・鳥類繁殖分布調査報告書で 1974–1978 年と 1997–2002 年の 2 時期の分布データが公開されている（環境省自然環境局，2004）．しかしこれは，調査コースを時速 2 km 程度で歩行して鳥を記録するロードサイド調査と，原則として同コースの開始点および終了点での 30 分ずつの定点調査を併用したものであり，また，メッシュ単位で集計されている．したがって，サシバの生息状況調査としては，明らかに不十分であり，この調査結果からは，繁殖地の詳細な環境解析はむずかしい．

　今後は，各地の繁殖地点情報を収集したうえで，地域ごとに繁殖地の環境解析を実施し，それをもとに地域ごとの繁殖可能性地図（ポテンシャルマップ）を作成する．それにより，関東以西での生息数減少（野中ほか，2012）の原因の解明や今後導入される戦略的環境アセスメントへの活用に資することができる．これには，野中ほか（2012）のアンケート調査に協力してくださった個人や団体だけではなく，道路やダム建設などの公共事業におけるア

セスメント調査の結果を有効に活用することが望まれる．

　また，各地で繁殖成績についてのモニタリングをすることも重要である．繁殖成績が低い地域の場合は，その原因を探ることで，生息数減少の対策を打つ手がかりをつかめる可能性があるだろう．これらのことは個人だけで続けていくのはむずかしい．タカ類保護の主導的立場となる環境省を中心として，研究者と関連団体，そして個人が連携しながら進めていく重要性が，今後ますます高まっていくと思われる．

（4） 生物多様性を育む農業が地域とサシバを守る

　里山を繁殖地とするサシバは，営農，とくに水田耕作との関係が強い種である．水田にはカエルやヘビなどサシバの食物となる多様な小動物が豊富で，かつ定期的な草刈りがサシバの狩りを可能にしている．したがって，水田が畑作物へ転作されたり耕作放棄されたりすると，サシバの繁殖地としての機能が低下する．しかし，サシバの繁殖地である里山は，平地の農地と比べて農業生産性が低い．その一方で，里山はサシバの生息を支える豊かな生態系が維持されており，生態系サービスが高い地域である．今後，種の保全を意図した水田耕作には，トキ（佐渡市）やコウノトリ（豊岡市），マガン（大崎市）で実施されているような営農者にインセンティブのある生態系サービス支払い（吉田，2013）の制度化が有効であると思われる．

　水田やその周辺に生息するメダカやトノサマガエル，アカガエルなどが全国各地で絶滅危惧種となっていることに象徴されるように，これまで水田の圃場整備事業は，水田と水路，さらにはそれらと周辺の雑木林との生態的ネットワークを分断してきた．農業の効率性や生産向上のために圃場整備事業は継続されるであろうが，今後，新規の整備や老朽化などにともなう再整備の際には，水田でメダカが繁殖できる圃場整備水田（広田ほか，2010）のような，生態系配慮型工法の導入が求められる．生態系上位種であるサシバの生活を支えるためには，食物となる小動物の種の多様性はもとより，数の多さという総体的なバイオマスの高さが必要である．今後は，農業の生産性を大きく減ずることなく，サシバを含めた豊かな生物多様性の存続を図る方策を求めていくことが必要となる．

引用文献

Asai, S., Y. Yamamoto and S. Yamagishi. 2006. Genetic diversity and extent of gene flow in the endangered Japanese population of Hodgson's hawk-eagle, *Spizaetus nipalensis*. Bird Conservation International, 16：113–129.

東　淳樹．2004．サシバとその生息地の保全に関する地域生態学的研究．我孫子市鳥の博物館調査研究報告書，12：1–119.

東　淳樹・武内和彦・恒川篤史．1998．谷津環境におけるサシバの行動と生息条件．環境情報科学論文集，12：239–244.

東　淳樹・武内和彦．1999．谷津環境におけるカエル類の個体数密度と環境要因の関係．ランドスケープ研究，63：573–576.

東　淳樹・河村詞朗・河端有里子・金子絵里・糸川拓真・堀江佑輝・村上寛尚．2011．サシバ（*Butastur indicus*）の狩場環境の創出にむけた草刈りや杭の設置の保全的効果の検証．プロ・ナトゥーラ・ファンド第20期助成成果報告書：81–89.

Fujioka, M. and S. J. Lane. 1997. The impact of changing irrigation practices in rice fields on frog populations of the Kanto Plain, central Japan. Ecological Research, 12：101–108.

長谷川雅美．1995．環境影響評価における両生類，爬虫類調査の位置づけ．（沼田真，編：自然環境への影響予測──結果と調査法マニュアル）pp. 147–160．千葉県環境部環境調査課，千葉．

長谷川雅美．1998．水田耕作に依存するカエル類群集．（江崎保雄・田中哲男，編：水辺の生物群集）pp. 53–66．朝倉書店，東京．

樋口広芳・森下英美子・東　淳樹・時田賢一・内田　聖・恒川篤史・武内和彦．2000．サシバ（*Butastur indicus*）の渡り衛星追跡および越冬地における環境選択．我孫子市鳥の博物館調査研究報告書，8：25–36.

広田純一・東　淳樹・南雲　穣・佐藤貴法・金田一彩乃．2010．メダカの生息に配慮した圃場整備における順応的管理の実際──岩手県一関市門崎地区の事例．水土の知，78：129–134.

市川和男．2010．谷津田再生への取り組み．第7回タカの渡り全国集会 in 関東：60–63.

今森達也・野中　純・増川勝二・堀田雅貴・堀田統大・佐川貴久．2012．山のサシバはどのような餌動物を巣に運ぶか？　日本鳥学会2012年度大会講演要旨集．

梶　光一・伊吾田宏正・鈴木正嗣．2013．野生動物管理のための狩猟学．朝倉書店，東京．

環境省HP．日本の里地里山の調査・分析について（中間報告）．http://www.env.go.jp/nature/satoyama/chukan.html

環境省自然環境局野生生物課．2004．第6回自然環境保全基礎調査　種の多様性調査　鳥類繁殖分布調査報告書．環境省．

環境省自然環境局野生生物課．2012．猛禽類保護の進め方（改訂版）──とくにイヌワシ，クマタカ，オオタカについて．環境省．

Kawakami, K. and H. Higuchi. 2003. Population trend estimation of three threat-

ened bird species in Japanese rural forests：the Japanese Night Heron *Gorsachius goisagi*, Goshawk *Accipiter gentiles* and Grey-faced Buzzard *Butastur indicus*. Journal of the Yamashina Institute for Ornithology, 35：19-29.
木全敏夫．2011．サシバ保護のために農業法人を立ち上げた．野鳥，76：11.
紀國　聡・野口将之・長野紀章・鈴木荘司・沢村直紀．2010．新潟県山岳地帯ブナ原生林におけるサシバの繁殖事例．日本鳥学会 2010 年度大会講演要旨集．
こどもエコくらぶ．2010．サシバの住める里山づくり．第 7 回タカの渡り全国集会 in 関東：53-58.
小池裕子・松井正文．2003．保全遺伝学．東京大学出版会，東京．
国土庁計画・調整局．1992．国土数値情報．大蔵省印刷局．
久貝勝盛・仲地邦博．2010．宮古諸島の住民とサシバ．第 7 回タカの渡り全国集会 in 関東：73-77.
美濃和直子．2011．サシバが生きられる里山公園を次世代に残したい！　野鳥，76：10.
森下英美子・樋口広芳．1999．探鳥会および個人の観察記録にもとづく夏鳥の減少．（樋口広芳，編：夏鳥の減少実態研究報告）pp. 19-43．東京大学渡り鳥研究グループ，東京．
Nagai, K., A. Azuma and F. Iseki. 2010. Genetic diversity and population structure analysis of *Butastur indicus* in Japan based on mtDNA. Asian Raptors. Proceedings of the 6th International Conference on Asian Raptors. pp. 73-74. Ulaanbaatar.
野田自然共生ファーム HP．http://www.nodafarm.jp/
野中　純・植田睦之・東　淳樹・大畑孝二．2012．アンケート調査によるサシバの生息状況（2005-2007）．Strix, 28：25-36.
農林水産省．2011．耕作放棄の現状について．農水省．
農林水産省構造改善局．1992．第 3 次土地利用基盤整備基本調査．農水省．
NPO 法人オオタカ保護基金．2012．サシバの里物語．随想舎，宇都宮．
NPO 法人 RAPOSA HP．http://npo.raposa.jp/
大畑孝二．2011．サシバのすめる森づくり．野鳥，76：8.
頼ウメ子．2011．2 年間の草刈り実施で，1 羽のサシバを確認！　野鳥，76：10.
佐倉市 HP．http://www.city.sakura.lg.jp/0000004682.html
白井　豊．1993．歴史的に見た農村環境の構造．（農林水産省農業技術環境研究所，編：農村環境とビオトープ）pp. 17-37．養賢堂，東京．
Ueta, M., R. Kurosawa and H. Matsuno. 2006. Habitat loss and decline of Grey-faced Buzzards（*Butastur indicus*）in Tokyo：JAPAN. Journal of Raptor Research, 40：52-56.
吉田謙太郎．2013．生物多様性と生態系サービスの経済学．昭和堂，京都．

14
イヌワシの保全と生息地管理

須藤明子

　北半球に広く生息するイヌワシ（*Aquila chrysaetos*）は，大きな体と長い翼でグライダーのように飛行し，比較的開けた場所でのハンティングを好む．日本の山岳地帯の森林環境に適応進化してきたニホンイヌワシ（*A. c. japonica*）は，おもに落葉広葉樹林に依存して生活している．全亜種中で最小の体を活かした巧みな狩りのテクニックを駆使して，森林内に形成された雪崩跡などの小面積ギャップでノウサギやヤマドリなどの中小動物を捕食する（第 1 章および第 9 章参照）．

　イヌワシの生息環境選択，行動圏利用，採食習性，繁殖習性などについては，本書の第 1 章と第 9 章で紹介されており，保全に関連することがらの概略もそれらの章で述べられている．そこで本章では，森林生態系のアンブレラ種（「生態系を風雨から護る傘」という意味）としてのニホンイヌワシの保全について，繁殖失敗の具体的な内容や生息地の改変の実態，生息地保全のための森林管理など，生息地管理に焦点をあてて述べることにする．

14.1　イヌワシの繁殖失敗をもたらす要因

　日本全国のイヌワシの繁殖成功率は，近年，減少の一途をたどっており，とくに 1991 年以降は平均 25% と落ち込んでいる（第 9 章の図 9.1 を参照）．イヌワシが個体群を維持できる繁殖成功率の下限は 40% とされ（Brown and Watson, 1964），日本の個体群維持のために必要な繁殖成功率を 67% とする試算もある（藤田，1992）．今後，繁殖成功率が向上しなければ，近い将来に個体数が急激に減少し，日本のイヌワシ個体群は絶滅に向かうと考え

られる．

　イヌワシの繁殖失敗をもたらす要因は，開発工事やヘリコプター飛行，ハンターやカメラマンの巣への接近，巣上への多積雪，親鳥の消失，ツキノワグマやカラスによる雛の捕食など多様である（第9章の表9.1を参照；日本イヌワシ研究会，2003）．また，環境ホルモンなどの化学物質による繁殖生理機能への影響やふ化抑制作用も要因の1つとして疑われている．

　このように，イヌワシの生息を脅かす要因は多岐にわたり複雑に影響しているが，もっとも重大な要因は，獲物となる生物の減少ならびに狩場の減少に起因する慢性的な食物不足，すなわち好適生息環境の減少と考えられており（福井県自然保護センター，2001；岩手県環境保健センター，2012；須藤，2012a）．第9章で示されているように，食物不足による繁殖失敗は増加傾向にある．以下に，イヌワシの生息を脅かすおもな要因について概略を述べていく．

（1）　食物不足

　1996–2001年に福井県自然保護センターが実施したイヌワシ保護対策事業において，食物不足がイヌワシの繁殖失敗の要因であることを確認するための試験的な人工給餌が実施された（福井県自然保護センター，2001）．

　具体的には，福井県内の4つがいの生息地において人工給餌が試みられ，AとBの2つがいの生息地で人工給餌に成功した．Aつがいでは，単年の巣内育雛期に5回の給餌に成功，Bつがいでは，4年間の造巣期および巣内・巣外育雛期に40回の給餌に成功した．餌は，感染症対策のため，微生物をコントロールした実験動物（クリーン動物）のウサギ（ニュージーランドホワイト種）の生体を使用した．また，事故死した野生動物の死体（ノウサギ，タヌキ，テン，キジ）も補足的に給餌した．その結果，Aつがいでは，人工給餌が成功した年にだけ繁殖成功し，Bつがいでは，繁殖成功率が0%から75%に向上した．これらの結果から，人工給餌によってイヌワシの繁殖成績を向上させることが可能であることが確認された．

　繁殖成績のよいつがいでは，産卵日が早い傾向が認められた（福井県自然保護センター，2001）．ハイタカ類やチョウゲンボウ類の飼育下の実験においても，餌を十分に与えることによって，産卵日を早めることができたとの

報告がある（Newton, 1993）．また，兄弟間闘争は，食物不足により発生頻度が高くなるとの指摘もある（ワトソン，2006）．さらに，慢性的な食物不足は，感染症などの疾病の罹患率をあげ，繁殖失敗を引き起こすことも報告されている（Newton, 1993）．

以上の報告は，いずれも食物不足が繁殖失敗の主たる要因であり，繁殖成功率の低下を惹起していることを支持するものである．

兄弟間闘争

イヌワシ属やハイタカ属など多くのタカ類において，兄弟間闘争（sibling aggression）と呼ばれる育雛期の行動が確認されている．

イヌワシの一腹卵数は，1–3卵で2卵の場合が多い．1卵目を産んでから，3日くらいの間隔をあけて2卵目を産む．第1卵を産むとすぐに抱卵を開始するため，ふ化日にも約3日間のずれがあり，2羽の雛には体の大きさに大きな違いが生じる．先にふ化した第1雛は，後からふ化した第2雛が親鳥から餌をもらうために頭をあげようとすると，くちばしでつついて攻撃する．第2雛は，餌を食べられずに衰弱死する場合と，生き残って第1雛とともに巣立つ場合がある．

北米など大陸のイヌワシでは，2羽とも巣立つことが多いのに対して，日本では高い確率で第2雛が死亡し，2羽が巣立ちした例はわずかしかない．日本イヌワシ研究会（1997, 2001, 2007）によると，1981年から2005年までの25年間に全国で確認された477の繁殖成功例のうち，2羽が巣立ちしたのは5例のみで，99％の確率で1羽しか巣立ちしなかった．抱卵・育雛期の食物量が兄弟間闘争の発生や頻度に影響すると考えられているが（ワトソン，2006），雛が食べきれないほどの餌が巣内にある食物豊富な地域や飼育下など，十分な餌量があってもこの行動は起こることが，コシジロイヌワシ（*Aquila verreauxii*）で報告されている（Gargett, 1990）．また，死亡した第2雛は，イヌワシでは親鳥によって食べられ（岩崎，1991），コシジロイヌワシでは，親鳥が食べるとともに第1雛に給餌したことが観察されている（須藤，2012）．この不思議な行動の意味や第2雛の役割などについては諸説があり，まだ解明されていない．

（2） 環境汚染物質の影響

　日本国内に生息するイヌワシの肝臓や筋肉の脂肪中には，生物濃縮により高濃度の PCB 類や DDT 類などの有機塩素化合物（環境ホルモン）が蓄積しているが，繁殖生理機能に影響をおよぼすほど高い濃度ではなく，五大湖のハクトウワシ（*Haliaeetus leucocephalus*）より1桁以上低い値であった（坪田ほか，2003）．しかし，食物不足によって飢餓状態になると，体内の貯蔵脂肪を消耗して脂肪中の環境ホルモンが再分配され，脂質が豊富な神経系などに作用することもある．また，ダイオキシン類では，数例のイヌワシで生殖異常や奇形が発生するレベルの高濃度蓄積例が見つかっている（長谷川ほか，2003）．化学物質間の相乗効果や年変動なども影響するため，特定の化学物質の一時期の蓄積濃度のみで，イヌワシの繁殖生理機能への影響について判断することは危険である．将来にわたって，イヌワシ体内の化学物質を継続調査する必要があり，これは環境中の化学物質による汚染状況を把握するうえでもたいへん重要である．

　北米アイダホ州において，ハンターによって撃たれたジャックウサギ類に由来した鉛中毒によるイヌワシの死亡例が報告されている（Craig *et al.*, 1990）．日本国内においても，イヌワシは，ニホンジカやイノシシなどの狩猟個体や有害捕獲個体の残滓を食べる機会が多いため，鉛中毒の危険性が懸念されている．

（3） カメラマン・バードウォッチャー問題

　イヌワシの撮影や観察のために必要なルールやマナーを守ることのできないカメラマンやバードウォッチャーが，撮影や観察のためにイヌワシの巣に接近して繁殖を失敗させる事例も少なくない．かれらはイヌワシの生態を知らないだけでなく，イヌワシへの悪影響を認識していても，より近くで見たい，より鮮明な写真を撮りたいという自己の欲求を優先させてしまいがちである．イヌワシの親鳥は，抱卵期や育雛期に人が不用意に巣に接近すると，危険を感じて卵や雛を置いて巣を離れてしまうことがある．抱卵・育雛初期は冬期で気温が低いため，親鳥が抱卵・抱雛しなければ，卵・雛は短時間に凍死してしまう．親鳥が不在の状況では，カラスなどの外敵に襲われる危険

図 14.1 イヌワシの生息地に押し寄せるカメラマンとバードウォッチャー．滋賀県が設置した立入禁止の看板を無視して希少植物の保護エリアに入り込み，希少植物を踏み荒らしている（写真提供：伊吹山自然再生協議会）．

も増大する．

　また，巣の近くではないものの，イヌワシの止まり場所や主要な狩場などに連日のように人が押し寄せ（図 14.1），イヌワシの行動を妨害することに加え，写真撮影のために保全区域の樹木を無断で伐採する，固有種などの希少な植物を踏み荒らす，ゴミを投棄するなど，さまざまな問題を引き起こしている深刻な例もある（滋賀県・米原市，2009；伊吹山自然再生協議会，2009, 2010）．このような繁殖妨害などの悪影響を回避するために，イヌワシの巣場所をはじめ生息地に関する情報は，厳重に管理する必要がある．

　カメラマンやバードウォッチャー問題の根本対策としては，環境教育などの教育啓発による取り組みが重要と考えられる．環境や野生動物に対する態度や問題意識は，幼少期の体験によって大きく左右される（日本学術会議，2008）ことから，とくに幼少期における野生動物との距離の取り方を含めた

環境教育の充実が求められる．

　ミネソタ大学猛禽センターでは，就学前の幼児から高校生までを対象に，タカ類やフクロウ類を使った環境教育プログラムを実施している（http://www.cvm.umn.edu/raptor/）．プログラムでは，タカやフクロウがもっている独特の魅力を利用しつつも，個体そのものに執着をもたせるのではなく，かれらの生息地としての生態系や物質循環の仕組みについて学び，生態系や生物多様性の保全のために，人はどのように振る舞うべきかといったレベルまで学習させることを目的としている．日本では，このような計画的な環境教育が実施されていないこともあり，上述のようなカメラマン問題に加えて，タカ類やフクロウ類のペットブームによるさまざまな問題の発生，さらには自称鷹匠による違法飼育などの事件も起こっている（日本獣医師会，2011）．

14.2　生息地の改変をめぐる諸問題

　環境省自然環境局野生生物課（2012）は，猛禽類の生存を圧迫しているもっとも大きな要因として，人間の生活域・利用域の拡大や利用の変化などによる良好な生息環境の消失・減少をあげ，猛禽類を保護するには，まず生息環境の効果的な保全（域内保全）が重要としている．希少種の保全策は，市民がイメージしやすいこともあって，人工繁殖などの域外保全に偏った政策になりがちであるが，域外保全は域内保全の補完的措置として位置づけられるものである．

　種の保存法にもとづいて1994年から実施されている「イヌワシ保護増殖事業」においても，事業開始当初は，野生下第2雛の移入や飼育下繁殖個体の雛移入などマスコミ受けする域外保全に予算と労力が傾注された．しかし，イヌワシの繁殖失敗要因の解明などが進んだことにより，保護増殖事業マスタープラン（イヌワシ保護増殖分科会，2013）が策定され，生息環境改善などの域内保全を進める方針を打ち出している．

（1）　土地利用における軋轢問題

　ダムや道路建設などの大規模開発が，イヌワシ，クマタカ，オオタカなどのタカ類の生息地で急増したことを受け，環境庁（現，環境省）は，1996

図 14.2 関西電力金居原水力発電所の計画地近くにあったイヌワシの巣（左）と推定 45 日齢のイヌワシ雛の死体（右）．右上：死後変化が強く乾燥が進んでいる．右下：頭骨の背側面．頭蓋冠部に陥没骨折が見られる．雛の病理解剖は，環境省イヌワシ保護増殖事業として実施した．

年にガイドライン「猛禽類保護の進め方」を公表した．このガイドラインによって，全国の開発事業計画地で大がかりな猛禽類調査が実施されるようになった．1997 年には「環境影響評価法」が制定（1999 年施行）され，一定規模の開発には環境アセスメントが義務づけられるようになった．

　自治体レベルでも保護指針（富山県，2000；滋賀県，2002）が策定され，1 つがいのイヌワシが，開発計画をストップさせることが各地で起こり始めた．まさにアンブレラ種の役割を果たすようになった猛禽類は，同時にさまざまな受難を受けることにもなった．滋賀県木之本町の関西電力の揚水式水力発電計画では，計画地の近くに生息していたイヌワシの巣内雛が人為的な頭骨の陥没骨折（図 14.2）により死亡した（須藤ほか，2001）．兵庫県朝来市の与布土ダム計画地では，建設予定地近くに生息していたクマタカの巣が

発見されてまもなく営巣木が伐採された（堀本ほか，2001）．

　これらの事件は，猛禽類の生息地に関する情報管理の徹底，ならびに猛禽類の生息地保全の意義についての正しい知識の普及啓発の必要性を示している．

（2）　環境アセス制度における問題

　環境影響評価法が 2011 年に改正され，2013 年 4 月から完全施行された．この改正により，環境アセス制度における従前からの問題は改善される可能性もあるが，以下，現行のアセスの課題について列挙する（第 17 章も参照）．

　①事業者が自ら調査・予測・評価する「事業アセス」である．第三者による評価でないため，客観性に乏しいとされる．②アセスの実施タイミングが遅い．すでに事業の枠組みが決定し，多額の費用も投入している段階で行なわれるため，影響回避の方法には制限がかかり，計画地の変更など大きな判断ができない．③地域の自然の全体像についての検討が困難．事業ごとに個別のアセスを実施することにより，事業相互の複合的影響が見落とされる可能性が高い．

　以上のようなことから，事業計画が具体化する前の段階，各事業の上位計画における戦略的環境アセスメント（SEA；strategic environmental assessment）の導入が求められていた．また，事業者が計画段階で猛禽類の生息地を回避することができる仕組みとして，環境省，資源エネルギー庁，国土交通省，林野庁の連携で「希少猛禽類調査」が実施され，イヌワシとクマタカの"生息地マップ"が，2004 年に公表された（http://www.env.go.jp/press/press.php?serial=5218）．

　今回の環境影響評価法の改正は，SEA のコンセプトを取り入れたものとなっている．計画段階において「配慮書」手続きが追加されたことにより，有効な環境保全策の選択幅が広がった．また，事業実施後に「報告書」手続きが追加されたことにより，環境保全措置がとられた結果，生物多様性が保全されたかどうかなどについて確認することができるようになった．

（3）　環境アセスの現場での問題

　上述のように猛禽類の生息地保全の制度は徐々に前進しているが，現場で

行なわれている調査内容や保全対策には，生息地保全に貢献しているとはいいがたい事例が含まれている．「詳細調査の実施」が免罪符となり，本来のミティゲーションを実施することなく手続きが進められるものが多く，曖昧な目的で個体への負荷が大きいテレメトリー調査を実施したり，巣にカメラを仕掛けたりすることによって，繁殖を妨害するなどの調査圧が生息に悪影響をおよぼしている例も多い（日本イヌワシ研究会，未発表）．

また，調査方法や解析方法のガイドラインが整備されたことによって，不十分な内容にもかかわらず外見だけ整えられた調査結果が増えてきた．

岐阜県揖斐川町の徳山ダムの環境アセスでは，湛水区域上空でクマタカの飛翔行動が確認されたものの，サーチャージ水位以下の森林斜面で止まり行動が確認されなかったことから湛水区域内の利用が少ないと判断している（水資源機構，2008）．しかしながら，クマタカは獲物をハンティングすることを想定し，見晴らしのよい樹頂部など高い位置に止まって，自分より低い位置にいる獲物を探す．湛水区域内に止まり行動が見られなかったからといって，クマタカが利用していないと判断するのはまちがっている．むしろ上空での飛翔や湛水区域より上部であっても，止まり行動が観察されたのであれば，獲物を探して谷内を見ていた可能性が高く，ハンティングエリアとして湛水区域を利用していると考えるべきである．クマタカの行動の意味を読み取るためには，出現頻度と地図を重ね合わせた単純な解析のみに頼るのではなく，その行動を丹念に観察することによって，出現頻度が低い場所であってもクマタカが必要としている環境をとらえることが必要である．

別のクマタカの例では，計画地にもっとも近い場所に生息し事業の影響が深刻なペアではなく，数km離れた隣接ペアについて詳細調査と行動圏解析を行ない，巧みに環境影響を小さく見せる事例もあった．これを見抜く力量をもった専門家であれば，調査結果を鵜呑みにせず，計画地の地形や植生から判断して調査対象つがい以外の未知のつがいが，より計画地に近い場所に生息することを指摘できる．このような専門家，あるいは地域のタカ類の生息情報をもっている個人やNPOなどが，調査結果をチェックできる体制の整備が求められる．

行動圏の内部構造の解析結果を見る際には，行動圏内に飛び地のように猛禽類の利用域が散在している図が示されるため，それ以外の地域は非利用域

のように錯覚することがある．実際には，すべての行動が把握されているのではなく，見えていない部分が多く，断片的な行動記録から，観察されなかった部分の利用についても推察する必要がある．このように，調査結果の本質を見抜く能力をもち，さらに審議会などの政策決定の場において，最後まで発言に責任をもつ覚悟のある専門家はきわめて少なく，より適切な人選が求められるとともに早急な人材育成が望まれる．

なお，開発との軋轢が生じた生息地では，生息情報の漏洩の危険が高まるため，情報の取り扱いをより慎重にする必要がある．保全対策などにより生息環境が保全されたとしても，情報漏洩によりカメラマンが無配慮に営巣地に接近すれば，繁殖や生息が脅かされるおそれがある．

（4） イヌワシ生息地における風力発電施設問題

2011年3月に発生した東日本大震災および東京電力福島第1原子力発電所の重大事故を契機として，低炭素社会の構築に貢献する再生可能エネルギーの役割が重要視され，風力発電は急激かつ大幅な設置の増加が予測されている．2010年度に助成制度が廃止されて建設のスピードは落ちたが，2012年度までの累積導入実績は，261万kw（1887基）と多い（NEDOウェブサイト http://www.nedo.go.jp/library/fuuryoku/state/1-01.html）．

自然度の高い場所での風発施設建設は，バードストライク（鳥の衝突死）や野生生物の生息地破壊など自然環境への悪影響を発生させる．米国カリフォルニア州アルタモントパスの風発施設では，毎年約1000羽の猛禽類が風力発電施設によって衝突死しており，この中には連邦政府の法律によって保護されているイヌワシも含まれている．日本では北海道の複数の風発施設において，複数のオジロワシ（*Haliaeetus albicilla*）とオオワシ（*Haliaeetus pelagicus*）が腹部や翼を切断されて死亡している（第16章参照）．

風発施設におけるイヌワシ衝突死

2008年9月，岩手県の釜石広域ウィンドファーム（㈱ユーラスエナジーホールディングス）で，風車に衝突して死亡したイヌワシ（成鳥雌）の死体が発見された（図14.3）．事業者による事前調査により，風発施設建設予定地はイヌワシの生息地であることが確認されていたが，検討会委員として調

図 14.3 釜石広域ウィンドファームにおいて風車に衝突して死亡したイヌワシ（成鳥雌）の死体．風車のブレードによって左翼が切断されている．

査結果を分析した専門家により，イヌワシの行動圏の辺縁部であるため，衝突確率は低いとの判断を受けて風発施設は予定どおり建設された．衝突事故は，この判断を覆す事故であったにもかかわらず，事故の客観的検証や効果的な衝突防止策が講じられないまま，現在も運転が継続されている（須藤, 2012b）．

風発施設による自然環境破壊

バードストライクはセンセーショナルで注目されやすいが，真の問題は自然を保全すべき場所を破壊してまで建設される風発施設計画の存在である．現在，全国のイヌワシの生息地（すぐれた自然環境があり生物多様性を保全すべき場所）に複数の風発施設計画がある．なかでもウィンドファームと呼ばれる大規模な風発施設は問題が大きい．

山岳地での風発施設建設は，大規模林道の整備などの土木工事をともない，

尾根筋に並ぶ巨大風車群は広大な面積と空間を占有して野生生物の生息を脅かす．これまで環境影響評価法の対象事業ではなかったため，三重県の青山高原ウィンドファームのように，不十分な独自調査を行なっただけで国定公園の特別地域を破壊して建設された事例もある．2011年の環境影響評価法の改正により，ようやく2012年10月から一定規模の風発施設は環境影響評価の実施が義務づけられた．法改正を受け，環境省は質が高く効率的な環境影響評価の実施を促進するために，「風力発電等に係る環境アセスメント基礎情報整備モデル事業」「風力発電等アセス先行実施モデル事業」などを実施している．これらのモデル事業については，事業アセスに税金を投入することから，事実上の事業推進との批判もあるが，日本自然保護協会，日本イヌワシ研究会，日本野鳥の会などは，これらのモデル事業の効果的な実施に協力している．

（5） 拡大造林による自然林の減少と人工林のうっぺい

日本の大半の地域の潜在自然植生は広葉樹林であり（図14.4），日本の本来の生物相はその上に成り立っている（藤森，2007）．

奈良時代には，森林は過剰利用によって荒廃し，水害が発生するようになったため，676年には天武天皇により伐採禁止令が出された．江戸時代には，人口増加，農地拡大が起こり，大量の薪や炭を燃料として使う製鉄業などがさかんとなって，さらに森への利用圧力が増大した．そのため，地域によっては広範囲に禿げ山が見られるようになったが，明治政府による治山工事などによって森林は再生した（蔵治，2012）．

戦後復興期の高度経済成長期になると，木材の需要が急増して木材価格が高騰した．政府は，1966年に林業基本法を制定し，補助金を出した．その結果，奥山のブナやミズナラなどの広葉樹林を伐採し，スギやヒノキなどの針葉樹を植林する「拡大造林」が全国的に推進され，大規模な植性環境の変換が行なわれた．また，高度経済成長期に起こったエネルギー革命によって木炭の需要が低下して製炭業が衰退したため，里山の薪炭林も拡大造林の対象地となった（野々田，2008）．こうして，1950年からの30年間で人工林の面積は約2倍になり，日本の森林の41%に相当する1035万haが，スギ，ヒノキ，カラマツなどの単一種からなる針葉樹人工林となった（林野庁，

図 14.4　滋賀県湖北の落葉広葉樹林（写真提供：須藤一成）．

2013）．

　その後，木材の価格が大幅に下落するとともに，農山村の過疎化，高齢化が進んで森林管理の担い手がいなくなった結果，森林管理は放棄され，間伐期を迎えても間伐が行なわれない放置人工林が全国で増加した．十分な管理がされない放置人工林では，樹木が密生して下層植生が衰退している林が多い（図14.5）．また，人工林に転換されなかった薪炭林（落葉広葉樹二次林）も管理されることなく放置され，林内に低木類やササ類が繁茂するとともに草本層が照度不足により衰退している（日本イヌワシ研究会，2005）．

　このように，大規模な広葉樹林から単一種の針葉樹人工林への転換，放置人工林のうっぺい，放置薪炭林の藪化により，下層植生が衰退してイヌワシの食物資源であるノウサギ，ヤマドリ，ヘビ類などの中小動物が減少するとともに，イヌワシの狩場がなくなり，繁殖成功率が低下し始めたと考えられる（日本イヌワシ研究会，2005）．

　スコットランドのイヌワシ生息地においても，1970年代の大規模な植林

図 14.5 管理されていない放置人工林.林床の照度が低く下層植生が衰退している(写真提供:須藤一成).

がイヌワシの繁殖成功率を低下させたとの報告がある(Marquiss *et al.*, 1985).また,Watson(1992)は,行動圏の35%が10年生以上の針葉樹人工林で覆われると繁殖に失敗するつがいが増加し,人工林率が40%以上になると生息地を放棄するつがいが増加すると報告している.

14.3 生息地保全としての森林管理

全国のイヌワシの繁殖成功率は低下傾向にあるが,一方で,繁殖成績が向上しているつがいも存在する.長野では2005-2010年に6年連続繁殖(片山, 2011),宮城では2004-2008年に5年連続繁殖(立花,2011),福井では2001-2004年に4年連続繁殖(松村・小澤,2011),静岡でも2008-2011年に4年連続繁殖が確認された(近藤・山田,2011).また,繁殖率の低下が著しいとされる西日本においても,滋賀で2003-2005年に3年連続繁殖が確

認され（須藤，2007），生息が途絶えていた奈良では，2002年に37年ぶりに繁殖成功が確認されている（新谷，2011）．

いずれも，繁殖成功の主要因は特定されていないが，行動圏内に存在する一定面積の自然林，植林地の間伐や刈り払いなどによる狩場の増大などが可能性としてあげられている．また，胸高直径70cm以上の大径木林が狩場として重要との指摘もある（松村・小澤，2011）．これら繁殖成功率の高い生息地における植性環境の特徴や営巣地の条件，個体の特徴などについて，詳細に分析することは今後の重要な研究課題である．

日本のイヌワシが日本の森林生態系に適応進化してきたことを考えると，

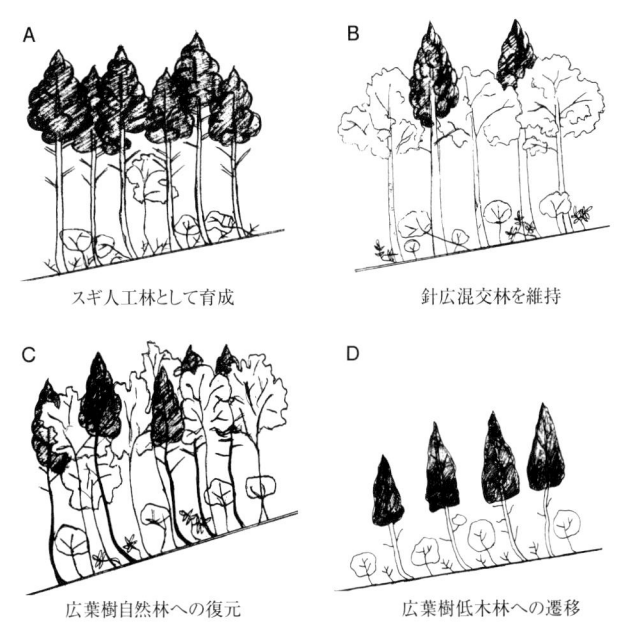

図14.6 スギ人工林のタイプ別分類と誘導すべき目標林．A：スギの生育が比較的良好で，広葉樹が劣勢⇒適切な間伐により，スギ人工林として育成．B：広葉樹自然林への復元が良好で，高木層のスギサイズが大きい⇒針広混交林を維持．C：広葉樹の侵入と成長がさかんで，スギが劣勢⇒スギの除伐により，広葉樹自然林への復元を促進．D：広葉樹がほとんど生育していない⇒当面は手を加えず，広葉樹低木林への遷移を見守る（日置・菅井，2011より改変）．

イヌワシの主要な食物であるノウサギ，ヤマドリ，ヘビ類が安定的に生息するための理想的な森林環境は広葉樹林であると考えられる．実際の森林管理においては，森林の現状によってタイプ別に分類し，適切な目標林を決定するのが現実的と考えられる（図14.6）．また，人工林の間伐においても，間伐目的を木材生産，環境保全，その中間型に分類し，適合した間伐率，間伐時期，選木基準などを検討すべきであろう（藤森，2005）．

（1）国有林における取り組み

2001年に林業基本法が森林・林業基本法に改正され，国の政策がそれまでの木材生産重視から，国土の保全，地球温暖化防止，生物多様性保全などの公益的機能重視の方針に転換した．この改正を受け，林野庁では人工林の針広混交林化，長伐期化による多様な森林への誘導による「100年の森林づくり事業」などを進めている．新たな取り組みとして，いくつかの国有林において，イヌワシ研究者と林野庁の協力により，イヌワシを保全目標種とした生物多様性保全のための森づくりが実施されている．

これらは，放置人工林や二次林の整備により下層植生を回復するとともに，日本の本来の植生である落葉広葉樹林や照葉樹林への転換，あるいは針広混交林への転換を目指している．このような生物多様性を回復するための森づくりは，有効な地球温暖化対策としても期待されている．

イヌワシの生息環境を保全するための森林施業

イヌワシのための森づくりが，関東森林管理局，中越森林管理署，新潟県イヌワシ保全研究会の連携によって進められている．計画の概要は，4段階に区分される．①間伐期を迎えた人工林に高木性広葉樹が侵入している状態の森林を選択する．②高木性広葉樹を残してそのわきを群状伐採してイヌワシの狩場とし，それ以外の場所では保育間伐を実施する．③10–20年後に，天然更新によって塞がった群状伐採地において再び人工林部分を群状伐採する．群状伐採とは，一定の長さ（伐採木の樹高の2倍未満）を一辺とする正方形，または直径とする円形に伐採する択伐法である．④必要に応じて群状伐採を繰り返し，広葉樹の大径木が自然倒木し，狩場が形成されたら完了．

現在，事業は②の段階にあり，植物種数が増加し，イヌワシが試験地の狩

場を利用する行動が観察されているが，繁殖成功を誘導するには至っていない．

AKAYA プロジェクト

「三国山地／赤谷川・生物多様性復元計画（AKAYA プロジェクト）」では，林野庁関東森林管理局，日本自然保護協会，地域住民で組織する赤谷プロジェクト地域協議会の3つの中核団体の協働により，群馬県と新潟県の県境に広がる約1万 ha の国有林において，生物多様性を復元し，自然環境と共生する持続可能な地域社会づくりを目指している．

対象地をそれぞれの特性によって6つのサブエリアに分類し，赤谷源流エリアでは，巨木の自然林を復元してイヌワシの営巣環境の保全を目指している．また，人工林の伐採放置試験において，自然林から距離が近いほど本来の植生に戻りやすいというデータにもとづき，スギ林を伐採して再び植林せずに広葉樹林の回復を待つという手法を選択している．

東中国山地緑の回廊

緑の回廊は，野生動物の移動に配慮した連続性のある森林や緑地などの帯状空間のことで，コリドーまたは生態系ネットワークとも呼ばれる．林野庁は，保護林の連結により，全国に24カ所59万 ha の緑の回廊を設定している（2012年4月1日現在）．

2007年，近畿中国森林管理局は，野生動物との共存を目指した森づくりをしている民有林と国有林内の保護林などを連結するという，画期的な「東中国山地緑の回廊」を設定した．野生動植物の生息・生育地の拡大と移動分散を促すことによって効果的に森林生態系の保全を図ることを目的としており，スギ人工林の間伐や小面積皆伐などの伐採によって100年先には，さまざまな林齢，樹種の林がパッチ状に広がる生物多様性の高い森林を目指している．緑の回廊内にあるイヌワシ生息地において，イヌワシの狩場創出としてさまざまなタイプの間伐による試験を実施しており，ノウサギ，ニホンジカなどの草食系哺乳類の増加が示唆されている．

岩手県の事例

　岩手県では，等高線と直角に一定の幅で伐採する列状間伐が推進されているが（由井，2007），ノウサギの生息密度が一時的に増加したものの，3年後には伐採前と同じ水準に戻り，イヌワシの採食行動を増加させることはなかった（石間ほか，2007）．東北森林管理局では，列状間伐の実施面積を毎年拡大しているが，これらの多くはイヌワシの保護を目的とした間伐ではなく，施業コストの削減を主目的としているものである（岩手県環境保健研究センター，2012）．このため，イヌワシの狩場として適切な場所が選定されにくいという現状がある．

（2）　人工林の広葉樹林化と針広混交林化

　イヌワシの生息地管理としての森づくりだけでなく，自然再生，荒廃人工林対策，水源涵養などの公益機能への期待などから，針葉樹人工林を針広混交林あるいは広葉樹林に転換する事業や試みが全国で実施されている．しかしながら，人工林の針広混交林化や広葉樹林化は，未確立で知見も少なく，科学的にも技術的にも未成熟である（田村，2012）．前述の国有林の取り組みや地方自治体の環境林整備事業などにおいて，手探り状態で進められている針広混交林化の現場において，モニタリングと改良によって得られる知見を集積するなど今後の研究が急がれる．

　針広混交林化や広葉樹林化の前段階として，強度間伐によって林内の光環境を改善し下層植生を繁茂させる取り組みが行なわれており，成功事例もある（山本，2008）．強度間伐の是非については，いろいろと議論も多いが，ここでは省略する．

　一方，自然林，人工林ともに森林整備による下層植生の回復が，ニホンジカの個体数を増加させている可能性が指摘されている（山根，2012）．うっぺい人工林を間伐すると林内照度があがり，通常3-5年程度で下層植生は回復するが，下層植生の回復は，ニホンジカの食物利用可能量の増加を意味する．シカによる農林業被害や生態系被害は，全国的に深刻な問題となっており，イヌワシの生息地保全としての森林管理がシカの被害を増加させることは避けなければならない．また，森林整備によって一時的に下層植生が回復しても，シカの捕食圧が高まれば，植性は衰退あるいはシカの不嗜好性植物

のみによる草本群落となってしまう．林床が衰退すると小－中型哺乳類の生息に適さなくなり，けっきょくイヌワシの重要な食物資源であるヘビ類やノウサギの増加にもつながらない．

このようなことから，イヌワシのための森林整備をシカの生息密度が高い地域において実施する場合は，シカ防護柵の設置や個体数調整捕獲によるシカ生息密度の低減など，シカ対策を同時に実施することが必要と考えられる．このような視点での取り組みはほとんどないため，実際の森林管理の現場において，順応的管理のためのPDCA（Plan計画－Do実行－Check評価－Act改善）の実行により，試行錯誤の中から手法を見出していくことが望ましいと考えられる．イヌワシの生息地保全のための森林管理とシカの被害対策としての森林管理に共通のビジョンを描くことが重要であり，種を越えた生態系全体の保全・管理が求められている．

（3） 森林の管理者と林業の担い手

森林を管理するには所有者の合意が必要不可欠であり，所有者の合意なしにはいかなる計画も土地の区分も無意味となる（蔵治，2012）．イヌワシは，広大な行動圏をもつため，イヌワシの生息地保全のための森林管理では，複数の森林所有者の合意，ならびに行政，森林組合などの協力が必要である．また，多くの森林所有者は，先祖代々の土地を相続したものの，土地の境界が不明となっている場合が多く，土地の境界確認から始めなければならないことも想定される．イヌワシのための森林管理を将来にわたって継続するには，公的資金の投入ならびに，森林所有者に対するインセンティブを整備する必要があり，儲かる森林管理を目指さなければならない．

また，森林管理の枠組みができても，実際の森林管理の担い手が不足している現状があり，担い手育成のためのさまざまな取り組みが行なわれている．

たとえば，近畿中国森林管理局や関東森林管理局では，低コストで壊れにくい作業路網とプロセッサ（枝払いや玉切り作業を行なう自走式造材機）やフォワーダ（積載式の集材車両）などの高性能林業機械（図14.7）を組み合わせた「低コスト路網生産システム」による効率的な間伐方法を推進している．高性能林業機械の導入により，林業従事者の労働負荷が軽減されるため，若年層における林業従事者の増加に期待が寄せられている．

図 14.7 高性能林業機械. プロセッサ（左）とフォワーダ（右）.

　一方，高知県で始まった低投資で参入容易な小規模自伐林業方式（自ら施業管理する方式）による環境共生型林業「自伐林業システム」が，「NPO 法人土佐の森・救援隊」の活動などにより全国に普及しつつある．自伐林業と林地残材の木質バイオマス利用，森林ボランティアや森林環境税，地域通貨を組み合わせた土佐の森方式は，地域の林業による雇用が拡大し，地域経済の活性化に貢献するすぐれたシステムとして注目されている（金野, 2012）．

　イヌワシの生息地保全のための森林管理の実現においては，次世代を担う若者が，日本の農山村に定住して林業に従事することのできる持続可能な地域社会の構築が必要である．

　日本社会の将来は，人口減少社会，少子高齢化社会であり，これらの変化は都市部よりも農山村において早く進行するため，耕作放棄地や崩壊する農山村が増加すると予測されている（国土交通省, 2007）．一方，「生物多様性国家戦略 2012-2020」（環境省, 2012）によれば，人口の減少により国土の利用に余裕を見出せるこれからの時代は，人と国土の適切なあり方を再構築

図 14.8 イヌワシの巣と巣の直下に祀られた石仏．巣のある岩穴と同じ形に岩を削って祠をつくり，中に石仏が納められている．石仏の鼻はすらりと高く，眉骨が突き出して彫りの深い顔つきをしている．イヌワシの精悍な顔をかたどったものと考えられる．イヌワシの巣は昔から大切に護られていたと考えられ，イヌワシの巣を守るための巣守がいた地方もある．古くから，日本人はイヌワシの生息地保全が人の生活にとって重要であると考えていたのである（写真提供：須藤一成）．

する好機ともいえる．イヌワシの生息地保全に象徴される生物多様性保全を実現することは，人口減少社会のあるべき姿を考えることであろう．真の豊かさとはなにか．私たちの生き方が問われている（図 14.8）．

引用文献

Brown, L. H. and A. Watson. 1964. The Golden Eagle in relation to its food supply. IBIS-the International Journal of Avian Science, 106：78-100.
Craig, T. H., J. W. Connelly, E. H. Craig and T. L. Parker. 1990. Lead concentrations in Golden and Bald Eagles. Wilson Bulletin, 102：130-133.
藤森隆郎．2005．間伐はなぜ必要か．森林科学，44：4-8．
藤森隆郎．2007．森林生態学．全国林業改良普及協会，東京．
藤田雅彦．1992．鈴鹿山脈におけるイヌワシの繁殖状況と保護対策．日本イヌワシ研究会誌 Aquila chrysaetos, 9：31-41.

福井県自然保護センター．2001．希少野生生物種の保存事業（イヌワシ保護対策）調査報告書．福井県．
Gargett, V. 1990. The Black Eagle. Standard Press, Johannesburg.
長谷川淳・松田宗明・河野公栄・須藤明子・坪田敏男．2003．日本産鳥類におけるダイオキシン類の蓄積特性．環境化学，13：765-779．
日置佳之・菅井理恵．2011．中国地方の多雪地におけるスギ不成績造林地の天然林化――ブナ林復元か林業継続かの判定と目標林相の設定．（鳥取大学広葉樹研究刊行会，編，古川郁夫・日置佳之・山本福壽，監修：広葉樹資源の管理と活用）pp. 37-56．海青社，滋賀．
堀本尚宏・須藤一成・夜久保徳・柴野哲也・須藤明子．2001．兵庫県山東町与布土ダム建設予定地におけるクマタカの営巣木伐採および落巣ヒナの救護．日本イヌワシ研究会シンポジウム発表要旨集．
伊吹山自然再生協議会．2009．伊吹山再生全体構想．伊吹山自然再生協議会．
伊吹山自然再生協議会．2010．イヌワシだけではない伊吹山の自然．BIRDER, 24：46-47．
石間妙子・関島恒夫・大石麻美・阿部聖哉・松本吏弓・梨本 真・竹内 亨・井上武亮・前田 琢・由井正敏．2007．ニホンイヌワシの採餌環境創出を目指した列状間伐の効果．保全生態学研究，12：118-125．
イヌワシ保護増殖分科会．2013．イヌワシ保護増殖事業マスタープラン．イヌワシ保護増殖分科会．
岩崎雅典．1991．DVD「イヌワシ風の砦」．群像舎，東京．
岩手県環境保健センター．2012．岩手県のイヌワシ――2002-2011年の生息状況報告．岩手県．
環境省．2012．生物多様性国家戦略2012-2020．環境省．
環境省自然環境局野生生物課．2012．猛禽類保護の進め方（改訂版）――とくにイヌワシ，クマタカ，オオタカについて．環境省．
片山磯雄．2011．長野県におけるイヌワシの生息・繁殖状況．日本イヌワシ研究会誌 Aquila chrysaetos, 23・24：34-41．
国土交通省国土計画局総合計画課．2007．平成18年度「国土形成計画策定のための集落の状況に関する現況把握調査」報告書．国土交通省．
近藤多美子・山田律雄．2011．静岡地区におけるイヌワシと調査のあゆみ．日本イヌワシ研究会誌 Aquila chrysaetos, 23・24：48-50．
金野和弘．2012．森林施業における「土佐の森方式」の可能性――大規模集約化施業との対比において．総合政策論叢，23：13-27．
蔵治光一郎．2012．森の「恵み」は幻想か――科学者が考える森と人の関係．化学同人，京都．
Marquiss, M., D. A. Ratcliffe and R. Roxburgh. 1985. The numbers, breeding success and diet of Golden Eagles in southern Scotland in relation to changes in land use. Biological Conservation, 33：1-17.
松村俊幸・小澤俊樹．2011．福井県における1977年以降のイヌワシの生息状況．日本イヌワシ研究会誌 Aquila chrysaetos, 23・24：55-64．
水資源機構．2008．徳山ダムモニタリング部会配布資料．水資源機構．

Newton, I. 1993. Causes of breeding failure in wild raptors : a Review. *In* (Patrick, T. R., J. E. Cooper, J. D. Remple and D. B. Hunter, eds.) Raptor Biomedicine. pp. 62–71. University of Minnesota Press, Minneapolis.
日本学術会議（環境学委員会環境思想・環境教育分科会）．2008．提言「学校教育を中心とした環境教育の充実に向けて」．日本学術会議．
日本イヌワシ研究会．1997．全国イヌワシ生息数・繁殖成功率調査報告（1981-1995）．日本イヌワシ研究会誌 Aquila chrysaetos, 13：1-8.
日本イヌワシ研究会．2001．全国イヌワシ生息数・繁殖成功率調査報告（1996-2000）．日本イヌワシ研究会誌 Aquila chrysaetos, 17：1-9.
日本イヌワシ研究会．2003．イヌワシにおける繁殖失敗の原因（1994-2000）．日本イヌワシ研究会誌 Aquila chrysaetos, 19：1-13.
日本イヌワシ研究会．2005．イヌワシ行動圏の高頻度利用域における植性調査．日本イヌワシ研究会誌 Aquila chrysaetos, 20：1-89.
日本イヌワシ研究会．2007．全国イヌワシ生息数・繁殖成功率調査報告（2001-2005）．日本イヌワシ研究会誌 Aquila chrysaetos, 21：1-7.
日本獣医師会（職域総合部会野生動物対策検討委員会）．2011．保全医学の観点を踏まえた野生動物対策の在り方（中間報告）．日本獣医師会．
新谷保徳．2011．紀伊山地におけるイヌワシの生息繁殖状況──37 年ぶりに繁殖成功を確認．日本イヌワシ研究会誌 Aquila chrysaetos, 23・24：65-69.
野々田稔郎．2008．森林政策の現状と森林管理．（恩田裕一，編：人工林荒廃と水・土壌流出の実態）pp. 170-183．岩波書店，東京．
林野庁．2013．森林・林業白書．全国林業改良普及協会，東京．
滋賀県．2002．滋賀県イヌワシ・クマタカ保護指針．滋賀県．
滋賀県・米原市．2009．伊吹山自然再生事業実施計画．滋賀県．
須藤明子．2007．滋賀県伊吹山地におけるイヌワシの生態調査．平成 14 年度-平成 18 年度 21 世紀 COE プログラム「野生動物の生体と病態からみた環境評価」事業成果報告書（プロジェクトリーダー：坪田敏男）：118-135.
須藤明子．2012a．猛禽類の個体群と生息地の管理技術．（羽山伸一・三浦慎悟・梶　光一・鈴木正嗣，編：野生動物管理──理論と技術）pp. 433-444．文永堂出版，東京．
須藤明子．2012b．イヌワシ生息地におけるウィンドファーム問題と滋賀県カワウ捕獲における鉛散弾使用規制について．日本野生動物医学会大会講演要旨集．
須藤明子・須藤一成・伊吹　恒・藤田雅彦・吉野峰生．2001．滋賀県木之本町金居原水力発電所地点近傍に生息するイヌワシの巣内ヒナの死亡例．日本野生動物医学会大会講演要旨集．
須藤一成．2012．DVD「ブラックイーグル──アフリカの大地に舞う美しき飛行家」．イーグレット・オフィス，滋賀．
立花繁信．2011．宮城県におけるイヌワシの生息・繁殖状況（1984-2011）．日本イヌワシ研究会誌 Aquila chrysaetos, 23・24：6-19.
田村　淳．2012．人工林の広葉樹林化への転換と渓畔林の再生．（木平勇吉・勝山輝男・田村　淳・山根正伸・羽山伸一・糸長浩司・原慶太郎・谷川　潔，

編：丹沢の自然再生）pp. 304-311．日本林業調査会，東京．
富山県．2000．富山県イヌワシ保護指針――イヌワシとの共生を目指して．富山県．
坪田敏男・瀧紫珠子・須藤明子・村瀬哲磨・野田亜矢子・柵木利昭・源　宣之．2003．野生動物における内分泌攪乱化学物質の蓄積濃度と生殖への影響．日本野生動物医学会誌，7：69-74．
Watson, J. 1992. Golden Eagle *Aquila chrysaetos* breeding success and afforestation in Argyll. Bird Study, 39：203-206.
ワトソン，J.（山岸　哲・浅井芝樹訳）．2006．イヌワシの生態と保全．文一総合出版，東京．
山本一清．2008．下層植生に配慮した森林管理の試み．（恩田裕一，編：人工林荒廃と水・土砂流出の実態）pp. 183-191．岩波書店，東京．
山根正伸．2012．森林整備とシカ保護管理の一体的推進．（木平勇吉・勝山輝男・田村　淳・山根正伸・羽山伸一・糸長浩司・原慶太郎・谷川　潔，編：丹沢の自然再生）pp. 304-311．日本林業調査会，東京．
由井正敏．2007．北上高地のイヌワシ *Aquila chrysaetos* と林業．日本鳥学会誌，56：1-8．

15
クマタカの保全と森林管理

山﨑 亨

15.1 クマタカの生息と繁殖に悪影響を与えた要因

(1) クマタカの生息状況

クマタカ（*Nisaetus nipalensis*）は北海道から九州まで日本の山岳森林地帯に広く連続して分布し，生息数が多いことおよび全国規模でのモニタリング調査が実施されていないことから，イヌワシと異なり，繁殖つがいの実数も不明であり，つがい数と繁殖成功率の推移も正確にはわかっていない．

「猛禽類保護の進め方（改訂版）」によると，繁殖成功率を長期間にわたってモニタリングした調査事例は少ないが，環境省が希少猛禽類調査などで2002年から7年間実施した3地区（山形県，滋賀県，南九州）での繁殖モニタリング調査による繁殖成功率は，平均20.8%であり，近年のクマタカの繁殖成功率は低下傾向にある可能性があるとしている（環境省自然環境局野生生物課，2012）．

全国のクマタカの繁殖成績を長期間にわたって把握している例として，水資源機構が全国6カ所でのダム建設に関して実施しているモニタリング調査がある．この結果は図15.1に示すとおりであり，1996–2012年の17年間の平均繁殖成功率は29%（繁殖成功つがい数116/延べ調査つがい数402）であった（繁殖成功：雛が巣立った場合，繁殖失敗：いかなる段階であれ，繁殖活動が中断し，雛が巣立たなかった場合）．繁殖成功率は2005年に11%と低いものの，概ね20–40%の範囲で推移しており，この期間内では近年のクマタカの繁殖成功率が急激に低下しているという傾向は認められなかった．これらの情報から，現在，全国のクマタカの繁殖成功率は概ね20–30%であ

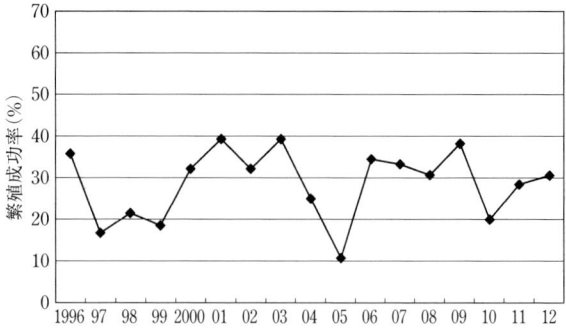

図 15.1 クマタカの繁殖成功率(延べ繁殖成功つがい数/延べ調査つがい数,「繁殖成功」とは雛が巣立った場合)(数値情報は水資源機構提供).

ると推測される.

　クマタカ属(Nisaetus)は南アジア,東南アジア,東アジアにのみ生息するタカ類であり,個体群動態に関する研究はほとんど行なわれていなかったことから,安定的に個体群を維持するのにどの程度の繁殖成功率が必要なのかは不明である.大規模な開発などの環境改変が見られない特定の地域で継続的に繁殖成功率を調査している例として,滋賀県と広島県でのモニタリング結果がある.滋賀県鈴鹿山脈におけるクマタカ生態研究グループの調査では,1997-2000 年は 47.4%(9 つがい/19 つがい),2001-2009 年は 20.4%(22 つがい/108 つがい)であり(未発表),広島県西中国山地では,調査対象としている 2 つがいは 1980 年代初頭ごろまでは毎年繁殖に成功していたが,1980 年代の後半ごろにはほぼ 2 年に一度の繁殖成功となり,1990 年代に入ると数年に一度の繁殖成功となったとしている(飯田ほか,2007).また,繁殖状況が良好な群馬県の赤谷プロジェクトでは 2004-2012 年の繁殖成功率が 41%(調査対象 5 つがい)であること(表 15.1 を参照)および隔年繁殖するつがいも少なからず存在することから,繁殖を阻害する要因がなければ繁殖成功率はすべてのつがいが隔年繁殖する 50% に近づくものと思われる.したがって,現在の全国的な繁殖成功率が 30% を下まわるような状態が長期間にわたって継続すれば,将来,個体数の減少や地域個体群の縮小・分断が発生することも懸念される(山﨑,2010b).

（2） クマタカの繁殖に悪影響をおよぼす要因

ハンティング場所の質の低下

　クマタカのハンティング場所は主として森林であることから，ハンティング場所の量と質は森林の状態によって大きく変動する．

　第2次世界大戦後，クマタカの生息環境は，パルプ材の原料生産のための大規模な夏緑広葉樹林の伐採と，拡大造林政策による年間30万haにもおよぶ広範囲の森林伐採とスギ・ヒノキ植林によって，劇的に悪化したものと思われる．

　成熟した夏緑広葉樹林が大規模に消失したことにより，クマタカの食物となる中小動物の種数と生息数が大幅に減少したものと思われる．また，植林後に枝打ち，間伐などの手入れが行なわれずに放置された人工林は，中小動物の種数と生息数が少ないだけでなく，林内空間が狭いため，森林性のクマタカでさえ林内に入ってハンティングを行なうことが困難なことが多い．広島県の西中国山地の事例では，クマタカの繁殖成功率の低下は，利用可能な森林（広葉樹林）の減少と利用困難な森林（手入れ不足の人工林）の増加が主要な原因と考えられている（飯田ほか，2007）．

　また，戦後の経済発展にともなう都市への人口集中と燃料革命により，全国的に森林資源利用が激減したことも，ハンティング場所の減少や質の低下に大きく関与したものと思われる．木炭や薪を生産するための持続的な小規模伐採は森林生態系に適度な攪乱をもたらし，クマタカの食物となる多様な中小動物の生息を促すとともに，ハンティング場所の創出にも役立っていたものと思われる．

営巣場所の消失

　第2次世界大戦後のパルプ材の原料生産のための夏緑広葉樹林の伐採と拡大造林政策による広範囲の森林伐採は，全国各地のクマタカ生息地において，多数の営巣木および営巣木になりうる大径木を消失させ，1900年代後半の繁殖成功率を大きく低下させたことはまちがいない．

　クマタカが巣を架けることができる樹木は，胸高直径が60 cm以上の大径木であることが多い（日本鳥類保護連盟，2004）．いったん，このような

営巣木が伐採されると，繁殖テリトリー内に営巣可能な大径木が生育するまで，数十年，いや場合によっては100年近くもクマタカが繁殖できない状態が続くことになる．現に，営巣に適する大きな樹木がないため，安定した巣をつくることができず，毎年，転々と営巣木を代えたり，巣づくりすらできなかったりする繁殖つがいが全国各地で確認されている．つまり，戦後の全国規模での広範囲な伐採によって，多くの営巣場所が消失したのである．

また，拡大造林政策時代のように広範囲な大規模伐採がなくなった現在においても，伐採による営巣木の突然の消失は繁殖成功率を低下させる要因の1つである．山間部での林業生産活動や砂防ダム・林道建設工事により，営巣木が伐採されてしまうこともある．とくに，西日本では小さな民有林がモザイク状に分布しており，ある日突然，営巣木が伐採されてしまうこともめずらしくない．また，アカマツを営巣木としてよく利用している地域では，松枯れにより，営巣可能な大径木が減少したことも繁殖成功率低下の要因として指摘されている（森本，2006）．

営巣木が伐採された場合，代替となる大径木がない場合には繁殖活動ができないだけでなく，周辺の森林も伐採されることによってハンティング場所が顕著に減少すると，繁殖つがいそのものが消失してしまうこともある（山﨑，2010b）．

その他の要因

繁殖を中断させる直接的な原因としては，降雪や台風による巣の落下，営巣木の枯損などの自然的要因のほか，営巣木付近での砂防ダム工事や伐採などの人為的要因などが報告されている（クマタカ生態研究グループ，2000；日本鳥類保護連盟，2004）．

個別のつがいごとに繁殖成功率を見ると，つがいごとに大きな差があり，繁殖成績の良好なつがいはほぼ確実に1年おきに繁殖している一方，何年間も連続して繁殖に成功しないつがいもある．また，過去何年間も繁殖に成功していなかったつがいが繁殖に成功した場合，その後は1年おきに繁殖に成功するようになるという例もある．このことから，クマタカの繁殖成績に影響する要因として，繁殖つがいを形成している個体の繁殖能力やハンティング能力も関与していることが考えられる．

また，産卵しても雛がふ化しないつがいが存在すること，および鈴鹿山脈で衰弱して保護された（2日後に死亡）クマタカ成鳥1羽の肝臓から高濃度のPCB（ポリ塩化ビフェニル）が検出されたことから，有機塩素化合物などの環境汚染物質の体内蓄積も繁殖成功率の低下に影響していることがあるものと思われる（山﨑，1997, 2008）．

15.2　クマタカの生息と繁殖に必要な森林環境

（1）　クマタカの生息と繁殖に影響を与える主要因

クマタカの繁殖つがいが周年にわたって生息し，繁殖するためには，ハンティング環境の量と質，安定した営巣環境が充足されていることが不可欠である．

①生息に不可欠な要因
・獲物となる小型‒中型の爬虫類・鳥類・哺乳類が多く生息する，生物多様性と生物生産性の高い森林が連続して存在すること．
・森林内でのハンティング行動が可能な林内空間を有する（階層構造の発達した）成熟した森林が存在すること．
・有機塩素化合物などの有害化学物質に汚染されていないこと．

②繁殖に不可欠な要因
・繁殖テリトリー内の森林（または潜在的営巣適地）に営巣可能な大径木（胸高直径60 cm以上）が複数存在すること．
・営巣木の周囲の少なくとも半径500 m以内（できれば1000 m以内）に，獲物となる中小動物が豊富でハンティング可能な成熟した森林が存在すること．
・有機塩素化合物などの有害化学物質に汚染されていないこと．

（2）　ハンティング環境と営巣環境に適した森林

クマタカの行動圏内には，年間を通じて生息し繁殖するのに必要な獲物を確保するハンティング場所と繁殖活動に必要な要素（営巣木，巣立ちの幼鳥が独立するまでの行動場所，交尾場所など）を包括する場所の2つの重要な

範囲が含まれている．前者がコアエリアであり，後者が繁殖テリトリーである（クマタカ生態研究グループ，2000）．

クマタカの繁殖つがいは，ほぼ同じ密度で連続的に分布している（Yamazaki, 2000, 2011；日本鳥類保護連盟，2004）．また，全国的に実施されている環境影響評価調査などによる行動圏の内部構造はクマタカ生態研究グループが報告している内部構造と相違がないことから，どのつがいも行動圏の面積と行動圏内の構造はほぼ同じであると考えられる．

つまり，クマタカの保全には，この2つの範囲の機能を維持または向上させることが必須条件であり，そのためにもっとも効果的な森林管理を計画し，実践しなければならない．

ハンティング環境に適した森林

イヌワシとクマタカを生物多様性の高い森林再生の指標種の1つとして取り上げている赤谷プロジェクトでは，クマタカの生息環境の質の向上に有効な森林管理を構築，実践するため，2003年からさまざまな調査を実施している．この赤谷プロジェクトでは，林野庁関東森林管理局，日本自然保護協会，赤谷プロジェクト地域協議会が協働して，群馬県みなかみ町北部，新潟県との県境に広がる約1万haの国有林「赤谷の森」を対象に，生物多様性の復元と持続的な地域づくりを進めている．

2004年から調査を行なっている5つがいについて，コアエリア内（営巣木から半径1.5 km以内）の植生構成を調査した結果が図15.2である（関東森林管理局，2009）．

Bつがいではクリーミズナラ群落の夏緑広葉樹林が80％近くを占めているのに対し，DつがいとEつがいでは30％にも満たない．CつがいとEつがいはチシマザサーブナ群団とクリーミズナラ群落の夏緑広葉樹林が約60％を占めており，40％弱がカラマツとスギ・ヒノキの人工林である．一方，Aつがいではカラマツ植林が40％ともっとも広く，スギ・ヒノキ植林との合計は56％となり，コアエリアの半分以上を人工林が占めている．つまり，連続して生息・繁殖しているつがいでありながら，コアエリア内の植生はつがいごとにさまざまなのである．

この植生構成の相違が繁殖成功率に関係しているかどうかを確認するため，

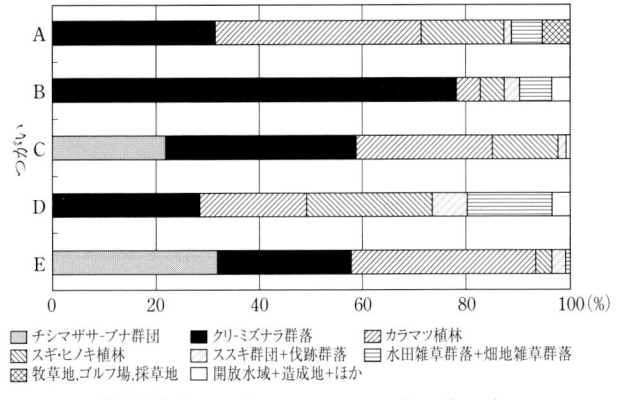

15.2 クマタカの生息と繁殖に必要な森林環境

図 15.2 群馬県赤谷におけるクマタカ5つがい（A–E）のコアエリア内の植生構成（関東森林管理局，2009 より改変）．

凡例：チシマザサ-ブナ群団／クリ-ミズナラ群落／カラマツ植林／スギ・ヒノキ植林／ススキ群団+伐跡群落／水田雑草群落+畑地雑草群落／牧草地,ゴルフ場,採草地／開放水域+造成地+ほか

表 15.1 群馬県赤谷におけるクマタカ5つがい（A–E）の繁殖成績（関東森林管理局，2012 に 2012 年の調査結果を加えて改変）．

つがい	2004	2005	2006	2007	2008	2009	2010	2011	2012
A	−	○	×	○	×	×	×	×	×
B	○	×	○	×	○	×	○	×	○
C	×	×	○	×	×	○	×	×	○
D	○	×	×	○	○	×	○	×	○
E	○	×	○	×	○	×	×	×	○

○：巣立ち成功，×：巣立ちなし（営巣活動の有無にかかわらず）．

2004 年から継続的に繁殖状況が調査されている（表 15.1）．

5つがいの9年間の平均繁殖成功率は 41% であり，つがいによっては複数年連続して繁殖に成功しない年があるものの，基本的にはどのつがいもほぼ隔年または 2–3 年おきに繁殖に成功しており，つがい間の繁殖成功率に大きな差は認められなかった．つまり，コアエリア内の植生構成が繁殖成功率に大きく影響しているという関係は確認されなかった．

それでは，どのような森林がハンティング場所に適しているのだろうか．クマタカ生態研究グループが鈴鹿山脈においてラジオトラッキング法で調査した結果によると，クマタカは行動圏内を一律にハンティング場所として利用しているのではなく，ハンティングをよく行なう場所は決まっており，クマタカはそれらのハンティング場所を順次利用していることが明らかとなっ

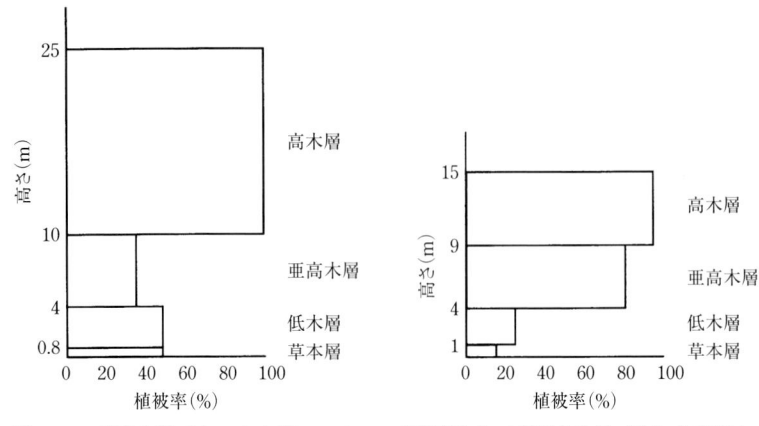

図 15.3 鈴鹿山脈でクマタカがハンティング場所として利用する林(左)と利用しない林(右)の階層構造.林の種類はどちらも夏緑広葉樹林(日本鳥類保護連盟,2002 より).

ている(クマタカ生態研究グループ,2000).

ハンティング場所としてよく利用する森林と利用しない森林を対象に,階層構造を現地調査した結果が図 15.3 である.両方とも夏緑広葉樹林であるが,左の森林はクマタカがハンティング場所としてよく利用しており,右の森林はほとんど利用されていなかった.左の壮齢な森林は亜高木層が 35% であり,高木層が発達しているものの,林床にある程度の日照が差し込むことから草本や低木の下層植生が存在していた.これに対し,右の若齢な森林は亜高木層が 80% と植被率が高く,林内の照度が低くなっており,林床には草本や低木があまり生育していなかった.さらに,左の壮齢な森林内では林内空間が広いのに対し,右の若齢な森林では林内空間は地上部付近に限定され,狭かった.つまり,クマタカがよく利用する森林は,林内に入って行動するだけの空間が存在し,かつ林床に中小動物が生息しやすい草本や低木が生育していることが重要であり,このことは夏緑広葉樹林に限らず,人工林においても同様の傾向が認められる(日本鳥類保護連盟,2002).

赤谷プロジェクトエリアにおいても,クマタカがハンティング場所としてよく利用する森林と利用しない森林の階層構造が E つがいを対象に調査された(図 15.4).左図がハンティング場所としてよく利用する森林で,右図

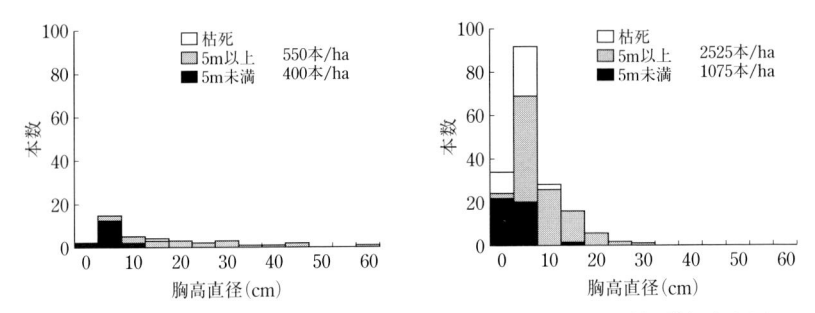

図 15.4 群馬県赤谷でEつがいがハンティング場所として利用する林（左）と利用しない林（右）の森林構造（関東森林管理局，2010 より改変）．

が利用しない森林である．よく利用する森林は立木密度が低く，樹木が太い傾向にあり，大きなギャップも存在している（関東森林管理局，2010）．つまり，鈴鹿山脈における調査結果とほぼ同様の結果であり，樹齢の進んだ壮齢林がクマタカのハンティング環境としてより適していることが明らかである．

営巣環境に適した森林

全国的にクマタカの営巣木は，ほとんどが山腹に存在する太い横枝を有する胸高直径が概ね 60 cm 以上の大径木であった（日本鳥類保護連盟，2004）．クマタカが持続的に繁殖し続けるためには，このような大径木を繁殖テリトリー内に保残または育成することが重要といえる．

また，巣立ち後の幼鳥は少なくとも翌年の 2 月ごろまでは営巣木から半径約 1 km 以内（とくに 500 m 以内）に留まり続け，親鳥から獲物を受け取りながら，自ら獲物を捕獲するハンティング能力を徐々に獲得し，親鳥から独立して生活できるようになる（クマタカ生態研究グループ，2000）．このことから，営巣木から半径約 1 km 以内（とくに 500 m 以内）の範囲は，幼鳥が自らハンティングすることが可能な中小動物が豊富で，林内空間が広がる壮齢林が存在することが重要であり，巣立ち後の幼鳥の生存率を高めるためには，この範囲の森林保全が重要な役割を果たす（Yamazaki, 2000；山﨑，2008, 2010a, 2010b）．

15.3　日本人の森林利用とクマタカの生息

　イヌワシやクマタカは人間の手が入っていない山岳森林地帯にしか生息しないのではなく，人々が森林資源を持続的に利用することによって創出される生物の多様性と生産性に富む山村に近い森林にも広く生息してきた．炭焼きのために転々と伐採される山間部の小さなギャップは中小動物が多く生息し，クマタカは格好のハンティング場所として利用していたに違いない．また，薪採りや柴刈りの場であった山村周辺の森林は分散を開始した若鳥やつがいを形成していない成鳥にとって重要なハンティング場所であったものと思われる．スギ・ヒノキ人工林についても，林業生産活動がさかんで，適切な管理が行なわれてきた地域では，森林が成熟すれば，ハンティング活動が可能なだけの林内空間が存在し，獲物となる中小動物も少なからず生息することから，古くから人工林が多く存在するスギの産地においてもクマタカが生息，繁殖してきたのである．

　クマタカの繁殖つがいは大きな水系沿いに連続して分布していることが多く，営巣場所が山村近くにあることもめずらしくない．山村の近くに繁殖つがいが生息している場合，その営巣木は社寺林や留山の中に存在していることが多い．社寺林は神社の周囲あるいは背後に存在する鎮守の森であり，神域として樹木が伐採されずに保存されてきたため，クマタカの営巣木となる大径木が残存しているのである．また，留山は集落の背後にある伐採を禁じている裏山のことで，雪崩や土砂流出による災害を防ぐために守られてきた森林であり，社寺林と同じように大径木が多く存在する．留山は，現在では土砂流出防備保安林として厳重な伐採規制の網がかけられていることがあり，群馬県の赤谷プロジェクトでは，クマタカ5つがいで確認された営巣場所7カ所のうち5カ所がこの土砂流出防備保安林内に位置している（関東森林管理局，2009）．

　つまり，日本人が森林資源を持続的に利用し，また集落の周囲や急峻で災害が発生しやすい場所に禁伐の森を保持してきたことは，クマタカが全国の山岳森林地帯で生息，繁殖するのに有利に作用してきたものと考えられる．

　国土の67％を森林が占める日本において，クマタカは日本人の生活と密接な関係を有しながら生息してきたのであり，まさに「森の精」と呼ぶのに

ふさわしい存在である．その古くからの日本人の生活様式や森林文化が戦後60年足らずの間に社会生活の大きな変化によって崩壊し，山岳地帯の植生が激変したことにより，クマタカやイヌワシの生息が危機的な状況に陥っているのである．クマタカはイヌワシとともに，日本の山岳生態系の食物連鎖の上位種であり，その保護は生息場所の生物相の豊かさと安定性を維持することとなり，ひいては日本人の生活基盤の保全，つまり生態系サービスの向上につながるということを国民全体が認識することが重要である（山﨑，2001，2008）．

15.4　クマタカの保全に有効な森林管理

クマタカの保全は森林生態系の保全と密接な関係があることから，森林における生息場所利用などをより明らかにし，生物の多様性と生産性を向上させるための適切な森林施業のあり方を構築するとともに，GIS を用いた環境解析による潜在的な営巣適地の特定と保全に対する行政指導を早急に行なう必要がある（山﨑，2010b）．

とくに民有林では営巣場所であることが知られずに，営巣木が伐採されてしまうことも多いと思われることから，行政機関が民有林における森林経営管理計画にも積極的に関与し，潜在的な営巣適地の保全を図るための具体的な指導助言を行なうことも重要である（山﨑，2010b）．

また，1950 年代からの拡大造林政策によって，スギ・ヒノキ人工林面積は大幅に拡大し，林野庁（2012）の「森林・林業統計要覧 2012」によると 2010 年では全国の森林面積の約 40% が人工林である．クマタカは人工林であっても間伐，枝打ちなどの適切な手入れが行なわれ，順調に樹木が生育し，林内空間が発達した壮齢林では，生息することが可能である．クマタカの保全対策においては，とくに人工林における森林管理をいかに適切に実施するかが重要となる．

（1）　ハンティング環境を創出する森林管理

前記のとおり，ハンティング場所として利用できる森林の条件は，植生にかかわらず，クマタカが林内を行動できるだけの空間が存在し，林内に中小

動物が豊富なことである．

　そのような森林は，太い樹木が低い立木密度で生育し，林内空間が広がるとともに，林床に中小動物が生息しやすい草本や低木が生育している森林である．そのためには，植林後に枝打ちや間伐などの適切な管理を行なうことが不可欠である．広島県西部の西中国山地における繁殖成功率の低下と行動圏内の森林構造の変化との関係を調査した結果でも，適切に間伐や枝打ちなどが行なわれれば，ある程度クマタカが利用可能なことが示唆されている．また繁殖成功率の向上のためには，餌動物が多く生息する広葉樹林の面積を多く確保することと，利用可能な植生面積が行動圏内の植生面積の50％以上，少なくとも400 ha を下まわらないことを目標に森林管理を行なうべきだとしている（飯田ほか，2007）．

　また，伐期を迎えた壮齢林が伐採されることにより，人工林の中に伐採地が散在的に出現することは，食物資源となる中小動物の増加をもたらすとともに，多様な環境の創出につながることから，クマタカのハンティング環境の質を向上させる．とくにクマタカは森林に生息するさまざまな中小動物を捕食することによって，安定的に総食物量を確保し，一腹卵数1個で個体群を維持するという繁殖戦略を獲得してきた大型の森林性のタカであることから，生物多様性に富む多様な森林環境を確保することはクマタカの保全にとってきわめて重要なことである．

　東北地方で列状伐採などの間伐を主体としたクマタカの採食環境の改善調査が行なわれているが，施業の効果を証明することはできないと判断している（東北森林管理局，2011）．クマタカが列状間伐による伐採地をハンティングに利用したり，一時的に中小動物の食物資源を増加させたりすることはあると思われるが，その効果の持続性は限定的である．人工林における間伐の実施は適切な森林管理として当然行なわれるべきことであり，林業生産活動が通常に行なわれれば，必然的にクマタカのハンティング場所が創出されることを，まず念頭に置くべきである．

　加えて，戦後の拡大造林政策によって生育適地でない場所に植林された人工林や，植林後にほとんど手入れがされずに生育不良で材木としての価値のない人工林は，その地域の潜在的植生である自然林に誘導することも重要である．

（2） 営巣環境を確保する森林管理

クマタカが繁殖するためには，繁殖テリトリー内に営巣可能な大径木が存在することが不可欠であり，そのためには2つの方策がある．

1つは現在，繁殖テリトリー内に存在する大径木（概ね胸高直径60 cm以上）をその周囲の森林とともに保残することである．クマタカは同じ営巣木を何年にもわたって利用することもあるが，つがい形成個体が交替したり，巣立ちまでの段階で繁殖に失敗したり，営巣木が枯死または倒木したりするなどした場合には，営巣木を代えることが多い．この場合，代わりに利用される営巣木は繁殖テリトリー内に存在することが通常であり，現存の営巣木だけでなく，繁殖テリトリー内の潜在的な営巣木である大径木を保残しておくことが重要なのである．

もう1つは，繁殖テリトリー内および近接地におけるスギ人工林の保育である．戦後の広範囲な夏緑広葉樹林の伐採によって，多くの繁殖つがいが営巣可能な大径木を失ったために，生息はできても繁殖できない状態が続いてきたことも，繁殖成功率低下の大きな要因であると思われる．ところが，近年，このような繁殖つがいが，大径木に生育したスギを営巣木として利用することによって，繁殖に成功する例が出てきている．図15.5は水資源機構の全国6カ所のダムについて，その年に使用された営巣木の樹種を年ごとに

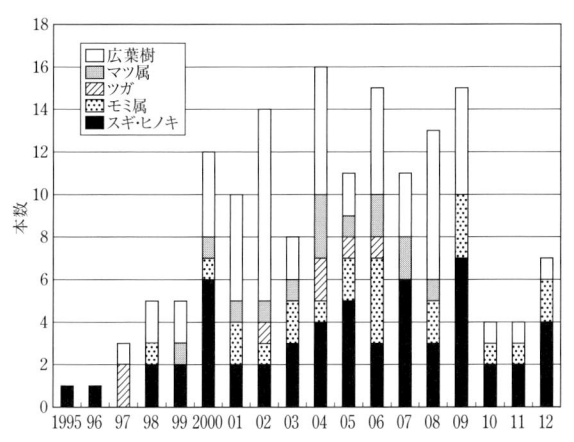

図 15.5 全国のクマタカの営巣木の年推移（水資源機構提供）．

とりまとめたものである．スギは調査の開始された1995年にも利用されており，2012年までに樹種が明らかになった営巣木155本のうち55本，36%を占めている．とくに2009年以降は，営巣木のほぼ半数がスギとなっている．なお，ヒノキは2009年の1本だけである．

　スギは広葉樹に比べて生育が早く，植林後40–50年ほどすれば，クマタカが営巣することが可能な樹木となる場合がある．戦後の拡大造林政策によって植林されたスギ人工林のうち，潜在的営巣適地に存在する生育良好なスギ人工林では，今後さらに営巣可能なスギの大径木が増える可能性が大きいのである．広葉樹が営巣可能な大径木に生育するにはスギよりも長期間を要するため，繁殖テリトリー内の自然林が若齢である場合には，そこに存在するスギ人工林は潜在的営巣場所として重要な役割を果たすことから，その保育も現時点でのクマタカ保全には重要な意味をもつのである．

　2つの方策はともに，どの範囲が潜在的営巣適地であるかを推定しなければならない．営巣木や繁殖テリトリーが特定されている場合では，潜在的営巣適地を推定することは比較的容易である．しかし，繁殖つがいの生息は確認されているものの，繁殖テリトリーの範囲が明らかでなかったり，クマタカの生息地ではあるものの，繁殖つがいの生息の確認が行なえていなかったりすることもある．このような場合には，GIS環境解析によりクマタカの潜在的営巣適地を推定することが有効である．図15.6は，赤谷プロジェクト地域で実施した1つがいのGIS環境解析の結果をモデル化したものである．この例は，繁殖テリトリーは現地調査によってほぼ明らかになっているものの，若齢な人工林が広く存在し，現在，利用可能な営巣木はきわめて限定的にしか存在していないことから，将来的にどの範囲に営巣可能な樹木を育成するかを検討するために潜在的営巣適地を推定したものである．図に示すとおり，潜在的営巣適地は繁殖テリトリー内の一定の標高と斜度を満たす場所に存在している．

　このGIS環境解析は主として地形条件を主要因としていることから，かつてクマタカの繁殖つがいが生息していたものの，森林伐採によって現在はクマタカの繁殖つがいが生息していない地域，すなわち潜在的な繁殖つがいの生息場所の推定にも有効である．つまり，クマタカが生息し，繁殖することが可能な森林が生育すれば繁殖つがいが定着するという潜在的な生息場所

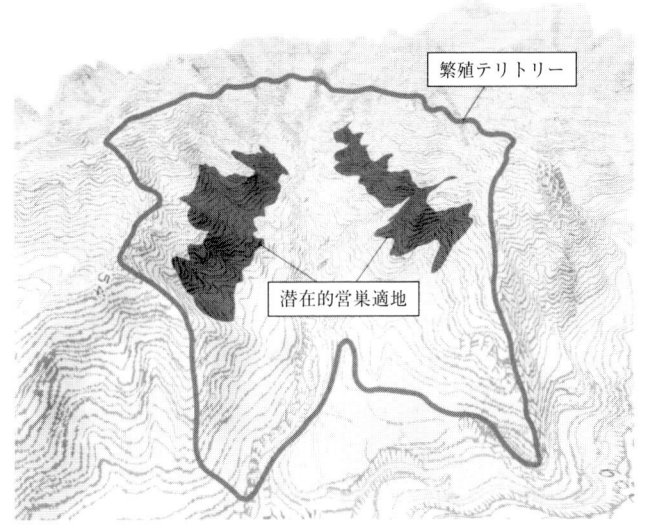

図 15.6 GIS 環境解析を利用したクマタカの潜在的営巣適地の推定結果.

を GIS 環境解析により明らかにすることが可能であり，その場所においては積極的に森林再生に取り組むことも重要なのである．

（3） 赤谷プロジェクトにおける取り組み

クマタカの生息する森林の管理方法

関東森林管理局の第 4 次地域管理経営計画書の「赤谷の森　管理経営計画書」（2011）では，イヌワシ・クマタカの生息する森林の管理方法をとりまとめている．

この中では，クマタカは植生タイプにかかわらず生息場所の質が確保されれば，人工林であっても生息・繁殖することが確認されたことから，人工林において定期的な間伐などの適正な森林管理を行なうことが生息場所の質の向上につながるとしている．また，クマタカのつがいは同規模の行動圏をもって連続的に分布し，一定の内部構造を有していることから，つがいごとに行動圏の内部構造の機能に応じた森林管理を行なうとしている．

具体的な管理方法としては，①潜在的営巣適地の保全，②ハンティング環

境の確保，③獲物となる動物を持続的に生産する環境の確保，に必要な森林管理の方向性を示している．

①潜在的営巣適地の保全

　地形的に営巣適地である人工林管理においては，営巣可能な大径木を保残，育成することにより，クマタカの営巣環境を長期的に保全し，現状よりも好適な営巣場所を選択できる可能性を高めることを方針としている．具体的には，繁殖テリトリー内または営巣木から半径1 km以内でかつ地形的に営巣適地に分類される場所については，"クマタカの潜在的営巣適地"として，つぎのような森林管理を行なう．

・人工林内にモミが生育している場合は，モミを積極的に保残，育成することに努める．
・すでにスギなどの植栽木が大きく成長している場合は，将来的に植栽木が営巣木にもなりうることが想定されることから，枝張りのよい植栽木を保残，育成する．
・自然林は，自然の推移にゆだねる．

②ハンティング環境の確保

　クマタカは自然林に限らず，林内空間のある森林をハンティング場所として利用する傾向が確認されていることから，コアエリア内における人工林管理においては，積極的に林内空間を確保することによって，ハンティング環境としての質の向上を目指す．

③獲物となる動物を持続的に生産する環境の確保

　クマタカは森林内に生息するさまざまな中小動物を獲物としていることから，コアエリア内に多様な森林環境が存在していることが重要であると考えられるため，現在の自然林を適切に保全するとともに，人工林においては，多様な森林環境を創出する観点から適切な森林管理を行なう．

50年後の望ましい森林像

　上記のような森林管理の実践によって，「赤谷の森」の望ましい中長期的な将来像として50年後の目標をつぎのような森林として描いている．このような森林が国有林のみならず，全国各地の民有林にも広がることが期待され，そのための取り組みに1日も早く着手することが重要である．

〈おもに国有林内に行動圏を有するつがい〉
・現在の人工林がしだいに自然林に移行されつつあり，残っている人工林も適切な森林管理が行なわれている．また，現在の自然林が壮齢化することで，十分な林内空間をもつ自然林が増加し，自然に起きる環境攪乱も起こりやすい状態になる．これらのことにより，獲物となるさまざまな中小動物の生息に良好な環境が確保され，ハンティング可能な森林も増加している．

〈国有林に隣接する範囲に行動圏を有するつがい〉
・連続して生息するクマタカの生息環境については，国有林以外の土地・森林も含まれることから，民有林などの隣接する環境管理主体とも連携して，生息環境の質の維持・向上を図るための保全対策が取り組まれている．
・各つがいの繁殖テリトリー内に営巣可能な大径木が保残されていることにより，潜在的な営巣環境が確保されている．
・人工林においては，間伐と主伐による森林管理や木材の利用が進められ，適切な人為的攪乱による多様な森林環境が創出されている．このことにより，獲物となるさまざまな中小動物が生息する環境が確保され，ハンティング可能な森林も増加している．

(4) これからのクマタカ保全にもっとも必要なこと

　全国のクマタカの繁殖成功率は環境省の2002年から7年間の3地区での繁殖モニタリング調査結果では平均20.8%であり（環境省自然環境局野生生物課，2012），水資源機構による全国6カ所のダム周辺における1996-2012年のモニタリング調査結果では29%であった．しかし，つがいごとの繁殖成功率には大きな差があり，確実に隔年繁殖するつがいが少なからず存在することや，40%を越える繁殖成功率が報告されている地域個体群も存在することから，もし中小動物が豊富でかつ営巣可能な大径木が十分に存在する壮齢林であれば，繁殖成功率は50%に近づき，これにより個体群は安定的に存続できるものと思われる．

　クマタカは典型的な森林性の大型のタカであり，その生息と繁殖には森林の状態が密接に関係している．つまり，クマタカの保全は，生物の多様性と生産性に富む森林の再生なくしてはありえないことはいうまでもない．

クマタカ属の北限に近い日本でクマタカが生息し続けてきた背景には，日本の山岳地帯に成熟した森林が連続して存在したことと，日本人が森林資源を持続的に利用する森林文化を醸成してきたことが大きく寄与しているものと思われる．

　第2次世界大戦の戦中戦後における全国的な大規模森林伐採により，1900年代後半にはクマタカの個体数はかなり減少し，年間に生産される巣立ち雛数も激減したことはまちがいない．現在，日本の山岳地帯には人工林や二次林が生育したことから，森林率は大幅に回復しているが，生物の多様性と生産性に富む活気ある森林はきわめて少ない．つまり，これからのクマタカ保全にとって，もっとも重要なことは森林の質をいかに向上させるかである．

　このためには，手入れのなされていない密植状態の人工林を適切に管理すること，生育不適地の人工林を自然林に誘導することが不可欠である（Yamazaki, 2011）．これに加え，根本的に重要なことは，森林資源を持続的に利用するという林業生産活動によって森林を活性化させる新たな社会システムを構築するとともに，潜在的営巣適地に大木を確実に保残する森林管理方法を官民が一体となって確立することである（山﨑，2008）．

引用文献

飯田知彦・飯田　繁・毛利孝之・井上　晋．2007．クマタカ *Spizaetus nipalensis* の繁殖成功率の低下と行動圏内の森林構造の変化との関係．日本鳥学会誌，56：141-156．

環境省自然環境局野生生物課．2012．猛禽類保護の進め方（改訂版）——とくにイヌワシ，クマタカ，オオタカについて．環境省．

関東森林管理局．2009．猛禽類モニタリング調査．三国山地/赤谷川・生物多様性復元計画（赤谷プロジェクト）推進事業平成20年度報告書：78-101．

関東森林管理局．2010．クマタカのハンティング場所の環境調査．三国山地/赤谷川・生物多様性復元計画（赤谷プロジェクト）推進事業平成21年度報告書：121-126．

関東森林管理局．2011．赤谷の森　管理経営計画書　第4次地域管理経営計画書（利根上流森林計画区）：35-37．

関東森林管理局．2012．猛禽類モニタリング．三国山地/赤谷川・生物多様性復元計画（赤谷プロジェクト）推進事業平成23年度報告書：84-102．

クマタカ生態研究グループ．2000．クマタカ——その保護管理の考え方．クマタカ生態研究グループ．

森本　栄．2006．広島県におけるクマタカ *Spizaetus nipalensis orientalis* の巣の

変更と周辺環境．Strix, 24：89-97.
日本鳥類保護連盟．2002．平成 13 年度希少猛禽類現地調査報告書．日本鳥類保護連盟．
日本鳥類保護連盟．2004．希少猛禽類調査報告書（クマタカ編）．日本鳥類保護連盟．
林野庁．2012．森林・林業統計要覧 2012．林野庁．
東北森林管理局．2011．クマタカ希少野生動植物種保護管理対策調査報告書．東北森林管理局．
山﨑　亨．1997．イヌワシ・クマタカの生態と生態系保全．滋賀県琵琶湖研究所所報第 15 号：66-73.
Yamazaki, T. 2000. Ecological research and its relationship to the conservation programme of the Golden Eagle and the Japanese Mountain Hawk-Eagle. *In*（Chancellor, R. D. and B.-U. Meyburg, eds.）Raptors at Risk. pp. 415-422. World Working Group on Birds of Prey and Owls, Berlin.
山﨑　亨．2001．猛禽類保護と生物多様性保全．ランドスケープ研究，64(4)：310-313.
山﨑　亨．2008．空と森の王者イヌワシとクマタカ．サンライズ出版，滋賀．
山﨑　亨．2010a．クマタカ．Bird Research News, 7(12)：40-41.
山﨑　亨．2010b．クマタカ．（野生生物保護学会，編：野生動物保護の事典）pp. 482-484. 朝倉書店，東京．
Yamazaki, T. 2011. Distribution and ecology of Japanese Mountain Hawk-Eagle. Raptor Research of Taiwan, (12)：15-27.

16 風力発電用風車への衝突事故とその回避

白木彩子

16.1 タカ類の風車衝突事故の現状

(1) 国内外における事故の概要

　風力発電は，環境に負荷の少ない代替エネルギーとして市民や政府の支援を受け，世界的にめざましい増加を続けている．風力発電による世界的なエネルギー容量は，1999年度末では13.7 GWであったが，2012年6月末では254 GWにまで増加した（World Wind Energy Association HP）．日本においても，風力発電は2000年代に入ってから急速に拡大し，2011年末における設備容量は2.56 GWとなっている（NEDO HP）．

　風力は化石燃料や核に比べ，問題のないクリーンエネルギーと見なされることが多い．しかし，風車基数の急激な増加だけでなく，風車の大型化や羽の回転スピードの高速化などにも起因する，野生生物への影響や景観上の問題などが近年，明らかになってきた．野生生物への悪影響のうち，鳥類への影響，とくに回転する羽のほか電線や気象観測ポールなどの付帯施設への衝突事故は国際的な関心事となっている．

　タカ類は鳥類のなかでも風車に衝突しやすい分類群といわれており，とりわけイヌワシ（*Aquila chrysaetos*）やオジロワシ（*Haliaeetus albicilla*），ハゲワシ類（*Gyps.* spp）などの大型のタカ類では，風車衝突事故に対する高い脆弱性が指摘されている（Martin *et al.*, 2012）．ただし，多くの風力発電施設では鳥類の風車衝突事故の発生頻度は高くはない．鳥類個体群への悪影響が懸念されるのは，事故が頻発している，あるいはわずかな死亡率の上昇による影響が大きい希少種の事故が発生している一部の施設である．たとえ

ば,アメリカのカリフォルニア州にあるアルタモント峠(Thelander and Smallwood, 2007 ほか)やスペイン南部のタリファ(Barrios and Rodriguez, 2007 ほか)にある大規模な風力発電施設では,希少なタカ類の風車衝突事故が多数発生していることから問題が大きい.アルタモント峠の風力発電施設の周辺には,豊富な餌資源に支えられて多くのイヌワシが繁殖しているが,施設全体で年間推定75羽が風車に衝突死しており,個体群の衰退が危惧されている(Hunt, 2002; Hunt and Hunt, 2006).タリファの施設はヨーロッパとアフリカの間を往来する,多様な鳥類の渡り地点であるジブラルタル海峡に位置し(SEO/BirdLife, 2001),風車1基あたり年間推定0.15羽のシロ

表16.1 北海道における2004年2月-2012年8月末の風車衝突事故確認鳥類種と確認件数(白木,2013に環境省オオワシ・オジロワシ保護増殖事業分科会平成24年度内部資料によるデータを追加して改変).

分類群	種	件数	分類群	種	件数
タカ類(タカ目タカ科)	オジロワシ *Haliaeetus albicilla*	32	カモ類(カモ目カモ科)	種不明カモ類 *Anas* spp.	3
	オオワシ *H. pelagicus*	1		種不明アイサ類 *Margus* sp.	1
	トビ *Milvus migrans*	10	カラス類(スズメ目カラス科)	ハシボソガラス *Corvus corone*	1
	ノスリ *Buteo buteo*	4		ハシブトガラス *C. macrorhynchos*	5
	ハイタカ *Accipiter nisus*	2		種不明カラス類 *Corvus* spp.	9
カモメ類(チドリ目カモメ科)	オオセグロカモメ *Larus schistisagus*	14		ミヤマカケス *Garrulus glandarius brandtii*	1
	ウミネコ *L. crassirostris*	1	スズメ目小鳥類	アオジ *Emberiza spodocephala*	1
	セグロカモメ *L. argentatus*	2		ホオジロ *Emberiza cioides*	1
	種不明カモメ類 *Larus* spp.	11		クロツグミ *Turdus cardis*	1
ウミスズメ類(チドリ目ウミスズメ科)	ハシブトウミガラス *Uria lomvia*	2		ムクドリ *Sturnus cineraceus*	1
	ウトウ *Cerorhinca monocerata*	1		イワツバメ *Delichon urbica*	2
	ウミスズメ *Synthliboramphus antiquus*	1		スズメ目 spp. *Passeriformes* spp.	6
カモ類(カモ目カモ科)	クロガモ *Melanitta nigra*	1	ハト類(ハト目ハト科)	キジバト *Streptopelia orientalis*	1
	カルガモ *Anas poecilorhyncha*	1	計		116

エリハゲワシ（*Gyps fulvus*）が衝突死している（Barrios and Rodríguez, 2004）．

日本では，2002年に長崎県内の風力発電施設でトビ（*Milvus migrans*）の死骸が発見され（鴨川，2005），タカ類における最初の風車衝突事故となっている．それ以降，オジロワシ，オオワシ（*H. pelagicus*），ミサゴ（*Pandion haliaetus*），イヌワシ，ハイタカ（*Accipiter nisus*）などの希少種を含むタカ類の衝突事故が全国各地で報告されている（日本野鳥の会HP）．しかし，定期的に実施された死骸の探索調査にもとづく報告は少ないため，衝突事故発生の現状は明らかとはいえない．

表16.1に，北海道内の風力発電施設における鳥類の衝突事故確認種と確認件数を示した．これより，2012年8月までに北海道内では少なくとも22種を含む116件の鳥類の風車衝突事故が確認されている．確認件数がもっとも多いのがオジロワシの32件で，オオセグロカモメ14件，トビ10件，ハシブトガラス5件，ノスリ（*Buteo buteo*）4件が続く．分類群で見るとタカ科が49件ともっとも多かった．事故確認件数の多いオジロワシの主要な繁殖地，越冬地である北海道には現在，多数の風力発電施設の建設計画があり，個体群の保全上，大きな脅威となる可能性がある．

（2） オジロワシにおける風車衝突事故の現状とその特性

オジロワシは風車に衝突しやすい鳥類種の1つにあげられている（Langston and Pullan, 2003）．世界最大のオジロワシの繁殖個体群を有するノルウェーでは，主要な繁殖地の1つであるスモーラ島に68基の風車が建設された．ここでは13年間におよぶBACI（before-after-contol-impact；建設予定地以外の風車のない類似環境をコントロール調査地とし，風車の建設前と稼働後に両地で調査を行なって建設の影響を客観的に評価する手法）により，風力発電施設建設によるオジロワシの繁殖個体群に対する影響の評価が試みられた．施設建設前の敷地内には50つがい以上が営巣し（Bevanger *et al.*, 2010），島内でもっとも営巣密度の高いエリアであったが（Dahl *et al.*, 2012），建設後にはこれらの繁殖つがいは営巣地を放棄して敷地外に移動した（Bevanger *et al.*, 2010）．また，4年半で成鳥21個体を含む39個体のオジロワシが風車に衝突死した（May *et al.*, 2010）．成鳥の事故は3–5月に多

く，抱卵斑のある個体も確認された（Follestad et al., 2007）．Dahl et al. (2012) は，とくに風車から 500 m 以内に営巣していたつがいの繁殖成功率の低下を明らかにし，その主要因は営巣地の放棄と風車への衝突死による繁殖個体の消失であると結論づけた．また，風力発電施設の建設以降，風車の稼働にかかわる諸作業やレジャーなどの人間活動が活発になったことも，繁殖成功率の低下に影響していると述べている．これらの結果をふまえ，Dahl et al. (2012) は，風車を営巣地から 1 km 以上離すことで悪影響は緩和できるとしている．

もともと評価対象となる個体数が少ない希少なタカ類は，風車による繁殖個体群への影響を明らかにすることがむずかしい分類群といわれている（Dahl et al., 2012）．このことは，テリトリーへの強い固執性や長い寿命のような特性にも起因する．このような特性をもつ種への影響評価には BACI による調査が有効と考えられるが，実施された事例はほとんどない（Drewitt and Langston, 2008）．また，Drewitt and Langston (2008) は，繁殖集団への影響は，消失個体に代わる新規加入個体の必要性が生じた場合に明らかになると述べている．スモーラ島では放棄された営巣地が新しいつがいによって満たされることはなかった．その一方で衝突事故が引き続き生じている（Bevanger et al., 2010）ことから，このままだとすべての営巣地が消失する可能性が指摘されている（Dahl et al., 2012）．

一方，北海道におけるオジロワシの風車への衝突事故 30 件について分析した白木（2012, 2013）によれば，衝突事故に遭ったオジロワシの特性として以下のようなことが示されている．①齢が特定された 27 個体のうち 24 個体が幼鳥を含む若鳥で，成鳥は 3 個体のみだった．②死骸の発見はほぼ越冬期にあたる 12-5 月に 27 個体と多く，7-9 月ではゼロであった．③発見された死骸の 70% 以上が衝突後数日以内のものと推測された．

①の衝突個体の齢については，スモーラ島では成鳥の個体数が多かったことから（May et al., 2010 ほか），風力発電施設周辺の生息状況によって事故に遭いやすい齢は変わると考えられる（白木，2013）．また，②より死骸の発見数の多い 12-5 月には，北海道で繁殖する集団（留鳥）と，ロシア極東地域で繁殖または超夏して越冬期に渡来する集団（渡り鳥）の両方のオジロワシが同所的に生息する．そのため，衝突個体の多くは留鳥なのか渡り鳥な

のかは不明であるが，白木（2012）は衝突個体のうち半数かそれ以上が，北海道の繁殖集団に由来する個体である可能性が高いことを述べている．

一方，植田ほか（2010）は，越冬期のオジロワシでは渡り個体よりも留鳥を含む滞留個体のほうが，風車の羽の回転範囲を飛翔する確率が高いことを示した．Katzner *et al.*（2012）は，GPS発信機を装着したイヌワシの追跡調査により，風力発電施設周辺に定着する地域集団の個体のほうが，渡り個体よりも風車間を飛行する頻度が高いことを明らかにした．これは，採餌や塒入りなどのために移動するイヌワシは渡り移動中の個体よりも頻繁に方向転換し，より低い位置を飛ぶためと説明されている．これらの知見から，オジロワシでは渡り個体より留鳥のほうが風車に衝突しやすい可能性がある．

また，北海道で繁殖するオジロワシでは繁殖地域間における遺伝的な分化傾向が示唆されており，留鳥とロシア極東地域で繁殖する渡り個体とでは遺伝的に異なる可能性がある（白木，2012）．

以上のことより，風車衝突事故による局所的な死亡率の増加は地域集団に対してより深刻な影響を与えるかもしれない．したがって，遺伝子型や個体標識などにより衝突個体の由来する地域集団を特定することは，個体群に対する影響評価において重要である．

一方，風車に衝突して地上に落下した死骸は死肉を食べるスカベンジャー動物の持ち去りなどで消失することから，時間の経過とともに発見されにくくなる．③より発見された死骸の多くが新しいものだったことから，これらの死骸は実際に発生した事故の一部を示すものであることが示唆される（白木，2012）．

16.2　鳥類の風車衝突率の推定

（1）　死骸探索調査とデータの補正

表16.1に示した鳥類の風車衝突事故の確認種や件数は，偶然の発見など，計画的に実施された調査結果以外のデータを多く含むため，発生した衝突事故の現状を正しく反映しているとはいえない（白木，2012, 2013）．鳥類の衝突事故の発生数を明らかにするために，風車周辺の一定範囲内における死

骸探索調査が行なわれている（Smallwood et al., 2010 ほか）。しかし，この調査で発見された死骸数がそのまま衝突事故の発生数を示すわけではない．たとえば，とくに体サイズの小さな種の死骸は調査で見落とされる可能性がある（Kerlinger et al., 2000）．また，地上に落下した死骸の多くは，キツネやカラスなどのスカベンジャー動物によって食べられるか，遠方へと持ち去られ，残留した死骸や体の一部も腐敗していずれ消失する．さらにこのとき，大型の鳥類の死骸は重くて持ち去られにくいことや，小型の鳥類に比べて全体が食べ尽くされるのに時間がかかることなども予想される．したがって，死骸の消失時間は死骸のサイズや季節によって異なり，大型の鳥類の死骸は比較的長く地上に残るが（Smallwood et al., 2010），小型の鳥類では消失速度が速い（Kerlinger et al., 2000; Morrison, 2002; Smallwood, 2007）．これらのことから，発見された死骸数から実際の衝突個体数を推定するためには，死骸の発見率や消失率，調査地の条件などに起因する偏りを考慮した補正が必要となる．

風力発電施設建設の影響評価調査で事前に予測された鳥類の風車衝突率と，風車稼働後の実際の衝突率とを比較して予測の評価を行なった事例はほとんどない（Ferrer et al., 2012）．稼働後の調査による再評価は，不明な点の多い現行の影響調査手法を見直し，より適切な評価を行なうために必要不可欠である．そのためには，風車稼働後の施設で死骸探索調査を行ない，その結果に必要な補正を施して衝突率を推定する必要がある．

次項ではこの推定のプロセスを示すために，北海道の風力発電施設で実施した死骸探索調査の結果にもとづいて衝突率推定モデルの構築を試みた事例（Kitano and Shiraki, 2013）を紹介する．

（2） 衝突率推定モデルの構築

探索可能域における死骸落下率 S_t の算出

現地調査は，北海道北部の日本海沿岸部に位置する苫前町の風力発電施設で行なわれた．ここには3カ所の施設があり，合計42基の風車が設置されている．これらの風車を対象に17カ月にわたる平均21日間隔の死骸探索調査と，鳥類の飛翔行動の定点観察が行なわれた．また，この研究では，アルタモント峠風力発電施設における調査にもとづいて提唱された，Smallwood

(2007) による以下の方程式①を衝突率推定モデルの原型とした．

$$M_A = \frac{M_U}{R \times p} \quad \cdots ①$$

ここで M_A は補正された鳥類の年間推定衝突率を，R は前回の死骸探索調査以降に衝突した鳥類の死骸の探索範囲内における推定残留率を，p は死骸探索者による発見率を，M_U は死骸探索調査で発見された死骸数から導かれる補正前の年間衝突率をそれぞれ示している．

一方，雨期を除く春から秋にかけてはほぼ一様な低い植生に覆われる，丘陵地帯にあるアルタモント峠の風力発電施設と，この研究の調査地である苫前町の施設では風車の立地する地形や植生が大きく異なる．Kitano and Shiraki (2013) では，調査地の風車の高さに合わせ (Orloff and Flannery, 1992)，各風車から半径 100 m 内を死骸探索範囲とした．しかし，海岸付近の風車に衝突した死骸は海に落下する可能性があり，探索範囲内に濃いブッシュ帯のある場合はその中に落下した死骸を発見することはほぼ不可能である．そこで Kitano and Shiraki (2013) では，死骸探索調査範囲のうち実際に調査が可能な範囲の面積を求め，以下のような補正を施した．

まず，各風車の周辺の半径 100 m 円内を，中心（風車）からの距離と方角によって 40 セクション (d) に分け（図 16.1），各セクションにおける死骸発見率をつぎのように算出した．

風車 t の探索範囲内のセクション d で 1 年あたりに発見される死骸数を m_{td} とすると，42 本の全風車のセクション d で 1 年間に発見される死骸の総数 m_d は

$$m_d = \sum_{t=1}^{42} m_{td}$$

と表される．

つぎに，風車 t の探索範囲内のセクション d における探索可能な面積の比率を A_{td} とすると，42 本の風車のセクション d における探索可能な面積の平均比率 A_d は

$$A_d = \frac{1}{42} \sum_{t=1}^{42} A_{td}$$

となる．

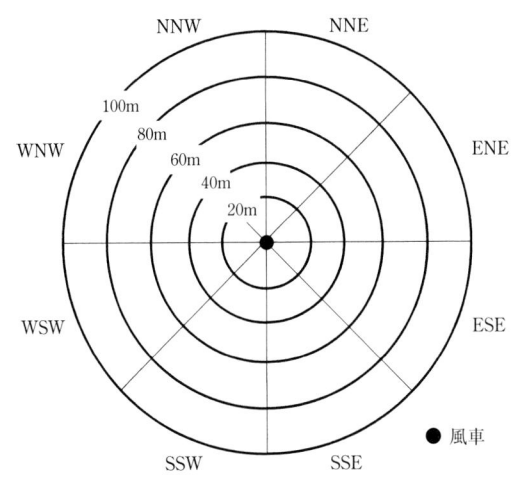

図 16.1 北海道苫前町の風力発電施設で 2007 年 7 月から 2008 年 11 月まで行なった死骸探索調査範囲の区画．風車を中心とした半径 100 m 円内を 8 方位に区分し，中心から 20 m ごとに区切って 40 区画に分けた（Kitano and Shiraki, 2013 より）．

ここで $m'_d = m_d/A_d$ とおくと，風車 t の周辺で探索が可能な範囲に死骸が落下する率 S_t は，

$$S_t = \sum_{d=1}^{40}\left(A_{td} \times \frac{m'_d}{\sum_{d=1}^{40} m'_d}\right)$$

として得られる．

推定死骸残留率 R および死骸発見率 p の算出

先述したように衝突後に落下した死骸は時間とともに消失し，その速度は死骸のサイズによって異なる．この消失の効果を考慮するために，この研究では調査地に 16 種 35 個体の鳥類の死骸を設置して経過日数と各種の消失率との関係を調べ（死骸消失実験），鳥類の死骸のサイズごとに死骸残留率 R を算出するためのモデルを作成した（図 16.2）．

ここで，さまざまな死骸探索間隔の累積的な死骸残留率 R_c (%) は，Smallwood（2007）による以下の方程式を用いて推定された．

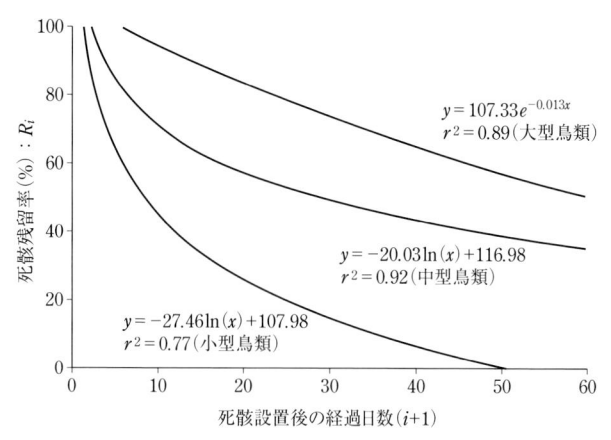

図 16.2 北海道苫前町の風力発電施設において，2008 年 5 月から 10 月に行なわれた死骸消失実験の結果から得られた鳥類の死骸の残留曲線．この実験では小型鳥類 8 個体，中型鳥類 20 個体，大型鳥類 7 個体の死骸を使用した．各サイズの鳥類の死骸残留曲線ともっとも相関係数の高かった回帰曲線は，小型と中型鳥類では対数モデル，大型では指数モデルより得られた（Kitano and Shiraki, 2013 より）．

グラフ中の回帰式：
- $y = 107.33 e^{-0.013x}$, $r^2 = 0.89$（大型鳥類）
- $y = -20.03 \ln(x) + 116.98$, $r^2 = 0.92$（中型鳥類）
- $y = -27.46 \ln(x) + 107.98$, $r^2 = 0.77$（小型鳥類）

縦軸：死骸残留率 (%)：R_i
横軸：死骸設置後の経過日数（$i+1$）

$$R_c = \frac{\sum_{i=1}^{I} R_i}{I}$$

ここで R_i は，前回の死骸消失実験開始から i 日目までの死骸残留率（%），I は死骸探索調査の間隔（日数）に対応する死骸消失実験の実施期間である．なお，この研究における死骸消失実験では，設置してから 60 日後まで死骸の残留状況を確認している．

さらにこの研究では，死骸探索者による鳥類のサイズ別の発見率を算出するために，鳥類の実物大模型を使った野外実験を行なった．このとき，各風車周辺の植生の高低による発見率への影響が予想されたため，実験は高い植生（≥30 cm）と低い植生（<30 cm）とに分けて行なわれた．風車 t の周辺において高い植生で h 回，低い植生で u 回の調査が行なわれた場合（ただし $h+u=24$）の死骸サイズ別（順に小型，中型，大型）の発見率 p_{tS}，p_{tM} および p_{tL} は以下の式から求められた．すなわち，$p_{tS} = h/24 \times$（高い植生の

小型鳥類の p)+$u/24$×(低い植生の小型鳥類の p), p_{tM}=$h/24$×(高い植生の中型鳥類の p)+$u/24$×(低い植生の中型鳥類の p), p_{tL}=$h/24$×(高い植生の大型鳥類の p)+$u/24$×(低い植生の大型鳥類の p).

①式にこれらの変数を挿入し,さらに探索不可能な範囲への死骸落下率を考慮して改変した以下の②式より,苫前町の施設における年間推定衝突率 M_A が算出された.

$$M_A = \sum_{t=1}^{42} \frac{1}{S_t} \left(\frac{m_{tS}}{R_S \times p_{tS}} + \frac{m_{tM}}{R_M \times p_{tM}} + \frac{m_{tL}}{R_L \times p_{tL}} \right) \cdots ②$$

このとき,m_{tS},m_{tM} および m_{tL} は風車 t における鳥類の死骸のサイズ(順に小型,中型,大型;以下同順)ごとの補正前の年間衝突率,R_S,R_M および R_L は死骸サイズごとの死骸残留率である.

提案された衝突率推定モデルの課題

②式より,苫前町の3施設における全鳥類種の年間推定衝突数は116.1個体と算出された.また,出力1 MW あたりの年間推定衝突数は全鳥類種で2.2個体,タカ類では0.36個体となり,さらにタカ類を種別にみると多いものからトビが0.103個体,ノスリが0.100個体,オジロワシが0.097個体と算出された(Kitano and Shiraki, 2013).

ただし,この衝突率推定モデルにはさらに改善すべき点があげられている(Kitano and Shiraki, 2013).たとえば,実施された死骸探索調査の間隔(21日)が長過ぎることである.調査間隔が長いと,衝突率の低い種の推定衝突率はゼロになる可能性が高まり,とくに小型鳥類では死骸がより早く消失する傾向があることから(Smallwood, 2007),過小評価となりやすい.また,衝突後の経過日数が長い死骸では死亡要因が風車衝突によるものかどうかの判断もむずかしくなる.

一方,死骸残留率推定のために実施した死骸消失実験にも課題が残る.Kitano and Shiraki(2013)の衝突率モデルでは非積雪期の死骸残留率のデータを使用したが,とくに積雪期の長い北海道のような地域では残留率の季節性を考慮すべきで,積雪期にも死骸消失実験を行なう必要がある.また,1回の実験で設置する死骸数は,その調査地で発生する衝突事故の頻度に準じた少数とし,繰り返し実施すべきことも改善点としてあげられている.モ

デルの精度を高め，汎用性のあるものにするためには改善した方法による追調査を実施するとともに，立地環境の異なる複数の施設で調査を行ない，それらの結果をモデルに挿入する必要がある．

16.3 タカ類個体群への影響の評価

風力発電施設建設によるタカ類への影響評価では，施設全体における衝突事故の発生率を予測してそれを建設可否の判断材料とする場合が多い．Carrete et al. (2009) は，風力発電施設によるエジプトハゲワシ（*Neophron percnopterus*）個体群への影響を明らかにするために，9年間にわたる広域的な調査を行なった．その結果，風車衝突事故によるハゲワシの死亡率の上昇はごくわずかな値であったにもかかわらず，長期的に見ると個体群の絶滅確率を増大させることが明らかになった．そしてこのことから，大型のタカ科のような長寿の鳥類におよぼす風力発電施設の影響は，短期間の調査から推定された衝突率のみにもとづくのではなく，個体群への長期的な影響を解析して評価することの重要性が強調されている．

鳥類個体群における影響評価では，評価対象とする空間スケールの選定も重要である．個体ベースモデルを用いたシミュレーションにより，風車の数と空間的な配置からスイスのアカトビ（*Milvus milvus*）個体群の動向を予測した Schaub (2012) は，建設予定の風車だけでなく，現存する風車も含めた広域的なスケールでの影響評価の必要性を示している．その場合の空間スケールは，少なくとも対象種の個体群が維持されるために必要な広さとされるべきであり（Schaub et al., 2006），たとえばアカトビでは数百 km^2 程度である．同様に Masden et al. (2010) は，鳥類個体群への影響評価では個々の風力発電施設が与える影響だけではなく，その個体群に関与しうるすべての施設やほかの開発事業による累積的な影響（cumulative impacts）を考慮する必要があると述べている．累積的影響は，個々の施設による悪影響の加算以上の重大な影響をもたらす可能性があるが，詳細な評価方法は世界的に見ても確立されていない．

日本に生息する多くのタカ類では，影響を評価するために必要な個体群に関する情報が不十分である．しかし，今後予想される風車数の増加にともな

い，タカ類が複数施設による影響を受ける可能性はより高まると考えられることから，累積的影響を加味した個体群に対する影響評価手法の確立は急務である．

なお，風力発電施設による鳥類個体群への悪影響には，風車への衝突事故だけでなく建設にともなう生息環境の悪化や消失，工事中から稼働期間に至る作業や車両の乗り入れ，風車からの騒音や振動による生息攪乱などの間接的影響もある（Drewitt and Langston, 2006）．これまでのところ，風力発電施設によるタカ類への間接的影響を明らかにした研究は少ないが（たとえばGarvin et al., 2011），衝突事故による死亡率の上昇よりも重大な影響を個体群に与える可能性もある．したがって，風力発電施設建設では風車への衝突事故だけでなく，BACIなどの手法を用いて間接的な影響についても評価される必要がある．

16.4　衝突事故の回避に向けて

（1）ミチゲーション

風力発電施設の建設計画段階で鳥類への悪影響が予測された場合，あるいは稼働中の施設で鳥類への悪影響が明らかにされた場合，影響を回避・低減するための保全措置（ミチゲーション）が必要となる．その1つは，鳥類の衝突事故を防ぐための風車の羽や付帯施設の改変，工夫である．これには鳥類が視認しやすい色のパターン（Howell et al., 1991; McIssac, 2001）や，多くの鳥類が視認できるUV領域を反射する塗料（Strickland et al., 2001）による羽の着色，風車音の工夫（Dooling, 2002），風車の形状の変更（Nelson and Curry, 1995; Orloff and Flannery, 1996; Thelander and Rugge, 2001）などがあげられる．

また，タカ類は風力発電施設全体を万遍なく飛行するのではなく，ある特徴的な地形や環境を頻繁に飛行することから，風車の位置や配列を工夫することで衝突を回避しようとする試みもある．たとえば，タカ類のよく利用する尾根の頂上部，渓谷やその辺縁部への建設を回避することで衝突率が軽減される可能性が示唆されている（Howell and DiDonato, 1991; Johnson et *al.*, 2000).さらに，対象とするタカ類あるいはタカ類の餌資源となる生物の生息環境を改変することで衝突率の低減を目指す措置も試みられている（Hoover *et al.*, 2001；Smallwood *et al.*, 2001）．たとえば，風力発電施設内をタカ類の餌動物が生息しづらい環境に改変することや，施設から離れた場所にタカ類の好む採食場や営巣環境を提供して施設内の利用を低減させることなどである．北海道で繁殖するオジロワシを例に考えると，よい餌場となる水域と営巣可能な大径木のある林をセットにした好適な繁殖環境を，風車から離れた場所に増やすことは一案である．

ただし，以上にあげたミチゲーションには効果を支持するデータがないものも多い（Johnson *et al.*, 2007）．近年，より汎用的な効果が期待できる措置として，風車の弾力的な運用が試みられている．たとえば，ある季節やある時間帯に鳥類の飛翔頻度が増加して衝突事故の可能性が高まる場合には，飛翔状況をリアルタイムで監視しながら風車を運用する方法（de Lucas *et al.*, 2012a）や，一時的な稼働停止などの措置は有効だろう．このような弾力的な運用の実施にあたっては，風車の一定以上の稼働率の維持や監視などに係るコストや労力を削減するための工夫，風車の自動停止装置の開発などが今後の課題である．一方，事故の発生リスクが時間的に一様な場合や予測がむずかしい場合には，アルタモント峠の施設で試行されている衝突の可能性の少ない場所への移設措置なども考える必要がある（Alamada Country SRC, 2010）．

（2） タカ類の視覚特性と風車衝突事故

なぜタカ類は風車に衝突するのか

一般に，タカ類はすぐれた視覚能力をもち（Land and Nilsson, 2002），飛翔操作性や機敏性にもすぐれている（Thiollay, 1994）．したがって前方の危険が事前に検知できさえすれば，容易にそれを回避できる（Martin *et al.*, 2012）．それにもかかわらず，なぜタカ類は風車などの人工物に頻繁に衝突するのだろうか．

これまで，鳥類の風車衝突事故の発生要因として気象条件，モーションスメア（鳥類の網膜が高速で回転する物体をとらえられなくなる現象；Hodos *et al.*, 2001）などの知覚的な要因，飛行特性と地形とのかかわりなどが検討

されてきたが，十分な解明には至っていない．衝突事故は視界がよく，飛翔のコントロールが可能な気象条件下でも頻繁に発生していることから（Drewitt and Langston, 2008），気象条件以外の要因が存在することは明らかである．

Martin（2011）はこの問題を感覚生態学的な見地から整理し，鳥類の衝突事故は知覚的，視覚的な制約によって起こると結論づけた．そして鳥類は人間とはまったく異なる視環境に生きており，人間が危険と知覚する知識や経験にもとづいてこの問題を扱うのは不可能であると述べている．逆に鳥類の独特の視覚特性を十分に理解し，風車衝突事故の発生とのかかわりを明らかにすることで有効な回避策を見出せる可能性がある．

鳥類の両眼の可視領域や盲目となる範囲は種によって異なり（Martin et al., 2012），近縁種であってもおもに採食生態に関連した違いがみられる（Martin and Portugal, 2011）．一般に鳥類の両眼による水平方向の視野幅は狭いが，垂直方向の視野範囲は種による変異が大きい（Martin, 2007）．

Martin et al.（2012）は，飼育下のシロエリハゲワシ（*Gyps fulvus*）とコシジロハゲワシ（*G. africnaus*）の視覚特性について調べ，採食生態や人工構造物への衝突のしやすさとの関連について考察している．ハゲワシの両眼の視野領域は水平方向（最大で 22 度，人間は約 120 度），垂直方向（最大約 80 度，人間は約 120 度）ともに狭い（図 16.3）．また，飛行中のハゲワシ類の頭部はほぼ水平に維持されるが，探餌飛行中は 60 度程度下向きとなり，広大なエリアを両眼で見渡して餌を探す（Martin et al., 2012）．一方，頭の側面方向には単眼による広範囲の視野をもっている．ハゲワシ類のように集団で採食する習性をもつ鳥類では，餌に向かって移動するほかの個体の動きを検知することはとても重要なので（Houston, 1974；Jackson et al., 2008），この横方向への広い視野は同種の行動の監視に効果的であると考えられる．すなわち，ハゲワシ類にとって開けた空間を飛行するときには，前方よりも下方向や横方向を見ることのほうが重要なのである．さらに，ハゲワシ類には移動（前方）方向の上方に幅 25 度，上方向に 20 度程度の盲目の領域がある．この上方部のかなり広範囲な盲目領域の存在は，探餌能力を低下させるであろう太陽の直視の回避に効果があると考えられる（Martin and Katzir, 2000）．ハゲワシに見られるこれらの視覚特性はかれらの採食に有利に作用

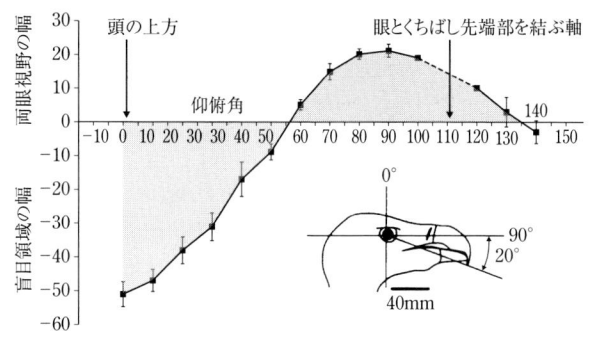

図 16.3 ハゲワシ属の中央矢状面における仰俯角による視野の平均（±標準誤差）角度．縦軸の正の値は両眼視野の幅を示し，負の値は盲目領域の幅を示す．横軸はハゲワシの頭部の概略図に示されているように，頭の上方を 0 度，頭部前面を水平面 90 度とした垂直方向の視野範囲を示す．なお，眼とくちばし先端部とを結ぶ軸（仰俯角 110 度）における両眼の視野幅は直接計測できなかったため，100 度と 120 度の視野幅の平均値を外挿してある（Martin et al., 2012 より）．

するが，飛行方向（前方）の視野を消失させ，開けた空間に突然押し入る風車のような物体への衝突に対する脆弱性をもたらす．

ほかの鳥類，たとえばタカ科ではチュウヒワシ（*Circaetus gallicus*）(Martin and Katzir, 1999)，アカオノスリ，クーパーハイタカ（*Accipiter cooperii*）において，あるいはアメリカチョウゲンボウ（*Falco sparverius*）(O'Rourle et al., 2010) やアフリカノガン（*Ardeotis kori*）(Martine et al., 2012) などでも両眼による前方の視野の狭さが示されている．逆にサギ類やシギ・チドリ類，ハト類やガンカモ類は飛行中の頭部の向きにかかわらず，前方向に十分に広い視野をもち（Martin, 2007），少なくとも日中では衝突リスクの少ない種となっている（Drewitt and Langston, 2006, 2008）．

さらに，開けた空間を飛翔中の鳥類は，物体を見たとしても危険を認識していない可能性がある（Martin, 2011）．つまり，飛翔中の鳥は前方の空間に余計なもの（人為的な構造物）があるとは予測しておらず，目に入っても危険に対する心がまえがないために回避できないのかもしれない．また，一般に多くの鳥類は状況に合わせてゆっくり飛ぶことがむずかしく，霧や弱光条件で視界が悪化した場合でも，周辺から十分な情報が得られるスピードに

調節して飛ぶことができない．このことも衝突事故の発生と関係があるかもしれない．

タカ類の視覚特性と衝突事故の回避

ハゲワシ類（おそらくは大型のワシ類においても）による風車への衝突事故を回避するためには，飛翔中，とくに探餌飛行中に下方の物体の検出を最大化させているという視覚特性を考慮しなくてはならない（Martin et al., 2012）．この特性から考えると，風車の羽への着色などによる視認性の強化は，これらの鳥類の衝突率の軽減に大きな効果はもたらさないだろう．多くの場合，探餌飛行中にそのような物体自体が目に入らないからだ．ただし，前方にある危険物をタカ類に認識させるための，あるいは危険物に向かっている飛行経路を変更させるための警告を下方向（地面）から与えることができれば，衝突の回避が可能になるかもしれない．

一方，風車の周辺に採食場がないことは，これらの種において重要な衝突防止策となる（Martin et al., 2012）．これには，採食場周辺に風車を建てないことや，風力発電施設周辺の餌資源を排除し，風車から離れた場所に条件のよい餌場を維持・提供することなどがあげられる．スペインでは何世紀にもわたり，ハゲワシ個体群の保全策として給餌場の設置を行なってきたが，Martínez-Abraín et al.（2012）は風力発電から離れた場所に給餌場を再配置すべきと主張している．ただし，ハゲワシでは給餌場は個体群の増大には効果がないこと（Bretagnolle et al., 2004；Carrete et al., 2006a）や，分散の妨げになること，繁殖率低下をもたらすこと（Carrete et al., 2006b）などの悪影響も指摘されていることから，人為的な餌場の設置を計画する際には慎重な検討が必要である．

（3） 風車建設とタカ類の保全との両立に向けた立地選択

風車への衝突率の評価と詳細な立地選定

これまでの環境影響評価では，風力発電施設建設予定地で観察される鳥類の飛翔頻度と衝突率との間に相関関係があると想定されてきたが（Langston and Pullan, 2003；Smallwood and Thelander, 2004），近年では種ごとの行動特性や地形要因などが影響するために，飛翔頻度のみから衝突率を評価

することはできないことが報告されている（Barrios and Rodríguez, 2004; de Lucas et al., 2008）．たとえば Ferrer et al.（2012）は，53 カ所の風力発電施設の影響評価で算出された鳥類の風車衝突リスク係数と稼働後の実際の衝突事故による死亡率との関係を解析した．その結果，全鳥類種やタカ類のカテゴリーでは両者間に相関関係は見られず，種ごとに見るとハゲワシとノスリのみで弱い相関が認められた．この研究は，計画地全体の鳥類の飛翔頻度から算出した風車衝突リスクは，実際の衝突死亡率の予測に必ずしも適用できるとはいえないことを示したもので，今後の影響評価における重要な課題を提供している．

一方，タカ類の風車衝突率には局所的な地形が関与していることを示唆した研究もある．Katzner et al.（2012）は，イヌワシは渡り飛行中でも地域的な移動中でも，斜面上昇風の吹く急峻な崖上や斜面上では平坦地やゆるい斜面上よりも低く飛ぶことを示し，衝突リスクの評価には飛行高度や頻度に関連する局所的な地形の影響を考慮すべきことを主張している．衝突率推定モデルから鳥類種ごとの衝突率を算出し，風車の立地地形と衝突率との関係を解析した Kitano and Shiraki（2013）によれば，海蝕崖上の風車ではオジロワシなどのタカ類の衝突率が際立って高い（図 16.4）．同様な傾向は北海道内の施設で確認された衝突事故の解析（白木, 2012, 2013）でも示されており，オジロワシが斜面上昇風を利用して海岸沿いにある急斜面上を探餌飛行することなどが衝突要因として考察されている．

先述した Ferrer et al.（2012）は，鳥類が横切る頻度の少ない場所に衝突率の高い風車がある一方，生息密度の高い場所でも衝突事故の少ない風車があると報告している．また，1 つの風力発電施設内における風車間の衝突率の変異は，施設間の変異の 2 倍以上であることも示している．これらの結果から Ferrer et al.（2012）は，鳥類の衝突率のリスク評価は個々の風車ごとになされるべきと結論づけている．そして，そのための方法として風車の建設予定地点ごとに鳥類の飛行経路や高度を記録し，地点ごとの衝突率を鳥類種別に算出して評価する詳細な立地選定を提唱している．これは，鳥類の衝突するリスクの高い風車が局所的に少数存在する場合，施設全体で平均するとリスクが低く見積もられ，その結果，予測よりも多くの衝突事故が発生している事例をふまえて考えられたものである．北海道苫前町の風力発電施設

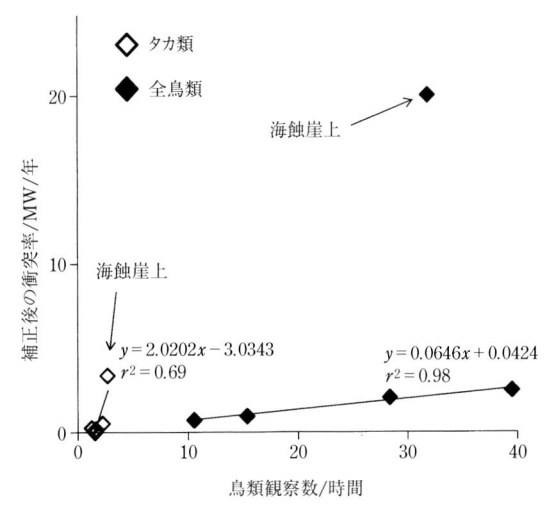

図 16.4 1時間あたりの鳥類の飛翔数と，各定点から 800 m 以内にある風車の補正後の 1 MW あたり年間衝突死亡率との関係．北海道苫前町の風力発電施設における 5 カ所の定点で観察した結果にもとづく．海蝕崖上の風車では全鳥類，タカ類ともにきわめて高い衝突事故による死亡率が示されている（Kitano and Shiraki, 2013 より）．

においても，類似した環境下でも事故が多く発生する風車（群）と発生しない風車（群）とが存在する傾向が見られており（白木，2012; Kitano and Shiraki, 2013）．詳細な立地選定は風車建設とタカ類の保全とを両立させるために有効な方法であると考えられる．

地形と風況による衝突率の予測

　タカ類などの帆翔する鳥類では普遍的な特性として，飛行に風の流れを利用する．風況はタカ類の飛翔行動や空間利用に大きな影響を与え（Barrios and Rodríguez, 2004; de Lucas et al., 2008），風車ごとの衝突率の変異をもたらす一要因と考えられる（de Lucas et al., 2012b; Ferrer et al., 2012）．また，起伏のある複雑な地形は水平方向，垂直方向の空気の移動を変化させることにより，タカ類の飛翔行動に影響する．de Lucas et al. (2012b) は，スペインのタリファの風力発電施設における，シロエリハゲワシの風車衝突リ

スクの予測を試みた．かれらは当該地域の精密な縮小地形模型と空気力学的な風洞実験装置を用いて地形に起因する風の流れをシミュレーションするとともに，風況とハゲワシの飛行経路との関係を解析した．その結果，ハゲワシの飛行経路はシミュレーションによる卓越風の方向と一致し，ハゲワシはエネルギー消費を抑えて飛行できる経路を選ぶ傾向があると考えられた．また，空気力学モデルから推定された風力発電施設内のあるセクションを横切るハゲワシの比率と，そのセクションで確認された衝突事故による死骸数との間には相関が見られた．つまり，地形にもとづく風の流れからハゲワシの飛行経路を予測し，それにより各風車への衝突リスクを推定できることが示された．この手法を用いれば，風力発電施設計画地の気象観測塔で記録している風況データを使い，個々の風車位置における鳥類の衝突率を評価することも可能である．計画の早い段階でこのようなシミュレーションを実施することにより，鳥類の保全を加味した立地選択のプロセスを効率化できると考えられる．ただし，この研究ではおもに帆翔行動と風況との関係を解析していることから，帆翔以外の飛翔行動への適用可能性については今後の検証が必要である．

　国土の狭い日本において，同様に風を必要とする風車とタカ類との共存は簡単ではないが，詳細な立地選定は風車の増設とタカ類の保全との両立を可能にする重要な方策となるかもしれない．このような立地選定にかかわる調査および評価手法の確立やプロセスの効率化を図るために，また，精度の高い衝突率の予測や個体群におよぼす影響評価の実施に向けて，研究者，事業者，関連行政機関には組織的なプロジェクト研究などの連携した取り組みが求められる．

引用文献

Alameda County SRC. 2010. Guidelines for siting wind turbines recommended for relocation to minimize potential collision-related mortality of four focal raptor species in the Altamont Pass Wind Resource Area. Draft of 23 May 2010, 24pp. http://www.altamontsrc.org/alt_doc/p70_src_relocation_guidelines.pdf#search='Guidelines+for+siting+wind+turbinesrecommended+for+relocation+to+minimize+potential+collisionrelated+mortality+of+four+focal+raptor+species+in+the+Altamont+Pass+Wind+Resource+Area'

Barrios, L. and A. Rodríguez. 2004. Behavioural and environmental correlates of

soaring-bird mortality at on-shore wind turbines. Journal of Applied Ecology, 41：72–81.
Barrios, L. and A. Rodríguez. 2007. Spatiotemporal patterns of bird mortality at two wind farms of Southern Spain. *In*（de Lucas, M., G. F. E. Janss and M. Ferrer, eds.）Birds and Wind Farms. pp. 229–239. Quercus, Madrid.
Bevanger, K., F. Berntsen, S. Clausen, E. L. Dahl, Ø. Flagstad, A. Follestad, D. Halley, F. Hanssen, L. Johnsen, P. Kvaløy, P. Lund-Hoel, R. May, T. Nygård, H. C. Pedersen, O. Reitan, E. Røskaft, Y. Steinheim, B. Stokke and R. Vang. 2010. Pre- and post-construction studies of conflicts between birds and wind turbines in coastal Norway（BirdWind）. Report on findings 2007–2010. NINA Report 620. NINA, Trondheim.
Bretagnolle, V., P. Inchausti, J.-F. Seguin and J.-C. Thibault. 2004. Evaluation of the extinction risk and of conservation alternatives for a very small insular population：the bearded vulture *Gypaetus barbatus* in Corsica. Biological Conservation, 120：19–30.
Carrete, M., J. A. Donázar and A. Margalida. 2006a. Density-dependent productivity depression in Pyrenean bearded vultures：implications for conservation. Ecological Applications, 16：1674–1682.
Carrete, M., J. A. Donázar, A. Margalida and J. Bertran. 2006b. Linking ecology, behaviour and conservation：does habitat saturation change the mating system of bearded cultures? Biology Letters, 2：624–627.
Carette, M., J. A. Sánchez-Zapata, J. R. Benítez, M. Lobón and J. A. Donázar. 2009. Large scale risk-assessment of wind-farms on population viability of a globally endangered long-lived raptor. Biological Conservation, 142：2954–2962.
Dahl, E. L., K. Bevanger, T. Nygård, E. Røskaft and B. G. Stokke. 2012. Reduced breeding success in white-tailed eagles at Smøla windfarm, western Norway, is caused by mortality and displacement. Biological Conservation, 145：79–85.
de Lucas, M., G. F. E. Janss, P. Whitfield and M. Ferrer. 2008. Collision fatality of raptors in wind farms does not depend on raptor abundance. Journal of Applied Ecology, 45：1695–1703.
de Lucas, M., M. Ferrer, M. J. Bechard and A. R. Muñoz. 2012a. Griffon vulture mortality at wind farms in southern Spain：distribution of fatalities and active mitigation measures. Biological Conservation, 147：184–189.
de Lucas, M., M. Ferrer and G. F. E. Janss. 2012b. Using wind tunnels to predict bird mortality in wind farms：the case of Griffon Vultures. PLoS ONE, 7：e48092. doi：10.1371/journal.pone.0048092.
Dooling, R. J. 2002. Avian hearing and the avoidance of wind turbines. Technical Report NREL/TP-500-30844. National Renewable Energy Lab, Golden, Colorado.
Drewitt, A. L. and R. H. W. Langston. 2006. Assessing the impacts of wind farms on birds. Ibis, 148：29–42.

Drewitt, A. L. and R. H. W. Langston. 2008. Collision effects of wind-power generators and other obstacles on birds. Annals of the New York Academy of Science, 1134: 233-266.
Ferrer, M., M. de Lucas, G. F. E. Janss, E. Casado, A. R. Muñoz, M. Bechard and C. P. Calabuig. 2012. Weak relationship between risk assessment studies and recorded mortality in wind farms. Journal of Applied Ecology, 49: 38-46.
Follestad, A. r., O. Flagstad, T. Nygård, O. Reitan and J. Schulze. 2007. Wind power and birds at Smøla 2003-2006. NINA Report 248. NINA, Trondheim.
Garvin, J. C., C. S. Jennelle, D. Drake and S. M. Grodsky. 2011. Response of raptors to a windfarm. Journal of Applied Ecology, 48: 199-209.
Hodos, W., A. Potocki, T. Storm and M. Gaffney. 2001. Reduction of motion smear to reduce avian collisions with wind turbines. *In* (Schwartz, S. S. ed.) Proceedings of the National Avian-Wind Power Planning Meeting IV. pp. 88-105. National Wind Coordinating Committee, c/o Resolve Inc., Washington, D. C.
Hoover, S., M. Morrison, C. G. Thelander and L. Rugge. 2001. Response of raptors to prey distribution and topographical features at Altamont Pass Wind Resource Area, California. *In* (Schwartz, S. S. ed.) Proceedings of the National Avian-Wind Power Planning Meeting IV. pp. 16-22. National Wind Coordinating Committee, c/o Resolve Inc., Washington, D. C.
Houston, D. C. 1974. Searching behaviour in Griffon Vultures. African Journal of Ecology, 12: 63-77.
Howell, J. A. and J. E. DiDonato. 1991. Assessment of avian use and mortality related to wind turbine operations, Altamont Pass, Alameda and Contra Costa counties, California, September 1988 through August 1989. Final report for Kenetech Windpower, San Francisco.
Howell, J. A., J. Noone and C. Wardner. 1991. Visual experiment to reduce avian mortality related to wind turbine operations, Altamont Pass, Alameda and Contra Costa Counties, California, April 1990 through March 1991, Final Report. Rep. for U. S. Windpower Inc., Livermore.
Hunt, W. G. 2002. Golden eagles in a perilous landscape: predicting the effects ofmitigation for energy-related mortality. California Energy Commission Report P500-02-043F. California Energy Commission, California.
Hunt, W. G. and T. Hunt. 2006. The trend of golden eagle territory occupancy in the vicinity of the Altamont Pass Wind Resource Area: 2005 survey. California Energy Commission Public Interest Energy Research Final Project Report CEC-500-2006-056. California Energy Commission, California.
Jackson, A. L., G. D. Ruxton and D. C. Houston. 2008. The effect of social facilitation on foraging success in vultures: a modelling study. Biology Letters, 4: 311-313.
Johnson, G. D., D. P. Young, Jr., W. P. Erickson, C. E. Derby, M. D. Strickland, R.

E. Good and J. W. Kern. 2000. Wildlife monitoring studies : SeaWest Wind Power Project, Carbon County, Wyoming. Final report : 1995-1999. Technical report for and peer-reviewed by SeaWest Energy Corporation, San Diego.

Johnson, G. D., M. D. Strickland, W. P. Erickson and D. P. Young, Jr. 2007. Use of data to develop mitigation measures for wind power development impact to birds. *In* (de Lucas, M., G. F. E. Janss and M. Ferrer, eds.) Birds and Wind Farms. pp. 241-257. Quercus, Madrid.

鴨川　誠．2005．自然環境問題を考えるI──風力発電の鳥類に与える影響．長崎県生物学会誌，59：49-53．

Katzner, T. E., D. Brandes, T. Miller, M. Lanzone, C. Maisonneuve, J. A. Tremblay, A. Junior, R. Mulvihill, T. George and J. Merovich. 2012. Topography drives migratory flight altitude of golden eagles : implications for on-shore wind energy development. Journal of Applied Ecology, 49 : 1178-1186.

Kerlinger, P., R. Curry and R. Ryder. 2000. Ponnequin wind energy project : reference site avian study. NREL/SR-500-27546. National Renewable Energy Laboratory, Colorado.

Kitano, M. and S. Shiraki. 2013. Estimation of bird fatalities at wind farms with complex topography and vegetation in Hokkaido, Japan. Wildlife Society Bulletin, 37 : 41-48.

Land, M. F. and D. E. Nilsson. 2002. Animal Eyes. Oxford University Press, Oxford.

Langston, R. H. W. and J. D. Pullan. 2003. Wind farms and birds : an analysis of the effects of wind farms on birds, and guidance on environmental assessment criteria and site selection issues. RSPB/BirdLife, Strasbourg.

Martin, G. R. 2007. Visual fields and their functions in birds. Journal of Ornithology, 148 (Suppl. 2) : 547-562.

Martin, G. R. 2011. Understanding bird collisions with man-made objects : a sensory ecology approach. Ibis, 153 : 239-254.

Martin, G. R. and G. Katzir. 1999. Visual field in Short-toed Eagles *Circaetus gallicus* and the function of binocularity in birds. Brain Behavior and Evolution, 53 : 55-66.

Martin, G. R. and G. Katzir. 2000. Sun shades and eye size in birds. Brain Behavior and Evolution, 56 : 340-344.

Martin, G. R. and S. J. Portugal. 2011. Differences in foraging ecology determine variation in visual field in ibises and spoonbills (Threskiornithidae). Ibis, 153 : 662-671.

Martin, G. R., S. J. Portugal and C. P. Murn. 2012. Visual fields, foraging and collision vulnerability in Gyps vultures. Ibis, 154 : 626-631.

Martínez-Abraín, A., G. Tavecchia, H. M. Regan, J. Jiménez, M. Surroca and D. Oro. 2012. Effects of wind farms and food Scarcity large scavenging bird species where an epidemic of bovine following spongiform encephalopathy.

Journal of Applied Ecology, 49：109-117.
Masden, E. A., A. D. Fox, R. W. Furness, R. Bullman and D. T. Haydon. 2010. Cumulative impact assessments and bird/wind farm interactions：developing a conceptual framework. Environmental Impact Assessment Review, 30：1-7.
May, R., P. L. Hoel, R. H. W. Langston, E. L. Dahl, K. Bevanger, O. Reitan, T. Nygård, H. C. Pedersen, E. Røskaft and B. G. Stokke. 2010. Collision risk in white-tailed eagles. Modelling collision risk using vantage point observations in Smøla wind-power plant. NINA Report 639, NINA, Trondheim.
McIsaac, H. P. 2001. Raptor acuity and wind turbine blade conspicuity. In (Schwartz, S. S. ed.) Proceedings of the National Avian-Wind Power Planning Meeting IV. pp. 59-87. National Wind Coordinating Committee, c/o Resolve Inc., Washington, D. C.
Morrison, M. 2002. Searcher bias and scavenging rates in bird/wind energy studies. NREL/SR-500-30876. National Renewable Energy Laboratory, Colorado.
NEDO（新エネルギー・産業技術総合開発機構）．日本における風力発電の状況．http://www.nedo.go.jp/library/fuuryoku/state/1-01.html
Nelson, H. K. and R. C. Curry. 1995. Assessing avian interactions with wind plant development and operation. Transactions of the 60th North American Wildlife and Natural Resources Conference, 60：266-277.
日本野鳥の会．日本における鳥類の風力発電施設への衝突事故死の発見事例．http://www.wbsj.org/nature/hogo/others/fuuryoku/example_birdstrike20100331.pdf
Orloff, S. and A. Flannery. 1992. Wind turbine effects on avian activity, habitat use, and mortality in Altamont Pass and Solano County Wind Resource Areas 1989-1991. Final Report to Alameda, Costra Costa and Solano Counties and the California Energy Commission by Biosystems Analysis, Inc., Tiburon.
Orloff, S. and A. Flannery. 1996. A continued examination of avian mortality in the Altamont Pass Wind Resource Area. Prepared for California Energy Commission, Sacramento.
O'Rourke, C., M. Hall, T. Pitlik and E. Fernández-Juricic. 2010. Hawk Eyes I：Diurnal raptors differ in visual fields and degree of eye movement. PLoS ONE, 5：e12802.
Schaub, M. 2012. Spatial distribution of wind turbines is crucial for the survival of red kite populations. Biological Conservation, 155：111-118.
Schaub, M., B. Ullrich, G. Knötzsch, P. Albrecht and C. Meisser. 2006. Local population dynamics and the impact of scale and isolation：a study on different little owl populations. Oikos, 115：389-400.
SEO/BirdLife. 2001. Programa MIGRES. Seguimiento de la migración en el Estrecho. Año 2000. SEO/BirdLife, Madrid.

白木彩子．2012．北海道におけるオジロワシ *Haliaeetus albicilla* の風力発電用風車への衝突事故の現状．保全生態学研究，17：97-106．

白木彩子．2013．風力発電施設による鳥類への影響評価――北海道におけるオジロワシの風車衝突事故の現状をふまえて．北海道自然保護協会会誌北海道の自然，51：19-30．

Smallwood, K. S. 2007. Estimating wind turbine-caused bird mortality. Journal of Wildlife Management, 71：2781-2791.

Smallwood, K. S., L. Rugge, S. Hoover, M. L. Morrison and C. Thelander. 2001. Intra-and inter-turbine string comparison of fatalities to animal burrow densities at Altamont Pass. In (Schwartz, S. S. ed.) Proceedings of the National Avian-Wind Power Planning Meeting IV. pp. 23-37. National Wind Coordinating Committee, c/o Resolve Inc., Washington, D. C.

Smallwood, K. S. and C. Thelander. 2004. Developing methods to reduce bird mortality in the Altamont Pass Wind Resource Area. Final Report to the California Energy Commission, Public Interest Energy Research-Environmental Area, Contract No. 500-01-019, Sacramento.

Smallwood, K. S., D. A. Bell, S. A. Snyder and J. E. Didonato. 2010. Novel scavenger removal trials increase wind turbine-caused avian fatality estimates. Journal of Wildlife Management, 74：1089-1097.

Strickland, M. D., W. P. Erickson, G. Johnson, D. Young and R. Good. 2001. Risk reduction avian studies at the Foote Creek Rim Wind Plant in Wyoming. *In* (Schwartz, S. S. ed.) Proceedings of the National Avian-Wind Power Planning Meeting IV. pp. 107-114. National Wind Coordinating Committee, c/o Resolve Inc., Washington, D. C.

Thelander, C. G. and L. Rugge. 2001. Examining relationships between bird risk behaviors and fatalities at the Altamont Wind Resource Area：a second year's progress report. *In* (Schwartz, S. S. ed.). Proceedings of the National Wind Coordinating Committtee. pp. 5-14. National Wind Coordinating Committee, c/o Resolve Inc., Washington, D. C.

Thelander, C. G. and K. S. Smallwood. 2007. The Altamont Pass wind resource areas effect on birds：a case history. *In* (de Lucas, M., G. F. E. Janss and M. Ferrer, eds.) Birds and Wind Farms. pp. 25-46. Quercus, Madrid.

Thiollay, J. M. 1994. Family Accipitridae (Hawks and Eagles). *In* (del Hoyo, J., A. Elliot and J. Sargatal, eds.) Handbook of the Birds of the World, Vol. 2. pp. 52-205. Lynx Edicions, Barcelona.

植田睦之・福田佳弘・高田令子．2010．オジロワシおよびオオワシの飛行行動の違い．Bird Research，5：A43-A52．

World Wind Energy Association. Half-year Report 2012. http://www.wwindea.org/webimages/Half-year_report_2012.pdf

17 タカ類をめぐる環境アセスメントの諸問題

遠藤孝一

17.1 タカ類と環境アセスメント

　人間活動における生息場所の破壊，農薬による環境汚染，狩猟などがタカ類の個体群の存続に脅威となっている (Bird *et al.*, 1996)．とくに中・大型のタカ類は行動圏が広く個体数密度が低いため，絶滅の危機に陥りやすい．そのため，日本で記録されているタカ目およびハヤブサ目34種のうち，16種（亜種）が環境省の第4次レッドリスト（2012年8月公表）に記載されている（表17.1）．そのうち，「絶滅のおそれのある野生動植物の種の保存に関する法律」（以下，種の保存法）で「国内希少野生動植物種」（以下，国内希少種）に指定されているのは9種（2013年6月現在），さらにイヌワシ，オオワシ，オジロワシの3種では，「保護増殖事業」が実施されている．「保護増殖事業」とは，国内希少種に指定された種のうち，生息状況の把握，生息地の整備，繁殖の促進などが必要なものについて，種の保存法にもとづいて実施される事業である．

　タカ類の生存を圧迫してきた生息場所の破壊のおもな要因として，土地改変を含む大規模な開発事業があげられる．一時期に比べると，タカ類の生息に影響をおよぼす大規模事業は減少しているものの，一部の種を除き生息・繁殖の状況はますます厳しくなってきており，なかにはこれまで以上に慎重な扱いが求められている種もある．このような状況をふまえ，タカ類の生息に影響をおよぼすおそれのある事業については，適切な環境保全措置が検討される必要があり，事業種・規模によっては環境影響評価法などにもとづく環境影響評価（以後，環境アセスメント）が実施されている（環境省自然環境局野生生物課, 2012）．

表 17.1 タカ類（タカ目およびハヤブサ目）のレッドリストおよび種の保存法「国内希少種」の指定状況.

目名	科名	種名	亜種名	レッドリスト[*1]	国内希少種[*2]
タカ目	ミサゴ科	ミサゴ	ミサゴ	NT	
	タカ科	ハチクマ	ハチクマ	NT	
		カタグロトビ	カタグロトビ		
		トビ	トビ		
		オジロワシ	オジロワシ	VU	○
		ハクトウワシ	ハクトウワシ		
		オオワシ		VU	○
		クロハゲワシ			
		カンムリワシ	カンムリワシ	CR	○
		ヨーロッパチュウヒ	ヨーロッパチュウヒ		
		チュウヒ	チュウヒ	EN	
		ハイイロチュウヒ	ハイイロチュウヒ		
		ウスハイイロチュウヒ			
		マダラチュウヒ			
		アカハラダカ			
		ツミ	ツミ		
			リュウキュウツミ	EN	
		ハイタカ	ハイタカ	NT	
		オオタカ	シロオオタカ		
			オオタカ	NT	○
		サシバ		VU	
		ノスリ	ノスリ		
			オガサワラノスリ	EN	○
			ダイトウノスリ	EX	
		オオノスリ			
		ケアシノスリ	ケアシノスリ		
		カラフトワシ			
		カタシロワシ			
		イヌワシ	イヌワシ	EN	○
		クマタカ	クマタカ	EN	○
ハヤブサ目	ハヤブサ科	ヒメチョウゲンボウ			
		チョウゲンボウ	チョウゲンボウ		
		アカアシチョウゲンボウ			
		コチョウゲンボウ	コチョウゲンボウ		
			ヒガシコチョウゲンボウ		
		チゴハヤブサ	チゴハヤブサ		
		ワキスジハヤブサ			
		シロハヤブサ			
		ハヤブサ	ハヤブサ	VU	○

表 17.1 (つづき)

目 名	科 名	種 名	亜種名	レッドリスト[*1]	国内希少種[*2]
			オオハヤブサ		
			シマハヤブサ	DD	○
			アメリカハヤブサ		

[*1]:2012年8月公表の第4次レッドリストにもとづく.
EX:絶滅, CR:絶滅危惧IA類, EN:絶滅危惧IB類, VU:絶滅危惧II類, NT:準絶滅危惧, DD:情報不足.
[*2]:2013年6月現在.
分類は『日本鳥類目録改訂第7版』(日本鳥学会, 2012) による.

　環境アセスメントの中では，タカ類の保全は，事業計画の変更や事業実施上の配慮といった形で行なわれる．また，環境アセスメントでは，生態系保全の観点から上位性や典型性を指標する生物種を選んで，それに対する影響評価が行なわれている (関根・吉田, 2003). その際，タカ類は食物連鎖の上位種に位置するため，希少種としてだけではなく，上位種として評価の対象に選ばれることが多い．環境アセスメントでは，タカ類に対する影響が重視され，その調査に多くの費用が使われている．
　筆者は，法律の専門家ではないが，タカ類の専門家ということで，オオタカを中心にいくつかの環境アセスメントにかかわってきた．その体験をふまえ，タカ類をめぐる環境アセスメントの諸問題点について，以下にまとめる．

17.2　環境アセスメントとは

　私たちは日ごろ，環境アセスメントとひとくちに呼んでいるが，その中にはいろいろなものが含まれており，またその手続きも複雑である．まずは，タカ類との問題を考える前に，環境アセスメントについて整理する．
　現行の環境アセスメントは，環境影響評価法にもとづく環境アセスメント (以下，法アセスメント)，都道府県および政令指定都市の条例に定める環境アセスメント (以下，条例アセスメント) による多重型制度になっている (勢一, 2011). さらに，これらに加え，廃棄物処理法などの個別法にもとづく環境アセスメント (以下，個別法アセスメント)，法律や条例で定められ

17.2 環境アセスメントとは

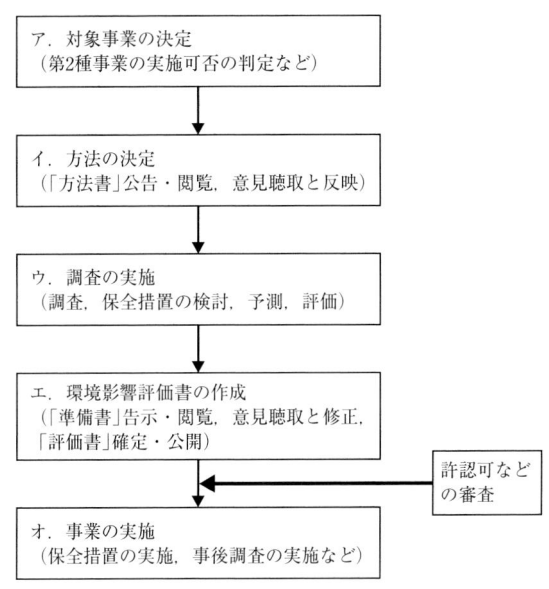

```
┌─────────────────────────────┐
│ ア．対象事業の決定            │
│ （第2種事業の実施可否の判定など）│
└─────────────────────────────┘
              ↓
┌─────────────────────────────┐
│ イ．方法の決定                │
│ （「方法書」公告・閲覧，意見聴取と反映）│
└─────────────────────────────┘
              ↓
┌─────────────────────────────┐
│ ウ．調査の実施                │
│ （調査，保全措置の検討，予測，評価）│
└─────────────────────────────┘
              ↓
┌─────────────────────────────┐
│ エ．環境影響評価書の作成      │
│ （「準備書」告示・閲覧，意見聴取と修正，│
│ 「評価書」確定・公開）        │
└─────────────────────────────┘
              ↓         ← ┌──────────┐
                          │ 許認可など │
                          │ の審査    │
                          └──────────┘
┌─────────────────────────────┐
│ オ．事業の実施                │
│ （保全措置の実施，事後調査の実施など）│
└─────────────────────────────┘
```

図 17.1 法アセスメント手続きの概略（原科，2011 および柳，2011 より作成）．

ていない要綱や指針などによる環境アセスメント（以下，任意アセスメント）もある．以後，とくにことわらない場合は，上記すべてを環境アセスメントと呼び，必要がある場合は，それぞれの名称を使う．

つぎに，法アセスメントを例に，環境アセスメントの手続きの概略を説明する．なお，法アセスメントは2011年4月に改正されたが，ここでは多くの人になじみ深い改正前の手続きについて述べる．全体の流れは，図 17.1 ようになる．なお，環境アセスメントは，事業者自らが行なう．これは，環境に影響をおよぼすおそれのある事業を行なおうとする者が，自己の責任で事業実施にともなう環境への配慮をすることが求められるからである．

まずは，対象事業の決定である．法アセスメントで対象となる事業は，道路，ダム，鉄道，空港，発電所など13種類の事業である．そのうち，規模が大きく環境に大きな影響をおよぼすおそれのある「第1種事業」では必ず環境アセスメントを実施し，それに準ずる「第2種事業」は事業ごとに個別に判断して行なう．つぎの段階は，環境アセスメントの方法の決定である．

どのような範囲で，どのような調査を行ない，どのような評価を行なうかを「方法書」にまとめる．方法書は，公告・縦覧され，提出された意見をふまえて内容が決定され，それにもとづいて環境アセスメント調査が実施される．

調査が終わると，環境アセスメント結果の案が「準備書」という形で公表される．この案に対して出された意見に応じて，事業者は環境保全対策の追加措置などを盛り込み，最終的な環境アセスメント結果である「評価書」が確定・公表され，事業の許認可を受けることになる．なお，評価書が確定すれば，環境アセスメントのプロセスは終了するが，事業に着手した後のフォローアップについても評価書に記載されている場合は，事後調査が行なわれることがある．以上が法アセスメントの手続きの流れである（原科，2011；柳，2011）．

条例アセスメントや個別法アセスメントの流れもほぼ同様であるが，より簡便である．ただし，条例アセスメントでは専門家からなる審査会あるいは技術委員会が設置され，方法書や準備書の内容について審査を行ない，行政はこの結果をふまえて事業者に意見を出す（原科，2011）．任意アセスメントは，必要に応じて事業者が検討会などを設置して，そこで調査方法や保全対策が検討される．

17.3 タカ類の調査と保全対策の立案

環境アセスメントにおけるタカ類の調査や保全対策の検討には，「猛禽類保護の進め方（改訂版）」（環境省自然環境局野生生物課，2012）が利用される．これは，おもにイヌワシ，クマタカ，オオタカを対象にしたもので，基本的な手順は図 17.2 のとおりである．

まずは，事業の計画段階で地域の専門家への聞き取り，文献調査などを行ない，事業予定地およびその周辺におけるタカ類の生息状況を把握する．その後，事前情報にもとづき，タカ類の生息の可能性がある場合には予備調査を実施する．予備調査では，事業予定地およびその周辺におけるタカ類の繁殖の可能性，大まかな分布を調査する．つぎに，効果的な保全措置を検討するため，行動圏とその内部構造（営巣中心域・高利用域・採食地など）を明らかにし，営巣場所，繁殖状況，自然環境および社会環境について調査を行

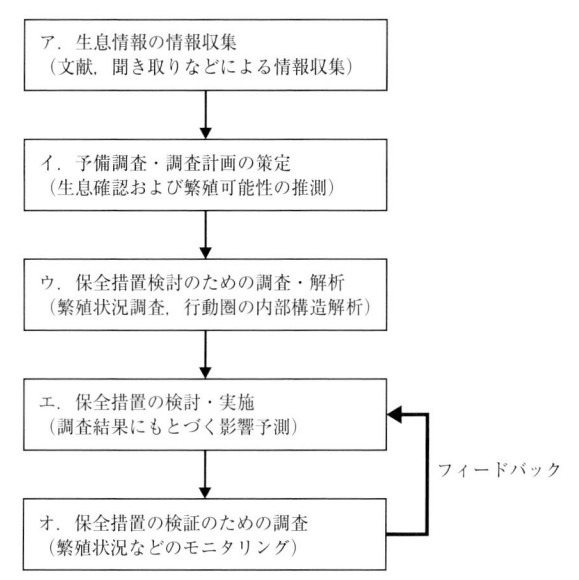

```
ア．生息情報の情報収集
  （文献，聞き取りなどによる情報収集）
        ↓
イ．予備調査・調査計画の策定
  （生息確認および繁殖可能性の推測）
        ↓
ウ．保全措置検討のための調査・解析
  （繁殖状況調査，行動圏の内部構造解析）
        ↓
エ．保全措置の検討・実施      ←┐
  （調査結果にもとづく影響予測）  │ フィードバック
        ↓              │
オ．保全措置の検証のための調査   →┘
  （繁殖状況などのモニタリング）
```

図 17.2　開発行為などに際してのタカ類に関する保全措置の検討手順（環境省自然環境局野生生物課，2012 より作成）．

なう．基本的な調査方法は，見通しのよい調査定点を複数設け，個体の飛行軌跡・行動などを記録する，いわゆる定点調査である．なお，調査期間としては，少なくとも繁殖が成功した 1 シーズンを含む 2 営巣期，つまり 2 営巣期を含む 1.5 年以上が推奨されている．

　調査が終了したら，その結果および事業内容などにもとづき，事業による影響を予測し，保全措置を立案する．この予測・立案には，タカ類の専門家や地域の有識者などからなる委員会の設置が推奨されている．講ずべき保全措置については，行動圏内の内部構造ごとに，回避，低減，代償の順に検討される．また，イヌワシ，クマタカ，オオタカでは，行動圏の大きさや内部構造，利用環境，生息状況などが異なるため，種ごとに保護方針は異なる．また，これ以外の種については，これら 3 種の考え方や海外での事例を参考にしつつ，適切な手法で配慮していく必要があるとされている．例として，オオタカの行動圏の内部構造の概念図とエリアごとの配慮事項を図 17.3 および表 17.2 に示す．保全措置の効果を検証するために，工事実施前のみな

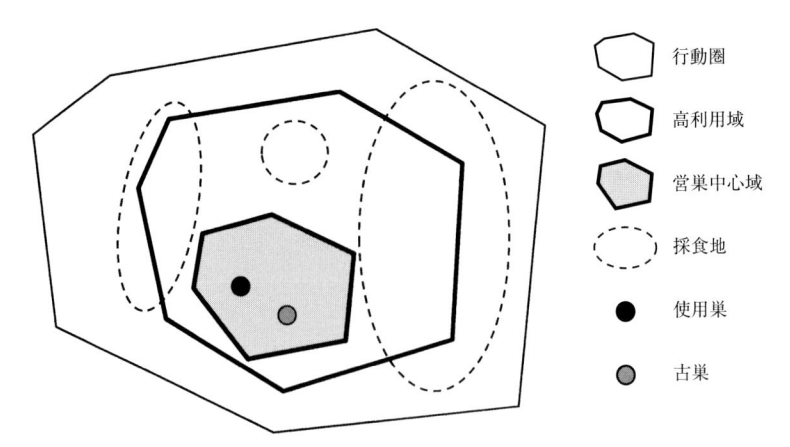

凡例:
- 行動圏
- 高利用域
- 営巣中心域
- 採食地
- ● 使用巣
- ● 古巣

図17.3 オオタカの行動圏の内部構造の概念図（環境省自然環境局野生生物課, 2012より作成）.

表17.2 オオタカの行動圏の内部構造ごとの配慮事項（環境省自然環境局野生生物課, 2012より作成）.

地域	営巣中心域	高利用域
定義	営巣木および古巣周辺で，主要な営巣活動を行なう地域	繁殖期の主要な採食場所などを含む繁殖期に利用頻度の高い区域
保全に関する留意点	この区域での改変や立入は，繁殖の失敗や繁殖地の放棄につながるおそれがある．住宅，工場，鉄塔などの建造物，道路の建設，森林の開発は避ける必要がある．営巣期（2-7月）における人の立入は，オオタカの生息に支障をきたすおそれがある．森林施業については，間伐や小面積の伐採は非繁殖期（9-12月）であれば可能であるが，複数の巣を含む森林を分断しないことやできる限り長伐期施業を行ない，営巣に適した大径木や枝振りのよい木を残すことに努めることが望ましい．	この区域での土地改変は，採食環境に影響を与え，繁殖の継続，繁殖成績に影響を与えるおそれがある．住宅地，工場，ゴルフ場，各種施設など開発にあたっては，オオタカの食物となる鳥獣の生息不適地の増加と生息地の分断，自然環境の単純化に注意する必要がある．平地の場合は，農林業の振興を推進し，森林を大規模に残すとともに，壮齢林から草地に至るさまざまなタイプの環境を安定的・連続的に確保することに努める．住宅地などの開発にあたっては，採餌環境への配慮が必要．山地の場合は，伐採面積の小規模化，伐採跡地や新植地の安定供給，間伐の実施，広葉樹の導入に努める．リゾート施設などの開発にあたっては，採餌環境への配慮が必要．

らず工事実施中および完了後数年間，繁殖状況などのモニタリングを行なう．また，結果をふまえ，必要に応じて保全措置の検討を行なう．

17.4　タカ類に対する環境アセスメントや保全対策の事例

　現在の環境アセスメントは，基本的には事業アセスメントであり，開発規模や配置といった事業計画がほぼ固まった実施計画段階に行なわれる（柳，2011）．したがって，事業計画を大規模に変更するような保全対策は少なく，いかに影響を低減するかといった方策がとられることが多い．

　以下に，筆者が保全対策の検討委員などで実際にかかわった事例を2つと，アンケートなどによって収集されたタカ類の保全対策事例を紹介する．なお，紹介にあたっては，資料が公開されているものや結果を評価できる程度の時間が経っているものを選んだため，やや古い事例になっていることをご理解いただきたい．

（1）　愛知万博

　初めに紹介する事例は，準備書段階で事業地内にオオタカの営巣が発見され，その後，博覧会国際事務局（以後，BIE）の指摘もあり，計画地が大きく変更された2005年日本国際博覧会（以下，愛知万博）である．

　愛知万博は，計画着手は法アセスメントの施行前であったが，この法律を先取りして環境アセスメントが実施された．当初の会場予定地は，愛知県瀬戸市の「海上の森」と呼ばれる約540 haの里山で，愛知県が行なう大規模な住宅地造成計画と抱き合わせで計画された．すなわち，最終的には大規模な住宅地造成地を建設する目的で土地造成を行ない，その土地を利用して万博を開催し，後に住宅地開発に利用するというものである．ところがここには，伝統的な農林業と結びついて維持されてきた落葉広葉樹林，人工林，水田，小河川，沼地，地域固有性の高い湿地群からなる生物多様性豊かな里山が存在した．そのため，計画当初から反対運動が起こり，会場計画は変化し続け，最終的には海上の森と青少年公園の2会場で分散開催されることとなった．それを時系列的に示すと表17.3のようになる（2005年日本博覧会協会，2006）．

表 17.3 愛知万博の会場とその面積の変遷（2005 年日本国際博覧会協会，2006 より作成）．

年	1999 年 1 月	1999 年 10 月	2000 年 9 月	2001 年
段階	準備書段階	評価書段階	BIE 登録申請段階	修正評価書段階
会場面積　海上地区	540 ha	540 ha	19 ha	15 ha
青少年公園地区	—	220 ha	163 ha	158 ha

　1999 年 1 月に公表された準備書段階の会場計画案は，海上の森のみに計画された面積約 540 ha，入場者数 2500 万人規模のものであった．その後，同年 5 月に海上の森北部でオオタカの営巣が確認され，それによって会場計画の見直しが図られた．そして同年 9 月には，当初の海上の森に青少年公園を加えた新たな会場計画案が示され，同年 10 月に評価書が公表された．さらにその後，BIE が懸念を指摘したことから，海上地区での会場の縮小，住宅事業の中止などを行ない，2000 年 9 月の BIE 登録申請段階では海上地区約 19 ha，青少年公園地区約 163 ha と，海上地区の利用面積を大幅に削減し，また入場者数も 1500 万人に下方修正した．そして，修正評価書では，海上地区約 15 ha，青少年公園地区約 158 ha とさらに規模を縮小した基本計画を公表した．

　オオタカの営巣地の発見を機に，会場計画が大きく変更され，海上の森の多くの地域が守られた．結果的には，これはよかったことではあるが，課題も残された．たとえば，この変更には，拡大部分について環境アセスメントをやり直すことが必要になり，多くの時間と費用を要することとなった．計画段階から，複数の代替案を比較検討しておけば，このような二度手間にならずにすんだはずである（原科，2011）．またその際に，利用されているオオタカの行動圏や営巣地の把握や評価だけでなく，未利用であるが潜在的な営巣地の把握や評価を行ない，それを避ける形で計画案を策定すれば（松田，1999），後からオオタカの新たな営巣地が発見され，あわてて大幅な計画変更をすることもなかったであろう．

（2）エコパーク板戸

　2 つめは，栃木県内で行なわれた一般廃棄物処分場建設にかかわるサシバの保全対策の事例である．市町村が設置する一般廃棄物処分場の建設にあた

表 17.4　エコパーク板戸における工事着手前から稼働後に至るサシバの生息状況.

年	2002年	2003年	2004年	2005年	2006年	2007年	2008年	2009年	2010年	2011年	2012年
段階	工事着手前	工事中	工事中	稼働1年目	稼働2年目	稼働3年目	稼働4年目	稼働5年目	稼働6年目	稼働7年目	稼働8年目
生息状況	◎	◎	○	△	△	×	△	◎	△	×	○
巣立ち雛数	2	2	—	—	—	—	—	1	—	—	—

◎：1つがいが巣立ち，○：1つがいが抱卵あるいは育雛まで，△：雌雄あるいは2羽が繁殖期に定着，×：定着個体なし（近隣の定着個体が採食場所として利用）．

っては，廃棄物処理法にもとづき生活環境影響調査を行なうことが義務づけられている．その内容は，大気質，騒音，振動，悪臭，水質，地下水であるが，必要に応じて動植物の調査やその結果をふまえた保全対策が行なわれる．

環境調査は 1998–2000 年度まで実施され，その後 2001 年 6–7 月の公告・縦覧を経て，環境影響評価結果書がまとめられた．

その結果，サシバ1つがいが計画地内で営巣・繁殖していることが確認されたために，保全対策を実施しながら，建設・稼働を行なうこととなった．保全目標は，「サシバ1つがいの繁殖の維持」（計画地内において，サシバ1つがいが毎年繁殖し，雛が巣立つこと）とした．保全対策としては，営巣地および採食地として緑の保全ゾーン（スギやアカマツが混じる広葉樹の斜面林，約 25 ha）を残すこと，採食場所として水田跡地や湿地（幅 20–40 m，長さ約 300 m）を残し，保全管理を行なうことである．また，保全対策の効果および保全目標の達成を確認するため，工事中のみならず，稼働後も数年間は生息状況を追跡することとした．

その結果，生息状況は表 17.4 のとおりである．工事着手前および工事中の3年間では3年とも繁殖し，そのうち2回は巣立ちに成功した．しかし，稼働後は8年間で繁殖したのは3回であり，そのうち巣立ちまで至ったのは1回のみであった．繁殖はせずとも，つがいと思われる雌雄が定着していたり，近隣のつがいが採食場所として利用していたりしたこともあったことから，実施された保全対策に一定の効果はあったが，保全目標には達することはできなかったといえる．なおこの期間中，計画地周辺において本事業以外の大きな環境変化はなかった．

営巣可能な森林は広範囲に残されていたが，採食場所と考えられる幅50-60 m，長さ約850 mの谷津田・湿地のうち，約70％が埋立地になり採食環境が大幅に減少したことが，安定してつがいが生息できない理由と考えられる．

サシバの保護のために，採食環境である水田環境や低茎の湿地を残し，保全管理したことは評価に値する．しかし結果として，保全目標を達成することはできなかった．これは，開発規模や施設配置がほぼ固まった事業段階で，保全対策を立てることのむずかしさを表している．また，保全対策の検討にあたっても，事業によって消失される採食環境と代償によって創出される採食環境を定量的に評価したわけではなく，きわめて定性的な判断によるものであった．

（3） タカ類における保全対策事例

環境省は，2003年に日本オオタカネットワークの会員など全国のタカ類の保護にかかわる人を対象に，開発時におけるオオタカの保護対策に関するアンケートを実施した．これによると，1989-2003年までの14年間で19の保護対策事例が収集された（環境省自然環境局，2003）．開発実施前の保護対策として，計画面積の縮小，施設配置の変更，建造物の高さや色への配慮，営巣中のオオタカからの直視を避けるための遮蔽用の樹木の保存や植栽があげられた．

開発実施中のものとしては，営巣地付近での工事の休止（休止期間は最長で1-8月までの8カ月，多くは2月または3月，7月または8月までの5-7カ月），騒音・振動への配慮（低騒音型機械の使用，防音壁の設置など），営巣林への立入禁止，工事担当者への教育などがあった．工事担当者への教育の中には，配慮に欠ける行為をした作業員を現場から撤去させるなど厳しいものもあった．

開発実施後については，営巣林への立入制限，騒音をともなう野外活動の制限，土地所有者への協力依頼などがあった．特別なものとしては，密猟監視用にカメラを設置したところがあった．収集された19例すべてにおいて，環境改変中や改変後もオオタカの繁殖活動（造巣以上）は継続されていた．しかし，うち1例では改変2年前に2羽が巣立って以来繁殖途中で失敗して

いるなど，明らかに繁殖状況が悪化していた．また7例では営巣地の移動や行動圏の変化が見られた．これらのことから，保護対策は一定の成果をあげているものの，不十分であることがわかる．

またオオタカ以外では，ハイタカ（帯広広尾自動車道：抱卵期における工事の一部中止，営巣林への立入制限など），クマタカ（三遠南信自動車道：1-7月における大きな騒音や振動をともなう工事の中止，遮蔽パネルの設置，低騒音低振動型機械の使用など）（以上2例，国土交通省国土技術政策総合研究所，2013），クマタカ（津軽ダム：造巣期後半-巣内育雛期における大型建設機械などの使用の自粛，コンディショニングの実施など）（国土交通省東北地方整備局津軽ダム工事事務所，2008）などの事例が公表されている．

17.5 環境アセスメントの課題と今後

以下に，上述した環境アセスメントの現状やタカ類の保全事例から課題を列挙し，今後のあるべき姿を提案する．

(1) 戦略的環境アセスメントの必要性

現在の環境アセスメント制度は，事業アセスメントであり，開発規模や配置といった事業計画がほぼ固まった実施計画段階に行なわれる．この段階で調査を行ない，タカ類の生息が確認された場合，開発予定地に生息する個体をいかに保護するかが問題になる．しかし，タカ類の生息に影響を与えないように事業計画を変更することは困難なことが多く，タカ類の生息と事業の実施が競合してしまい，有効な保全対策がとれない，または保全対策に多額な費用がかかることになる．

事業計画がほとんど決まった段階で環境アセスメントが行なわれる現行の制度では，事業者も環境に配慮しないわけではないが，環境アセスメントが事業直前に行なわれるため，環境に配慮する対策の選択の幅は狭く，大幅な計画の変更は困難である．その結果，十分保全対策が立てられない．現在の環境アセスメントでもっとも大きな問題は，事業内容が固まった段階で環境アセスメントが開始されること，すなわち保全が開発計画の後追いになることである（松田，2000；尾崎ほか，2007）．

これを改善する方法は，基本的な方針を決める段階（政策段階）および政策方針にしたがい具体的な行為の枠組みを決める段階（計画段階）など，事業よりも上位の意思決定段階で環境アセスメントを実施することである．これが戦略的環境アセスメントである（原科，2011）．

法アセスメントは2011年4月に改正され，第1種事業においては，事業の一段階前の計画段階で環境配慮を検討することになった．戦略的環境アセスメントに一歩近づいたことになる．すでに，埼玉県では戦略的環境アセスメントが，東京都でもそれに近いものが実施されていることから（柳，2011），法アセスメントの改正にともない，各地の条例アセスメントも改正されることが予想される．

今回の改正によって，計画段階の環境配慮として，複数の事業案の検討が可能になった．その際に重要になるのは，生息予測モデルである．生息予測モデルの研究例としては，オオタカでは松江ほか（2006）や尾崎ほか（2008）が，クマタカでは杉山ほか（2009）や伊藤ほか（2012）が，サシバでは百瀬ほか（2005）がある．このような生息予測地図を利用することによって，後追い型の保全ではなく，事業計画の策定時にあらかじめタカ類の生息地を避けるような計画案を立てることが可能となる．

ただ一方で，地域や環境によっては，同じ種でも環境選択性が異なり，予測モデルが適用できないことから（尾崎，2008），利用にあたっては地域ごとの生息予測モデルが必要である．今後，この分野の基礎研究や応用研究が進むことが期待される．

（2） 影響の定量的評価の必要性

これまでの環境アセスメントでは，事業の影響を定量的に評価してこなかった．これでは，保全対策も不十分なものとならざるをえない．

米国では，環境の価値を定量的に評価する手法としてHEP（habitat evaluation procedures）が用いられており（U. S. Fish and Wildlife Service, 1980），近年日本でも導入されつつある（日本生態系協会，2004；田中，2006）．HEPでは生物にとっての生息環境の価値を生息環境の質，量，時間という3つの軸によって定量化する．HEPの中心となるのが，生息環境の質を定量的に示すHSIモデル（habitat suitability index model）である．このモデ

ルにより，事業計画における生息環境の質の変化を定量的に示すことが可能となる．

前述したタカ類の生息予測モデルの一般性を検討し，改良を加えることにより HSI モデルの作成が可能である．また，「猛禽類保護の進め方（改訂版）」のオオタカの項では，事業の高利用域への影響を，高利用域内の採食地（林縁から外側 150 m 以内の草地・農耕地）の減少で評価することを提案している（環境省自然環境局野生生物課，2012）．この分野についても，基礎研究や応用研究が進むことが期待される．

（3） 保全措置の検証と公開の必要性

工事中の保全対策としては，上述したようにさまざまな保全対策が用いられているが，その効果をきちんと検証し，公表されているものは少ない．

保全措置の効果を検証するとともに，必要に応じて保全措置の修正や追加を実施するために，工事実施前のみならず，工事実施中および完了後も一定程度繁殖状況を中心にモニタリング調査を行なうべきである．また，保全措置の結果をできる限り公表し，今後の保全措置に活用できるようにすることが望ましい．

法アセスメントの改正によって，事後調査についても公表が義務づけられたことから，今後は保全措置の効果評価が推進されることを期待したい．

環境アセスメントは，「事業推進のための免罪符」「環境アワスメント」という批判をよく聞く．しかし，環境アセスメント制度自体は，本来「人間行為が環境におよぼす影響を予測し，それをできるだけ緩和するための社会的手段」であり，「持続可能な社会をつくるために必須のツール」であるはずである（原科，2011）．それがいつのまにか，事業アセスメントという枠の中で，結果が決まっていて，それに「合わせる」だけの「環境アワスメント」になってしまったことが，問題なのである．

2008 年に制定された生物多様性基本法では，第 25 条で，生物多様性に影響をおよぼすおそれのある事業を行なう事業者などは，その事業に関する計画の立案の段階からその事業の実施までの段階において，影響の調査，予測または評価を行なうこととされている．また 2011 年 4 月の法アセスメント

の改正により，環境アセスメント制度は，事業アセスメントの枠を一歩出て，戦略的環境アセスメントに近づいた．環境アセスメント制度をよりよいものにするために，行政，自然保護団体，研究者，コンサルタント，事業者が，それぞれの垣根を越えて，共同して研究やモデル的な取り組みを行なう時期にきているのではないだろうか．

引用文献

Bird, D. M., D. E. Varland and J. J. Negro. 1996. Raptor in Human Landscapes. Academic Press, London.
原科幸彦．2011．環境アセスメントとは何か．岩波書店，東京．
伊藤史彦・長澤良太・日置佳之．2012．GIS を用いた鳥取県におけるクマタカ (*Spizaetus nipalensis*) の潜在的生息地の推定と生息地保護に関する検討．景観生態学，17(1)：7-17.
環境省自然環境局．2003．平成 14 年オオタカ保護指針策定調査業務報告書．環境省．
環境省自然環境局野生生物課．2012．猛禽類保護の進め方（改訂版）——とくにイヌワシ，クマタカ，オオタカについて．環境省．
国土交通省国土技術政策総合研究所．2013．国土技術政策総合研究所資料 No. 721 道路環境影響評価の技術手法「13. 動物，植物，生態系」の環境保全措置に関する事例集．国土交通省国土技術政策総合研究所．
国土交通省東北地方整備局津軽ダム工事事務所．2008．津軽ダムのクマタカ．国土交通省東北地方整備局津軽ダム工事事務所．
松田裕之．1999．愛知万博に係わる環境影響評価準備書の諸問題——オオタカをめぐる説明責任，順応性，反証可能性．保全生態学研究，4：107-111.
松田裕之．2000．環境生態学序説．共立出版，東京．
松江正彦・百瀬　浩・植田睦之・藤原宣夫．2006．オオタカ (*Accipiter gentilis*) の営巣密度に影響する環境要因．ランドスケープ研究，69：513-518.
百瀬　浩・植田睦之・藤原宣夫・石坂健彦・森崎耕一・松江正彦．2005．サシバ (*Butastur indicus*) の営巣場所数に影響する環境要因．ランドスケープ研究，68：555-558.
日本生態系協会．2004．環境アセスメントはヘップ（HEP）でいきる．ぎょうせい，東京．
日本鳥学会．2012．日本鳥類目録改訂第 7 版．日本鳥学会．
2005 年日本国際博覧会協会．2006．愛・地球博　環境アセスメントの歩みと成果．2005 年日本国際博覧会協会，東京．
尾崎研一．2008．オオタカ個体群保全のための保護区の選定方法．（尾崎研一・遠藤孝一，編：オオタカの生態と保全）pp. 103-111．日本森林技術協会，東京．
尾崎研一・遠藤孝一・工藤琢磨・河原孝行．2007．環境影響評価によるオオタカ保全の限界とそれに代わる個体群保全プラン．生物科学，58：243-252.

尾崎研一・堀江玲子・山浦悠一・遠藤孝一・野中　純・中嶋友彦．2008．生息環境モデルによるオオタカの営巣数の広域的予測――関東地方とその周辺．保全生態学研究，13：37-45．
勢一智子．2011．環境影響評価条例――地域環境管理における条例アセスメントの意義．（環境法政策学会，編：環境影響評価――その意義と課題）pp. 30-58．商事法務，東京．
関根孝道・吉田正人．2003．日本の自然保護法の現状と課題．（日本自然保護協会，編：生態学からみた野生生物の保護と法律）pp. 15-30．講談社，東京．
杉山智治・須崎純一・田村正行．2009．山形県におけるクマタカの生息適地推定モデルの構築．景観生態学，13（1・2）：71-85．
田中　章．2006．HEP入門――ハビタット評価手続マニュアル．朝倉書店，東京．
U. S. Fish and Wildlife Service. 1980. Habitat Evaluation Procedures (HEP). U. S. Dept. of Interior, Fish and Wildlife Service, Ecological Service Manual 101, 102 and 103.
柳憲一郎．2011．環境アセスメント法に関する総合的研究．清文社，東京．

終章
未来に向けて

樋口広芳

　これまでの章で明らかになったように，タカ類の多くの種はさまざまな脅威にさらされている．生息地の破壊や変質，それにともなう食物不足，化学汚染や放射能汚染，風力発電施設との衝突，心ないカメラマンなどによる繁殖妨害などなど．これらの脅威のどれも，われわれ人間の意識が変わらなければ，今後増加することはあっても，減少することは期待しにくい．しかも，これらの脅威は，つぎからつぎへと折り重なるように降りかかってきており，悪影響は増幅している．

　数が増加している，あるいは分布域が拡大している種についても，安心はまったくできない．事態はどこでどう変わるかわからない．鳥たちは，環境の変化にどこまで耐えられるだろうか．ある時点を境に，生息状況は大きく変化する可能性もある．

　こうした状況のなか，減少，増加にかかわらず大切なのは，人間の病気の場合と同じく，対象種とその生息環境に対して診断，治療，予防の3つを繰り返していくことである（樋口，2010）．3つの内容を具体的に述べてみたい．

自然の診断，治療，予防

　タカ類の保全や管理にかかわる「診断」とは，種や地域個体群，あるいは生活の基盤となる生態系の健康状態を調べ，弱ったり痛んでいるところ，壊れている部分などを探し出す過程である．種や個体群の場合には，個体数の減少や分布の縮小が起きていないかを重点的に調べることになる．数がすでに少なくなってしまっているもの，分布の分断・縮小が進んでいるものの場

合には，遺伝的多様性が十分であるかを調べることが重要になることもある．採食条件や繁殖条件が問題の場合には，食物となる動物をめぐる生物間相互作用などを調べる．

　診断は現状を探るだけでは不十分である．現状を探る中で，個体数の減少，分布の縮小，生物間相互作用のゆがみなどを引き起こしている原因を探ることが重要である．そのためには，人間の健康の場合と同様，診断を定期的に行なう必要がある．個体数や分布の長期にわたる定期的な継続調査，いわゆるモニタリングが不可欠である．これをきちんと行なっていれば，問題の発見と原因の追究を同時に行なうことができる．一方，状況が思わしくない場合には，状況に応じて間隔を狭めて調査を実施し，問題の原因を早急に探り出す．

　「治療」は，原因を突き止めたうえで，その原因を取り除く過程である．診断の段階で原因と推定されたものが，ほんとうにそうであるのか精査したうえで，真の原因と判断されるものを取り除く．ただし，衰退，変貌がすでに著しい現状では，多くの場合，原因は単一ではない可能性がある．生息地の破壊，食物不足，化学汚染などが重なり合い，個体数の減少や分布の縮小，生物間相互作用の狂いなどを引き起こしていることがある．このような場合には，なにがどれだけ問題のことがらにかかわっているのか，あるいは複数の原因が相互にどうかかわっているのかを明らかにする必要がある．この作業は簡単ではないし，またかりに明らかにすることができても，それらの複合要因を除去することは容易ではない．

　そこで，生きものや自然をめぐる治療は，想定される最善のあり方を試みる中で経過を監視し，定期的に効果を評価することが重要である．また，当初から目標をきちんと定め，経過をみる中で目標の達成度を評価することが重要である．経過が思わしくない場合には，内容を見直し，修正していく必要がある．こうした柔軟な保全・管理の方法を順応的管理という（第 14 章も参照）．

　病気と同様，個体群の回復や問題の解消に成功したとしても，放っておけばまたもとに戻ってしまう可能性がある．そこで，悪化の道を再びたどらないように，「予防」を欠かさないことが必要である．そのためには，やはり，個体数や分布，生態系の状態を監視することが重要である．また，可能であ

れば，数学的なモデルの作成やシミュレーションを試み，どのような条件のもとで問題が発生しやすいかを知っておくのがよい．とくに，どのような状態になると回復できにくくなるかを把握しておくことは重要である．

これまでの一連のことがらから明らかなように，診断，治療，予防のどの過程をとっても，科学研究がきわめて重要である．問題を客観的にとらえ，解決していくためには科学研究の成果が不可欠ともいえる．

国際協力の重要性

サシバやハチクマをはじめとした渡り鳥の保全にあたっては，一国，一地域だけの努力では明らかに不十分である．移動する先々の国や地域との連携が重要であり，国際協力が不可欠である．どこか1つの国や地域が無責任な環境破壊などを行なえば，そこを経由してほかに移動する鳥類の生活や生命に悪影響をおよぼし，遠く離れた地域の生きものの世界を変化させてしまう．

国際協力は，行政レヴェルでも民間レヴェルでも重要である．行政レヴェルでは，二国間あるいは多国間の保護条約などが結ばれている．これによって，分布や個体数についての現状や保全上の問題が定期的に報告され，解決に向けての方策が議論される．民間レヴェルでは，緊密な情報交換のもとに，保全に向けたいろいろな協議が行なわれ，解決に向けた方策が検討される．どちらの場合も，シンポジウムや共同研究などが実施され，交流が促進される．行政と民間が互いの弱点を補いつつ，連携を深めることも必要である．タカ類の民間組織では，アジア猛禽類ネットワーク（Asian Raptor Research and Conservation Network；ARRCN）などがよい役割を果たしている．

ただし，重要なことは，かかわりのある国が連携しつつも，ひとつひとつの国が責任をもって自国の対象種とその生息環境の保全にあたるということである．その基本がなされていなければ，国際協力もなにも意味がない．

調査・研究，保全体制の整備

日本は狭い国土に多数の人間がすみついている．生活域も産業域も広がらざるをえず，自然を破壊する機会が生じやすい状況にある．賢明な土地や自然の利用と保全・管理が，ことのほか必要とされている．また日本は，食物，

建築やパルプの材料などの自然資源の多くを，海外に依存している．海外の自然資源を減少させることには無頓着で，自国の自然環境保全にばかり気を遣うことは許されない．日本ほど，自国と世界の自然や生きものの保全・管理に責任をもって深くかかわらなければいけない国はそうない．

　今後，タカ類をはじめとした自然や生きものの保全，管理を進めていくためには，調査・研究体制の整備，市民・行政・研究者の連携，そして法の整備の3つが重要な鍵になる（樋口，2010）．ここでは，前二者について以下に少しくわしく見ていくことにする．法の整備については，くわしく取り上げる余裕はないが，人間側の都合だけでなく，生きものの生活や自然のあり方を理解したうえで内容を検討する必要があることを強調しておきたい．現状では，あまりにも人間側の都合が優先された内容になっている．

　調査・研究の場は，大学や研究機関の中にもっと増やすべきである．これまで述べてきたように，保全や管理にかかわる問題はさまざまある．そうした現状を正確に知り，対策を立て，実行していくためには，現状の研究体制では明らかに不十分である．現在の日本では，いくつかの大学や研究機関でタカ類の保全にかかわる先進的な研究がなされているが，そこで扱われているのは数ある諸問題のごく一部でしかない．タカ類をはじめとした野生動物の保全と管理を扱う国の研究組織の設立が望まれる．

　特定の種や生物群を対象にした長期的なモニタリングは，すぐにめだった成果が得られるものではない．しかし，継続して実施する必要がある．したがって，競争的資金を獲得しながらではなく，定常的に予算がつけられる中で実施するのが望ましい．一方で，経費にとらわれない，つまり，「金の切れ目が縁の切れ目」にならない民間レヴェルでの継続調査も，重要な役割を果たすことになる．どちらも，調査項目，調査方法，調査範囲などをきちんと定め，長期間にわたって比較可能な仕組みをつくっておくことが必要である．

　モニタリングについては，個別の種だけでなく，食物となる動物をめぐる生物間相互作用，あるいは生活の場となる生態系全体の動態をも対象にすることが望まれる．タカ類とその生息環境の保全は，対象地域の自然環境，生態系全体の保全と直結している．それはまた，私たち自身がさまざまな自然の恵み，生態系サービス（Millennium Ecosystem Assessment, 2005）を受

けながら，健全な生活を送れることにも貢献する．たんにタカ類に関心があるからではなく，ほかの生きものや私たち自身の健全な生活の維持をも考慮に入れながら，豊かな生きものが織りなす自然の世界，生物多様性の保全のために努力する必要がある．

　市民・行政・研究者の連携は，調査，研究から実際の保全・管理にかかわる活動までの諸側面にわたって重要である．ほんとうの意味での連携を保つためには，まず，問題の本質や深刻さを共有するところから始め，安全で効果的な対策をともに考え，実行に移していく必要がある．そのためには，行政が中心になって関連情報の公開を促進するとともに，共通の議論の場を設定していくことが重要であろう．

　保全，管理，軋轢解消をめぐる問題の多くには，複雑な利害関係や解決手法についての意見の対立が含まれている．この点は，とくに里山とその周辺に生息，繁殖するサシバやオオタカなどの保全をめぐることがらにあてはまる．対立を解消するには，かかわりのある人や組織の間での合意形成が重要である．情報の公開と共通の議論の場の設定は，合意形成を得るうえでも不可欠である．

　タカ類を見るのは楽しい．勇壮な姿や獲物を狩る現場，あるいは渡りゆく様子などを見ることができれば，一日，幸せな気分で満たされる．まして，（もちろん鳥たちに迷惑をかけずに）そうした姿や様子をカメラに収めることができれば，一生の思い出になる．タカ類は，その姿や行動を通して多くの人を魅了してやまない．

　一方，タカ類は，これまでのいろいろな章で述べられたように，その存在を通して，その地に豊かな生物多様性，生態系が存続していることを示唆してくれている．タカ類に注目することによって，生態系の健全性を推し測ることができるのだ．あるいはまた，タカ類は食物連鎖の頂点にあって，生態系の健全な維持に役立っているともいえる．タカ類が私たち人間に与えてくれる恩恵は，予想以上に大きいものがある．

　こうしたかけがえのないタカ類を含む地域や地球の自然，生きものの世界が今後も存続していかれるか否かは，私たち人間にどれだけ賢明な判断ができるか，そしてそれをどれだけ実行に移すことができるかにかかっている．

よりよい理解にもとづくすぐれた判断と，実効ある活動の展開に向けて，今後も努力を積み重ねていく必要がある．

引用文献

樋口広芳．2010．生命（いのち）にぎわう青い星——生物の多様性と私たちのくらし．化学同人，京都．

Millennium Ecosystem Assessment. 2005. Ecosystems and Human Well-Being: Synthesis. Island Press, Washington, D.C.［邦訳：横浜国立大学21世紀COE翻訳委員会訳（2007）生態系サービスと人類の将来——国連ミレニアムエコシステム評価．オーム社，東京．］

あとがき

　今から 30 年ほど前までは，タカ類の生態研究はあまり活発には行なわれていなかった．とくに，大学や研究機関の研究者がタカ類の研究に取り組むことは少なかった．行動圏が広く，観察や追跡に苦労がともなうからであり，またそれと関連して観察対象となる個体が限られるため，まとまった数の個体からの情報が得にくいからであった．
　事情は今も基本的に変わらないが，困難な観察や追跡にやりがいを感じる研究者が増え，またグループで継続して観察するなどの工夫がなされてきたことが，今日の貴重な多くの情報をもたらしたものといえる．経費と時間を度外視して，あるいはいろいろに工夫しながら観察を続けている在野の研究者の努力が，とりわけ注目される．高性能の望遠鏡などの観察機材の発達，長距離の渡りの追跡を可能とした衛星追跡技術の開発なども，関連研究の発展に貢献した．
　困難な観察や追跡にやりがいを感じる研究者が増えてきた背景には，対象となるタカ類の魅力と近年の減少傾向の両方が関係している．タカ類の魅力はいうまでもない．その鋭い眼差しを正面や側面からしっかりと見てしまったとき，獲物を追って急降下していく姿に見入ってしまったとき，あるいは「鷹柱」をつくって大空を舞う渡り途中の群れを眺めたときなどに，タカ類の魅力にとりつかれることになる．そしてその魅力は，生態や行動について調べれば調べるほど深くなり，つぎの関心を呼び起こす．タカ類に魅せられ，定職を去り，タカ類の調査，研究に生涯をかけることになった研究者は少なくない．金銭などを度外視してでも取り組むだけの魅力を，タカ類はもっているのである．
　そうしたタカ類が減少傾向にあり，なんとかしなければならないという思いも，同時に多くの人を突き動かしている．これまで再三にわたって述べられてきたように，タカ類の保全はかかわりのある生態系全体の保全につながっているので，その視点からタカ類に強い関心を寄せる人も多い．が，タカ

類とその生息環境の保全はけっしてたやすいことではない．行動圏が広く，個体数が限られていることから，狭い範囲の保護区などの設置だけでは明らかに不十分である．加えて，化学汚染，密猟，風力発電施設との衝突，心ないカメラマンなどによる繁殖妨害などなど，さまざまな問題がある．長距離移動するタカ類の場合には，国内だけの対応ではまったく不十分である．しかし，タカ類の保全にかかわる人たちは，そうした諸問題に果敢に取り組んでいる．

　本書の書名は，『日本のタカ学——生態と保全』となっている．タカ学なる学問は，日本にも海外にも存在しない．しかし，上記のとおり，対象種の魅力と保全の必要性から，タカ類に代表される猛禽類の研究は，近年，国内外でさかんに行なわれている．本書は，そうしたタカ類の魅力と保全の両方に焦点をあて，研究成果をわかりやすく伝えるために企画された．執筆陣は，大学の研究者から民間の研究グループのメンバーまで多様である．いずれも関連分野を代表する方々であり，述べられていることがらには最前線の研究成果も多数含まれている．

　これだけの執筆陣が，日本のタカ類の生態と保全についてきちんと述べた書はこれまでない．タカ類の狩りや行動圏，資源利用について知りたいと思っている方，環境アセスメントなどにかかわる研究者，生息地の保全などにかかわる関係者の今後の活動に役立つものと期待している．執筆にあたってくださったみなさん，また困難な研究を推進するのに地道な努力を惜しまなかった関係者のみなさんに感謝したい．

　本書の出版にあたっては，企画から編集に至るまで，東京大学出版会編集部の光明義文さんにたいへんお世話になった．深く感謝したい．

樋口広芳

索　　引

AKAYA プロジェクト　273
AUC　40
BACI　302
CCD カメラ　127
DDT　62
GIS 環境解析　35, 38, 294
HEP　336
HSI モデル　336
MARXAN　45
Maxent　39
MCMC（Markov Chain Monte Carlo）法　94

ア　行

愛知万博　331
アカハラダカ　187
赤谷プロジェクト　286
アクトグラム付きの発信機　150
アジア猛禽類ネットワーク　33, 147, 343
アルゴシステム　221
アルタモント峠　301
アルドリン　62
アンブレラ種　257, 263
井頭　56
移設措置　312
一般廃棄物処分場建設　332
一夫一妻性　148
遺伝子解析　152
遺伝的解析　16, 33
遺伝的多様性　34
移動経路　229
移動パターン　229
イヌワシ　165, 257, 301, 304, 316
イヌワシのための森づくり　272
イヌワシ保護増殖事業　262
伊良湖岬　192
インターネット　183
内山峠　187
ウラジオストク　198
影響評価　310, 316
衛星追跡　193, 200, 220, 224
営巣数　72
営巣地　72
営巣地数　72, 78
営巣中心域　328
営巣場所　88
営巣妨害　161
営巣木　141
餌動物　60
エジプトハゲワシ　310
エネルギー革命　60
遠隔追跡法　221
オオタカ　53, 105, 188
オオワシ　188, 196, 204
オジロワシ　188, 204, 302–304, 316
汚染物質　59, 62
脅かしハンティング　176

カ　行

海蝕崖上　316
海上の森　331
階層構造　285
開発　53
回避　329
カウント調査　183
拡大　53
拡大造林　60, 268
拡大造林政策　31, 283

攪乱　283
影落とし探餌　174
風の流れ　318
滑空比　230
滑空飛行　227
神奈川県　58
カーネル法　105, 139
河北潟　198, 200
カメラマン・バードウォッチャー問題　260
殻の薄化　62
カラフトワシ　196
狩り　116, 117, 119, 120, 167, 175
環境アワスメント　337
環境影響評価　315, 324
環境影響評価調査　305
環境影響評価法　61, 264, 324, 326
環境汚染物質　260, 285
環境ホルモン　260
間接的影響　311
キイロスズメバチ　130, 131
キオビクロスズメバチ　131
危急種　53, 61
技術委員会　328
希少猛禽類調査　16
気象モデル　229
鬼怒川　56
ギャップ分析　44, 47
休耕田　246
給餌内容　126
兄弟間闘争　259
極東ロシア　153
空間異質性　85
空間スケール　310
空中ハンティング　160
クマタカ　37, 145
クマタカ生態研究グループ　25, 282
クマタカプロジェクト　147
グランドデザイン　50
ケアシノスリ　188, 196
警戒蜂　133
計画段階　336

検討会　328
コアエリア　158, 286
高圧鉄塔　161
航空機との衝突　10
攻撃蜂　133
虹彩色　148
耕作放棄地　242
行動圏　107, 109-112, 114, 139, 155, 158, 165, 172, 328
行動圏の内部構造　295
広葉樹林化　274
高利用域　328
国際協力　343
国内希少野生動植物種　61, 324
コシジロイヌワシ　259
コシジロハゲワシ　313
個体群動態　32
個別法　326
個別法アセスメント　326
コンドル　231

サ 行

最外郭　139
最外郭法　105
採食行動　116, 118
採食効率　8
採食地　72, 328
採食場所　88
埼玉県　57
埼玉県中央部　58
サシバ　86, 187, 220, 237
サシバの里　244
サシバのすめる里山づくり　249
サシバのすめる森づくり　244
サシバのふるさと畔田谷津　246
サシバの保全のためのゾーニング　245
サシバは友だち連絡協議会　250
里サシバ　251
里地里山　237
里山　60, 85
サーマル　186, 215
狭山丘陵　58

索　引

産卵　166
死骸が落下する率（死骸落下率）S_t　307, 309
死骸残留率 R　307, 309
死骸消失実験　307, 309
死骸探索調査　304
死骸探索調査の間隔　309
死骸発見率 p　307
視覚特性　313, 315
事業アセスメント　331, 335
資源利用　176
事後調査　328
シーサーマル　186
指針　327
静岡市　195
自然開放地　24
シダクロスズメバチ　130, 131
実施計画段階　331
自伐林業システム　276
死亡率　149
市民・行政・研究者の連携　344
斜面上昇風　212, 316
ジャワクマタカ　147
出生分散　149
寿命　32, 149
シュレーゲルアオガエル　94
準絶滅危惧　53
順応的管理のためのPDCA　275
準備書　328
上位性　326
上位捕食者　86
上昇気塊　186
上昇気流　165, 173, 184, 212
衝突事故　300, 302, 303
衝突リスク　316-318
衝突率　315, 316, 318
衝突率推定モデル　305, 306, 309
条例　326
条例アセスメント　326
食物網　98
食物連鎖　291
白樺峠　124, 131, 189, 192

シロエリハゲワシ　301, 313, 317
人為的開放地　24
人為的攪乱　297
人工給餌　258
針広混交林　274
人工林面積　60
審査会　328
信州ワシタカ類渡り調査研究グループ　189
診断　341
森林管理　270, 275
森林経営管理計画　291
森林生態系　283
森林率　60
推定残留率 R　306, 307
スカベンジャー動物　304, 305
スズメバチ　125
巣の移動距離　141
スモーラ島　302
生活環境影響調査　333
政策段階　336
青少年公園　332
生息適地　59
生息予測モデル　336
生態系サービス　291, 344
生態系サービス支払い　254
生態系配慮型工法　254
生態的ネットワーク　241
成鳥の死亡率　32
性的二型　107, 148
生物多様性　86
生物多様性基本法　337
セイヨウミツバチ　135
赤外線センサー　131
絶滅危惧IB類　9
絶滅危惧II類　9
絶滅のおそれのある野生動植物の種の保存に関する法律　61, 324
旋回上昇　227
全国イヌワシ生息数・繁殖成功率調査　168
潜在的営巣適地　294

千本松　56
戦略的環境アセスメント　264, 336
造巣行動　166
相補性解析　44
阻害因子　161
測距儀（セオドライト）　229

タ　行

第1種事業　327
大径木　60
代償　329
代替案　332
ダイナミックソアリング　215
第2種事業　327
鷹狩り　160
タカ目　2
タカ類　2
龍飛崎　188, 201
多変量解析調査　155
タリファ　301, 317
探鳥会　55
暖流　185
弾力的な運用　312
地域個体群　282
地域集団　33, 304
地形　316-318
中空-高空探餌　174
中継地　186, 224, 238
長期的なモニタリング　344
調査・研究体制の整備　344
朝鮮半島　155
治療　341
つがい関係　143
つがいによる追い出しハンティング　175
つがいによる空中ハンティング　175
津軽海峡　188
ツキノワグマ　131
角島　188
ツミ　70
低空飛行探餌　173
低減　329
低コスト路網生産システム　275

定点調査　211, 329
ディルドリン　62
適応放散　3
データロガー　230
テン　131
典型性　326
トウキョウダルマガエル　86, 94
遠出行動　157
特殊鳥類　61
特殊鳥類の譲渡等の規制に関する法律　61
栃木県　55
トビ　189
止まり探餌　175

ナ　行

内部構造　158, 328
那須野ヶ原　55
鉛弾　207
鉛中毒　159, 207, 218
2005年日本国際博覧会　331
二番巣　134, 138
ニホンアカガエル　94
ニホンアマガエル　94
ニホンイヌワシ　257
日本イヌワシ研究会　16
ニホンカナヘビ　94
ニホンザル　159
ニホントカゲ　94
日本の絶滅のおそれのある野生生物（レッドデータブック）　61
日本野鳥の会　53
日本野鳥の会神奈川支部　58
日本野鳥の会栃木　55
任意アセスメント　327
年間推定衝突率 M_A　306, 309
ノスリ　188

ハ　行

ハイイロチュウヒ　188, 196
廃棄物処理法　333
ハイタカ　188
迫害　59

禿げ山　60
ハゲワシ類　315
ハチクマ　124, 187, 220
発見率　306, 308
発信機　64, 186
バードストライク　266
羽ばたき飛行　227
ハバロフスク　198
ハプロタイプ多様度（HD）　252
ハヤブサ目　2
帆翔　4
繁殖間隔　32
繁殖期間　32
繁殖失敗　258
繁殖失敗原因　168
繁殖ステージ　141
繁殖成功率　19, 167, 257, 281
繁殖成績　76, 79
繁殖テリトリー　26, 158, 284
繁殖分散　149
繁殖分布　54
ハンティング　116, 159
ハンティング場所　158, 160, 283
ハンブルグ　64
東シナ海　186
引き返し個体　215
飛行空間　60
飛行経路　318
飛行行動　212, 216
飛翔頻度　315
ビデオ解析　126
100年の森林づくり事業　272
評価書　328
肥料革命　60
風況　317, 318
風車衝突事故　300, 302
風車衝突リスク　316
風力発電施設　10
風力発電施設問題　266
福江島　186
冬型気圧配置　199
分散　149

分布　53
分布拡大　155
分布予測モデル　38
ベイズモデル　92
偏西風　186
法アセスメント　326
防衛行動　74
法の整備　344
方法書　328
保護増殖事業　324
保護対策事例　334
囲場整備　86, 241
保全対策　328

マ　行

待ち伏せ探索型　241
待ち伏せハンティング　160
水資源機構　281
ミチゲーション　311
密漁　53, 61
ミトコンドリアDNA　34
緑の回廊　273
猛禽類　2
猛禽類保護センター　34
猛禽類保護の進め方（改訂版）　61, 281, 328
モーションスメア　312
モニタリング　331

ヤ　行

役割分担　128
谷津田　237, 243
ヤマカガシ　94
山サシバ　251
ヤママユ　94
有害化学物質　285
有機塩素化合物　285
有機水銀系薬剤　62
要綱　327
幼鳥の死亡率　32
幼鳥の分散調査　34
養蜂場　135, 138

翼帯マーカー　150
予防　341
ヨーロッパ　59
ヨーロッパハチクマ　125

ラ　行

ラジオテレメトリー　152
ラジオトラッキング　146
リスク評価　316
留鳥　8, 303
流氷　204, 215
林縁　60

林内空間　288
累積的影響　310
レッドデータブック　53
レッドリスト　9, 324

ワ　行

渡良瀬川　57
渡り　7, 206, 207, 209, 211, 213, 215, 216, 218, 223, 224, 227, 230
渡り鳥　7, 303
渡りの道　231

執筆者一覧（執筆順，所属は執筆時）

樋口広芳	（ひぐち・ひろよし）	慶應義塾大学大学院政策・メディア研究科
山﨑　亨	（やまざき・とおる）	アジア猛禽類ネットワーク
鈴木　透	（すずき・とおる）	酪農学園大学農食環境学群
金子正美	（かねこ・まさみ）	酪農学園大学農食環境学群
堀江玲子	（ほりえ・れいこ）	オオタカ保護基金
遠藤孝一	（えんどう・こういち）	オオタカ保護基金
植田睦之	（うえた・むつゆき）	バードリサーチ
酒井すみれ	（さかい・すみれ）	酪農学園大学農食環境学群
内田　博	（うちだ・ひろし）	比企野生生物研究所
久野公啓	（くの・きみひろ）	信州ワシタカ類渡り調査研究グループ
堀田昌伸	（ほった・まさのぶ）	長野県環境保全研究所
井上剛彦	（いのうえ・たけひこ）	クマタカ生態研究グループ
小澤俊樹	（おざわ・としき）	日本イヌワシ研究会
楠木憲一	（くすのき・けんいち）	日本野鳥の会愛媛
山口典之	（やまぐち・のりゆき）	長崎大学大学院水産・環境科学総合研究科
東　淳樹	（あずま・あつき）	岩手大学農学部
須藤明子	（すどう・あきこ）	日本イヌワシ研究会
白木彩子	（しらき・さいこ）	東京農業大学生物産業学部

編者略歴

樋口広芳（ひぐち・ひろよし）

1948 年　横浜市に生まれる．
1970 年　宇都宮大学農学部卒業．
1975 年　東京大学大学院農学系研究科博士課程修了．
　　　　東京大学農学部助手，米国ミシガン大学動物学博物館客員研究員，(財)日本野鳥の会・研究センター所長，東京大学大学院農学生命科学研究科教授を経て，
現　在　東京大学名誉教授，慶應義塾大学訪問教授，農学博士．日本鳥学会元会長，The Society for Conservation Biology Asian Section 元会長．
専　門　鳥類学・生態学．
主　著　『鳥の生態と進化』(1978 年，思索社)，『赤い卵の謎──鳥の生活をめぐる 17 章』(1985 年，思索社)，『鳥たちの生態学』(1986 年，朝日新聞社)，『保全生物学』(編著，1996 年，東京大学出版会)，『鳥たちの旅──渡り鳥の衛星追跡』(2005 年，日本放送出版協会)，『生命にぎわう青い星──生物の多様性と私たちのくらし』(2010 年，化学同人)，『鳥・人・自然──いのちのにぎわいを求めて』(2013 年，東京大学出版会)，『鳥ってすごい！』(2016 年，山と渓谷社)，『鳥の渡り生態学』(編著，2021 年，東京大学出版会)，『ニュースなカラス，観察奮闘記』(2021 年，文一総合出版) ほか多数．

日本のタカ学──生態と保全

2013 年 12 月 5 日　初　版
2022 年 5 月 25 日　第 4 刷
［検印廃止］

編　者　樋口広芳

発行所　一般財団法人　東京大学出版会

代表者　吉見俊哉

153-0041　東京都目黒区駒場 4-5-29
電話 03-6407-1069　Fax 03-6407-1991
振替 00160-6-59964

印刷所　株式会社三秀舎
製本所　牧製本印刷株式会社

Ⓒ 2013 Hiroyoshi Higuchi *et al.*
ISBN 978-4-13-060223-5　Printed in Japan

JCOPY 〈出版者著作権管理機構　委託出版物〉
本書の無断複製は著作権法上での例外を除き禁じられています．複製される場合は，そのつど事前に，出版者著作権管理機構（電話 03-5244-5088，FAX 03-5244-5089，e-mail: info@jcopy.or.jp）の許諾を得てください．

鳥の渡り生態学	樋口広芳[編]	A5判・340頁/5500円
日本の食肉類 生態系の頂点に立つ哺乳類	増田隆一[編]	A5判・320頁/4900円
日本のシカ 増えすぎた個体群の科学と管理	梶光一・飯島勇人[編]	A5判・340頁/5500円
日本のサル 哺乳類学としてのニホンザル研究	中川尚史・辻大和[編]	A5判・336頁/4800円
日本のネズミ 多様性と進化	本川雅治[編]	A5判・256頁/4200円
日本のクマ ヒグマとツキノワグマの生物学	坪田敏男・山﨑晃司[編]	A5判・386頁/5800円
日本の外来哺乳類 管理戦略と生態系保全	山田文雄・池田透・小倉剛[編]	A5判・420頁/6200円
生物系統地理学 種の進化を探る	ジョン・C.エイビス/西田睦・武藤文人[監訳]	B5判・320頁/7600円
動物生理学[原書第5版] 環境への適用	K.シュミット゠ニールセン/沼田英治・中嶋康裕[監訳]	B5判・600頁/14000円
保全遺伝学	小池裕子・松井正文[編]	A5判・328頁/3400円
保全生物学	樋口広芳[編]	A5判・264頁/3200円
鳥・人・自然 いのちのにぎわいを求めて	樋口広芳	四六判・256頁/2800円

ここに表記された価格は本体価格です．ご購入の際には消費税が加算されますのでご了承ください．